辽宁省首批“十二五”普通高等教育本科省级规划教材

测控系统网络化技术及应用

第2版

主　编　于　洋
副主编　陈　亮　虞　闯
参　编　赵亚威　刘晓阳
主　审　宋爱国

机械工业出版社

本书在介绍测控系统的概念、测控系统网络化发展趋势的基础上，综合检测技术、控制技术和计算机网络应用技术等相关知识，重点介绍了工业测控系统中的网络化技术、网络化实现方法及工程实例。本书共分7章，包括绪论、网络与数据通信基础、测控系统中常用的网络通信技术、网络化先进控制系统、典型网络化工控产品应用技术、组态软件在测控系统中的应用、网络化测控系统实例等。本书在介绍基本理论、概念和方法的基础上，重点突出实际工程上的应用，书中所举工程实例大多数来源于编者近年来承担的实际工程项目。

本书可作为大专院校测控技术与仪器、自动化类和仪器仪表类等相关专业的本科生和研究生的教学参考书或教材，也可供广大从事自动控制、检测技术与仪器仪表、计算机应用等方面的工程技术人员阅读。

本书配有免费多媒体电子课件，欢迎选用本书作教材的老师登录 www.cmpedu.com 注册下载或发邮件到编者电子邮箱 yusongh@126.com 索取。

图书在版编目（CIP）数据

测控系统网络化技术及应用/于洋主编.—2版.—北京：机械工业出版社，2014.8（2025.1重印）
辽宁省首批“十二五”普通高等教育本科省级规划教材
ISBN 978-7-111-46932-2

Ⅰ.①测… Ⅱ.①于… Ⅲ.①自动检测系统-高等学校-教材 Ⅳ.①TP274

中国版本图书馆CIP数据核字（2014）第119178号

机械工业出版社（北京市百万庄大街22号 邮政编码100037）
策划编辑：贡克勤 责任编辑：贡克勤 吉 玲
版式设计：常天培 责任校对：潘 蕊
封面设计：张 静 责任印制：郜 敏
北京富资园科技发展有限公司印刷
2025年1月第2版第5次印刷
184mm×260mm · 15.25印张 · 367千字
标准书号：ISBN 978-7-111-46932-2
定价：45.00元

电话服务	网络服务
客服电话：010-88361066	机 工 官 网：www.cmpbook.com
010-88379833	机 工 官 博：weibo.com/cmp1952
010-68326294	金 书 网：www.golden-book.com
封底无防伪标均为盗版	机工教育服务网：www.cmpedu.com

前　言

近年来，随着工业生产过程中测量与控制系统的多样化和计算机网络技术的飞速发展，传统工业生产过程中的测控系统正在向着网络化、信息化和智能化方向发展。测量是信息获取技术；控制是信息处理技术；网络化是测控系统的实现技术。测控系统向着网络化发展，顺应了信息技术发展的要求，形成了各种各样的新型工业测控系统，在工业生产、航空航天和军事科技中发挥着极为重要的作用。

本书旨在面向从事工业生产过程测量和控制技术方面的专业人员，立足于培养实际工程应用能力，介绍工业测控系统中的网络化技术及网络化实现方法。本书是检测技术、控制技术和计算机网络化技术的综合，也是控制科学与工程学科和计算机应用技术学科内容的交叉和结合，在学术上也有一定指导意义。目前，介绍工业测量和控制技术的书籍很多，讲述计算机网络技术的书籍更是数不胜数，但二者真正综合起来为测控系统网络化的设计提供理论和实践指导的书籍却很少。

本书文字叙述通俗简练、重点突出，在内容和选材上注重系统性和实用性。本书共分为7章。第1章介绍测控系统的概念、特点、组成和网络化发展趋势；第2章主要介绍计算机网络与数据通信基础；第3章则结合实际测控系统，重点介绍常用网络通信技术；第4章主要介绍目前先进的计算机网络化测控系统，集散控制系统（DCS）和现场总线控制系统（FCS）；第5章介绍目前主要应用于测控系统中的工控产品——嵌入式控制器和牛顿模块在网络化测控系统中的应用；第6章讲解目前广泛应用于工业测控系统中的组态软件技术及应用；第7章在介绍实际工程项目开发步骤的基础上，以实际工程项目为例，介绍了6个网络化测控系统工程实例。

编者都具有多年计算机测控技术的教学和科研经验，书中的测控系统实例大多数为编者完成的实际科研项目。

本书由沈阳理工大学信息科学与工程学院于洋教授主编并统稿。于洋与虞闯合作编写了第1章、与刘晓阳合作编写了第4、5章；陈亮与虞闯合作编写了第6、7章；赵亚威编写了第2、3章并制作了多媒体课件。本书由东南大学宋爱国教授主审。

作者在编写过程中得到了张晓东、富佳佳、石宁、薛婷婷等研究生及杨媛媛的帮助，还得到了辽宁省农业科学院彭秀媛的大力支持，在此表示感谢。

由于本书涉及的内容知识较广，加之编者水平有限，书中难免存在许多不妥与不足之处，诚请读者批评指正。读者可以将宝贵意见和建议发至编者电子邮箱 yusongh@126.com，也可通过此邮箱索取多媒体课件。

编　者

目　录

第1章　绪　　论

1.1　测控系统的概念与类型

1.1.1　测控系统的概念

进入现代工业社会以来，人们更加迫切地需要了解自己身边环境的变化情况，特别是在科学试验和工业生产过程中，一方面需要对描述被控对象特征的某些参数进行“检测”或“监测”，获得表征它们的有关信息，以便对被测对象进行定性了解和定量掌握；另一方面根据检测的结果采用一定的策略去“控制”描述被控对象特征的某些参数，稳定、快速、准确地达到人们预想的目标。用于监测过程的人工系统称为监测系统，用于控制过程的人工系统则称为控制系统。监测的目的是为了更好地控制，控制的结果需要监测的检验，这是一个反馈过程。这两类系统统称为测控系统。

就技术而言，测控系统是传感器技术、通信技术、计算机技术、控制技术、计算机网络技术等信息技术的综合；就组成形式而言，测控系统的构成通常是分布式计算机管理系统；就其应用而言，测控系统是现代化生产和管理的有力工具，广泛应用于国民经济的各个领域，如化工、冶金、纺织、能源、交通、电力、城市公共事业、医疗等领域，在科学研究、国防建设和空间技术中的应用更是屡见不鲜；就其理论基础而言，自动控制理论、信息论和系统论是测控系统的重要理论支撑。

测控系统与具体的对象和领域联系起来就形成了不同的学科。通常所指的测控系统主要指用于工业、国防、环境、医学等领域的各种自动监测系统、仪器仪表、过程控制系统等。

1.1.2　测控系统的类型

本书所指的测控系统，可能是只“测”不“控”系统即检测系统，也可能是既“测”又“控”的系统即测控系统，而只“控”不“测”的系统即控制系统也存在，但在实际生产过程中较少，因为检测是控制的前提和基础。不过，从功能上还是要分3种类型进行介绍。

1. 检测系统　单纯以“检测”为目的的系统，一般用来对被测对象中的一些物理量进行测量并获得相应的测量数据。图1-1为检测系统原理结构图，它由下列功能环节组成。

（1）敏感元件　从被测对象感受信号，同时产生一个与被测物理量成某种函数关系的输出量。

（2）变量转换环节　将敏感元件的输出变量做进一步变换，即变换成更适于处理的变量，并且要求它应当保存原始信号中所包含的全部信息。

（3）变量控制环节　为了完成对检测系统提出的任务，要求用某种方式去控制以某种物理量表示的信号。这里所说的控制的意思是在保持变量物理性质不变的条件下，根据某种固定的规律，仅仅改变变量的数值。

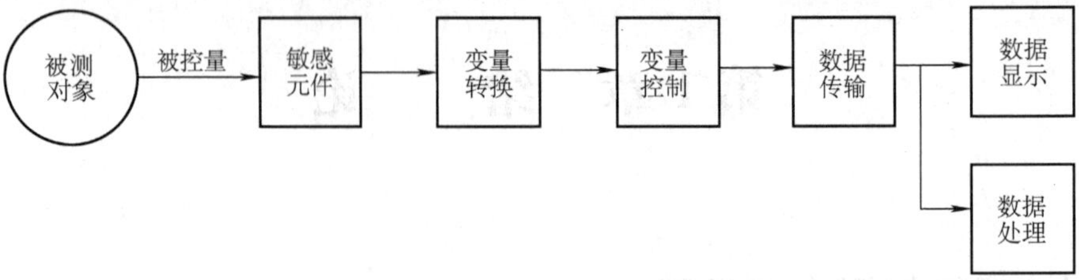

图 1-1　检测系统原理结构图

（4）数据传输环节　当检测系统的几个功能环节被分隔开时，必须从一个地方向另一个地方传输数据。

（5）数据显示环节　有关被测量的信息要想传给人以完成监视、控制或分析的目的，则必须将信息变成人的感官能接受的形式，完成这种转换机能的环节称为数据显示环节。例如：数字显示和打印记录。

（6）数据处理环节　检测系统要对测量所得数据进行数据处理。数据处理工作由机器自动完成，不需要人工进行繁琐的运算。

若系统仅用于生产过程的监测，当安全参数达到极限值时产生显示及声、光报警等输出。此种系统一般称为监测系统；除监测以外，还参与一些开关量的控制，如：断电、闭锁等顺序控制，此种系统一般称为监控系统。

2. 控制系统　单纯以程序控制为目的的系统，其系统原理框图如图 1-2 所示。这是一种开环控制系统，程序控制的基本思想是将被控对象的动作次序和各类参数输入控制器，去指挥执行机构按照固定的程序，一步一步地控制被控对象的动作，动作的结果如何，却无从知道，因而控制精度不高。

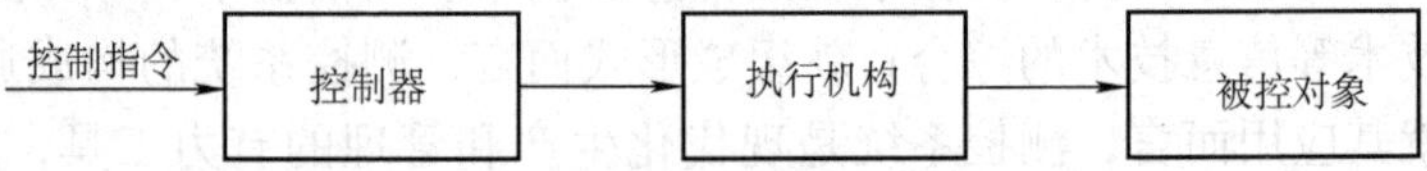

图 1-2　控制系统原理框图

3. 测控系统　指既“测”又“控”的系统。依据被控对象、被控参数的检测结果，按照人们预期的目标对被控对象实施控制，这里的控制除了指对系统开关量的控制外，更主要指的是对被控对象参数变量的控制。

下面将通过工业过程控制系统和仪器仪表与自动测试系统的介绍，进一步说明测控系统的相关概念和内容。

1.2　工业过程控制系统概述

1.2.1　工业过程控制系统的发展

自动控制技术在工业、农业、国防和科学技术现代化中起着十分重要的作用，自动控制水平高低也是衡量一个国家科学技术先进与否的重要标志之一。随着国民经济和国防建设的发展，自动控制技术的应用日益广泛，其重要作用也越来越显著。

过程自动控制（简称过程控制）是自动控制技术在石油、化工、电力、冶金、机械、轻工、纺织等生产过程中的具体应用，是自动化技术的重要组成部分。进入 21 世纪，随着自动化技术、计算机技术、通信技术的迅速发展，过程控制发生了深刻的变革，正在向着数字化、网络化和综合自动化方向发展，在实现各种最优控制和经济指标、保证生产的质量和产量、提高经济效益和劳动生产率、节约能源、改善劳动条件、保证生产安全、保护环境等方面发挥着越来越巨大的作用。

在过程控制发展的历程中，生产过程的需求、控制理论的开拓以及控制技术工具和手段的进展三者相互影响、相互促进，推动了过程控制不断地向前发展。纵观过程控制的发展历史，大致经历了以下几个阶段：

20世纪40年代，大多数工业生产过程均处于手工操作状态，只有少量的检测仪表用于生产过程，操作人员主要根据观测到的反映生产过程的关键参数，用人工来改变操作条件，凭经验去控制生产过程。因此，劳动生产率很低且产品质量差，劳动强度大。

20世纪40年代末至50年代，生产过程的控制有了长足的发展，部分生产过程实现了仪表化和局部自动化。在这期间，过程控制系统的结构多为单输入、单输出系统，即是以温度、压力、流量、液位等参数为被控变量的简单控制系统；过程检测、控制的技术工具普遍采用的是基地式仪表和部分单元组合仪表（气动Ⅰ型和气动Ⅱ型）；以反馈控制为代表的经典控制理论被广泛应用于系统的分析、设计中，控制的目的是保证生产的稳定和安全。

20世纪50年代末至60年代，随着工业生产过程向着大型化、连续化方向发展，生产过程的复杂程度进一步提高，非线性、耦合性、时变性等特点十分突出。为提高控制质量和实现一些特殊的工艺要求，相继出现了串级、比值、均匀、前馈和选择性等多种复杂控制系统。以状态空间方法为基础，以极小值原理和动态规划等最优控制理论为基本特征的现代控制理论，将传统的单输入、单输出系统发展到多输入、多输出系统领域，为实现高水平的过程控制奠定了理论基础，对自动控制技术的发展起到了积极的推动作用。由于过程机理复杂及建模困难，现代控制理论在过程控制领域的实际应用一时还难以实现。随着电子技术的迅速发展，控制技术工具不断完善，气动Ⅱ、Ⅲ型仪表已成为过程控制应用的主流产品；组装仪表的开发，将各个单元划分为更小的功能块，以适应比较复杂的模拟和逻辑规律相组合的控制系统的需要。

20世纪60年代末至70年代，先后出现了以电子管、晶体管、集成电路为核心的气动和电动单元组合式仪表两大系列，它们分别以压缩空气和直流电源作动力，用于对防爆要求较高的化工生产和其他行业，防爆等级为本质安全型，并以气压信号0.02～0.1MPa，直流电流信号0～10mA、4～20mA，直流电压信号0～5V、1～5V等作为仪表的标准信号，在仪表内部实行电压并联传输，外部实行电流串联恒流传输，以减小传输过程的干扰。电动单元仪表通常以双绞线为传输介质，信号被送到集中控制室（通常称为仪表室或机房）后，操作人员可以坐在控制室内观察生产流程中各处的生产参数并了解整个生产过程。由于单元组合仪表具有统一的输入/输出信号标准，在此阶段自动化系统可以根据生产需要，将各种功能单元进行组合，完成各种复杂的系统。

20世纪80年代初，计算机、微处理器和并行处理技术的发展，使得依靠一对一物理连接的模拟信号系统在速度和数量上越来越无法满足大型、复杂系统的要求，模拟信号的抗干扰能力也相对较差，人们开始使用数字信号代替模拟信号，并研制直接数字控制系统，用数字计算机来代替控制室的所有仪表，于是出现了集中式数字控制系统。这样，解决了信号传输及抗干扰问题。由于当时数字计算机的可靠性还不够高，一旦计算机出现某种故障，就会造成系统崩溃、所有控制回路瘫痪、生产停产的严重局面。因此，工业生产很难接受这种危险高度集中的系统结构，集中控制系统的应用受到一定的限制。

随着计算机可靠性的提高和价格的下降，自控领域又出现了新型控制方案——集散控制系统，它由数字调节器、可编程序控制器（PLC）以及多台计算机构成，当一台计算机出现故障时，其他计算机立即接替该计算机的工作，使系统继续正常运行。在集散系统中系统的风险被分散到多台计算机承担，避免了集中控制系统的高风险，提高了系统的可靠性。因此，它被工业生产过程广泛接受，这就是今天正在被许多企业采用的 DCS 系统。在 DCS 系统中，测量仪表、变送器一般为模拟仪表，控制器多为数字式，因而它又是一种模拟数字混合系统。这种系统与模拟式仪表系统、集中式数字控制系统相比较，在功能、性能、可靠性上有很大的进步，可以实现现场装置级、车间级的优化控制。但是，在 DCS 系统形成的过程中，由于受早期计算机发展的影响，各厂家的产品自成封闭体系，即使同一种协议下仍然存在不同厂家的设备有不同的信号传输方式且不能互联的现象，因此实现互换与互操作有一定的局限性。

20 世纪末，信息技术飞速发展。现场总线控制系统的出现，引起过程控制系统体系结构和功能结构上的重大变革。它突破了 DCS 系统中通信由专用网络的封闭系统来实现所造成的缺陷，把基于封闭、专用的解决方案变成了基于公开化、标准化的解决方案，即可以将来自不同厂商而遵守同一协议规范的自动化设备通过现场总线网络连接成系统，实现自动化系统的各种功能。同时现场总线控制系统把 DCS 集中与分散相结合的集散系统结构变成了新型全分布式系统结构，把控制功能彻底下放到现场，依靠现场智能设备本身便可实现基本控制功能。

过程控制系统与其他自动控制系统相比，有以下几个特点：

（1）生产过程的连续性　在过程控制中，大多数被控过程都是以长期的或间歇的形式进行。在密闭的设备中被控变量不断地受到各种扰动的影响。过程控制的主要目的是消除或减少扰动对被控变量的影响，使被控变量稳定在工艺要求的数值上，从而实现生产过程的优质、高产和低耗。

（2）被控过程的复杂性　过程控制涉及范围广，既有石化过程的蒸馏塔、反应器，热工过程的换热器、锅炉，冶金过程的转炉、平炉，又有机械行业的加热炉等。被控对象相对较大，比较复杂。其动态特性多为大惯性、大滞后形式，且具有非线性、分布参数和时变特性，甚至有些过程特性至今尚未被人们所认识。

（3）控制方案的多样性　由于被控制过程对象特性各异，工艺条件及要求也各不相同，因此，过程控制系统的控制方案非常丰富，既有常规 PID 控制、改进 PID 控制、串级控制、前馈-反馈控制、解耦控制，又有为满足特定要求而开发的比值控制、均匀控制、选择性控制、推断控制，还有许多新型控制系统，如模糊控制、预测控制、最优控制等。

1.2.2 工业过程控制系统实例

在工业生产过程中，各类工艺参数必须在预先规定的工作条件下进行操作才能保证生产安全、高效地进行。如：贮罐和容器（包括油罐、水箱、锅炉汽包等）的液位要求维持在规定的范围内；生化过程中发酵罐的温度、压力、pH 值等要符合工艺要求。但是在实际生产过程中，由于种种因素的影响，往往会使这些表征生产过程状态的参数偏离要求。若要做到稳定操作，就必须对其进行必要的控制。利用自动控制装置构成的过程控制系统，可以在没有人直接参与的条件下，使这些工艺参数能自动按照预定的规律变化。

下面通过两个实例来了解什么是过程控制系统。

1. 锅炉汽包水位控制　锅炉是化工、炼油、发电等工业生产过程中的重要动力设备。它所产生的高压蒸汽既可作为风机、压缩机、大型泵类的动力源，又可作为蒸馏、化学反应、干燥和蒸发等过程的热源。

在锅炉正常运行中，汽包水位是一个重要的参数，它的高低直接影响着蒸汽的品质及锅炉的安全。如果水位过低，当负荷很大时，汽化速度很快，汽包内的液体将全部汽化，导致锅炉烧干甚至会引起爆炸；如果水位过高，会影响汽包的汽水分离，产生蒸汽滞液现象，降低蒸汽的质量和产量，严重时会损坏后续设备。图 1-3a 为锅炉汽包示意图。

要使锅炉水位保持在规定的数值上，必须是整体的耗汽量与锅炉给水能够相适应。如果锅炉给水量不变，那么蒸汽负荷突然增加或减小就会使水位下降或上升；反之，蒸汽负荷不变而给水压力变化，水位同样会偏离规定的数值。

要想实现对汽包水位的控制，首先应随时掌握水位的变化情况。通过液位变送器就可以及时了解水位的变化情况，同时把测得的水位信号转换成相应的标准信号送到控制器。控制器将接收到的测量信号与预先规定的水位高度进行比较。如果两个信号不相等，则表明实际水位与规定水位有偏差，此时控制器将根据偏差的大小向执行器输出一个控制信号，执行器即可根据控制信号来改变阀门的开度，从而使进入锅炉的水量发生变化，达到控制锅炉汽包水位的目的。图 1-3b 为锅炉汽包水位控制系统示意图。

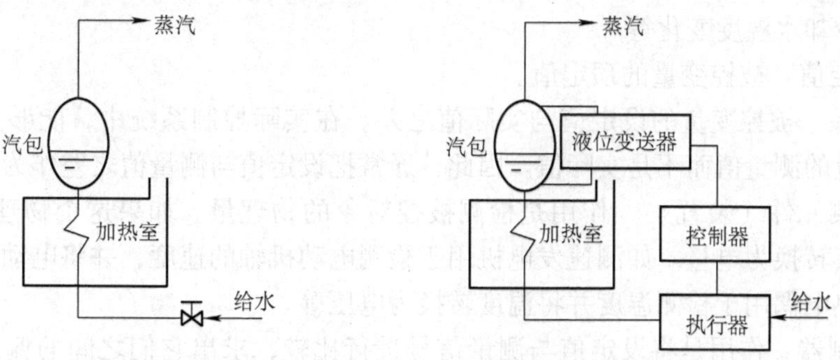

a)锅炉汽包示意图　b)锅炉汽包水位控制系统示意图

图 1-3　锅炉汽包水位控制系统示意图

2. 发酵罐温度控制　发酵罐是间歇发酵过程中的重要设备，广泛应用于微生物制剂、食品加工等行业。发酵罐的温度是影响发酵过程的重要参数。因为微生物菌体本身对温度非常敏感，只有在适宜的温度下才能正常地生长代谢，而且涉及菌体生长和产物合成的酶也必须在一定的温度下才能具有高的活性。温度还会影响发酵产物的组成。因此，保持一定的温度就显得非常重要。

影响发酵过程的主要因素由微生物发酵热、电动机搅拌热、冷却水的流量和发酵罐本身的温度变化以及周围环境温度的改变等因素构成。一般采用通冷却水带走反应热的方式，使罐内温度保持工艺要求的数值。对于小型发酵罐，通常采用夹套冷却形式，如图 1-4a 所示。

可使用温度检测仪表（如热电偶、热电阻等）测量罐中的实际温度，将测得的数值送入控制器，然后与工艺要求保持的温度数值进行比较。如果两个信号不相等，则由控制器的输出值控制冷水阀门的开闭程度，改变冷却水的流量，从而达到控制发酵罐温度的目的。图 1-4b 为发酵罐温度控制系统示意图。

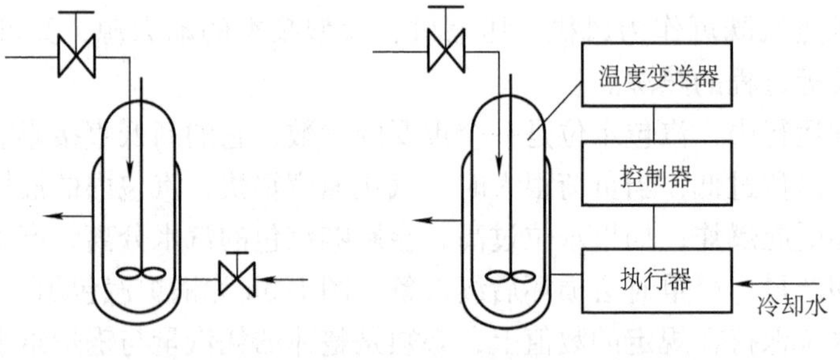

a)发酵罐的夹套冷却形式示意图　　b)发酵罐温度控制系统示意图

图 1-4　发酵罐温度控制系统示意图

在描述过程控制系统时常用以下几个重要术语：

（1）被控过程（对象）　工艺参数需要控制的生产过程设备或机器等，如锅炉汽包、发酵罐等。

（2）被控变量　被控对象中要求保持设定值的工艺参数，如汽包水位、发酵温度等。

（3）操纵变量　受控制器操纵，用以克服扰动的影响使被控变量保持设定值的物料量或能量，如锅炉给水量、发酵罐冷却水量等。

（4）扰动量　除操纵变量外，作用于被控对象并引起被控变量变化的因素，如蒸汽负荷的变化、冷却水温度变化等。

（5）设定值　被控变量的预定值。

（6）偏差　被控变量的设定值与实际值之差。在实际控制系统中，能够直接获取的信息是被控变量的测量值而不是实际值。因此，通常把设定值与测量值之差作为偏差。

（7）检测元件（装置）　作用是检测被控对象的物理量。如果这个物理量是非电量，则一般再将其转换为电量。如测速发电机用于检测电动机轴的速度，并将电动机轴的速度转换为电压；热电偶用于检测温度并将温度转换为电压等。

（8）控制器　作用是将设定值与测量信号进行比较，求出它们之间的偏差，然后按照预先选定的控制规律进行计算，并将计算结果作为控制信号送给执行装置。

（9）执行器（装置）　作用是接收控制器的控制信号，直接推动被控对象，使被控变量发生变化，如气动薄膜调节阀、电动执行器、电动机等。

1.2.3　过程计算机控制系统组成

通过以上介绍的实例可以看出，一个过程控制系统一般由两部分组成：一部分是需要控制的现场设备或机器，即被控过程（对象）；另一部分是起控制作用的全套自动控制装置。在不同的系统中，结构完全不同的装置（元件）可能具有相同的作用。控制装置由具有一定功能的各种装置（元件）组成。这些装置应具备三种基本功能，即测量、比较计算和执行。

世界上第一台电子计算机于 1946 年问世。早期的电子计算机大都用于过程控制的巡回检测、数据处理和开发操作等，于 20 世纪 50 年代末实现了在线过程控制。起初的过程控制有程序控制、比例积分控制、比例微分控制和前馈控制等。就其控制功能而言，多为常规仪表的数字化，控制形式由连续转为离散，控制规律无多大变化，控制效果改善不明显。由于计算机的造价高，限制了分散型计算机控制系统在工业生产过程自动化方面的推广应用。

1972 年出现了微型计算机，由于微型计算机具有体积小、集成度高、灵活性大的特点，可以很方便地采用各种不同的芯片来组成多种控制功能的微型计算机控制系统，这是常规仪表无法达到的。另外，它还具有可靠性高、平均无故障工作时间长、性能价格比高等优点，所以，以微型计算机为核心的各种计算机控制系统已得到并将继续得到更多、更快的发展。

以微型计算机为核心的过程控制系统种类繁多，而且规模也不同，但其基本组成是相似的。典型的过程计算机控制系统如图 1-5 所示。

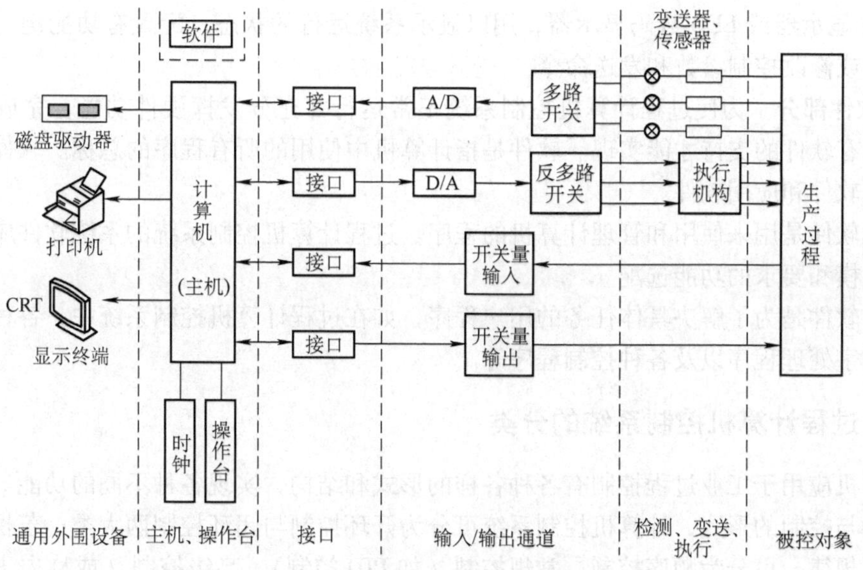

图 1-5　典型的过程计算机控制系统

在图 1-5 中，被测参数经传感器、变送器转换成统一的标准信号，再经多路开关分时送到 A/D 转换器进行模拟/数字转换，转换后的数字量通过接口送入计算机，这是模拟量输入通道。在计算机内部，用软件对采集的数据进行处理和计算，输出的数字量通过 D/A 转换器转换成模拟量，然后由模拟量输出通道输出，经反向多路开关与相应的执行机构相连，以便对被测参数进行控制。

下面对过程计算机控制系统各部分的功能进行介绍。

1. 硬件部分　计算机控制系统的硬件包括主机、接口电路、过程输入/输出通道、外围设备、操作台等电路设备。

（1）主机　它是过程计算机控制系统的核心，由中央处理器（CPU）和内存储器（RAM 和 ROM）组成。主机根据输入通道送来的被控对象的状态参数，按照预先制定的控制算法编好的程序，自动进行信息处理、分析、计算，并给出相应的控制决策，然后通过输出通道发出控制信号，使被控对象按照预定的规律工作。

（2）接口电路　它是主机与外围设备、输入/输出通道进行信息交换的桥梁。在过程计算机控制系统中，主机接收数据或者向外发布命令和数据都是通过接口电路完成，主机与外围设备的协调工作，实现信息的传送。

（3）过程输入/输出通道　它是主机和被控对象实现信息传送与交换的通道。过程输入/输出通道一般分为模拟量输入通道、模拟量输出通道、开关量输入通道、开关量输出通道。

（4）外围设备　外围设备按功能可分为3类：输入设备、输出设备和外存储器。一个过程控制系统外围设备的配置，是根据系统的功能决定的。

常用的输入设备有键盘和扫描仪等。输入设备主要用于输入程序和数据等信息。

常用的输出设备有显示器、打印机、绘图仪等。输出设备主要用于把各种信息和数据以曲线、字符、数字等形式提供给操作人员，以便及时了解控制过程。

外围存储器有磁盘、磁带等，主要用来存储程序和数据。

（5）操作台　操作台是过程控制系统人—机联系设备，专供操作人员使用。一般操作台有CRT显示器或LED数码显示器，用以显示系统运行的状态；配置有功能键，以便操作人员输入或修改控制参数和发送命令。

2. 软件部分　为使过程计算机控制系统正常运行并充分发挥硬件功能，完成预定的任务，必须有软件的支持才能实现。软件是指计算机中使用的所有程序的总称。软件通常又可分为系统软件和应用软件。

系统软件是用来使用和管理计算机的程序。过程计算机控制系统的系统软件应根据控制系统的规模和要求的功能选配。

应用软件是为了解决具体任务的用户程序，如在过程计算机控制系统中，各种数据采集程序、数字处理程序以及各种控制程序等。

1.2.4　过程计算机控制系统的分类

计算机应用于工业过程控制有各种各样的形式和结构，实现各种不同的功能。若只按照计算机参与控制的形式，计算机控制系统可分为开环控制与闭环控制两大类；若根据系统采用的控制规律，可分为顺序控制、常规控制（如PID控制）、高级控制（或称先进控制，如最优控制、自适应控制、预测控制等）、智能控制等若干类；若是根据系统的应用及结构特点，则可将计算机控制系统大致分为计算机巡回检测和操作指导系统、直接数字控制系统、监督控制系统、集散控制系统、现场总线控制系统以及生产集成控制系统等几类。

1. 计算机巡回和操作指导系统　生产过程中有大量的过程参数需要测量和监视，用计算机以巡回的方式周期性地检测这些参数，并完成必要的数据处理，这些是巡回检测系统的主要任务。这是计算机应用于工业生产过程最早和最简单的一类系统。若在此基础上，系统能根据反映生产过程工况的各种数据，由某种给定的性能指标与控制策略，通过对现场数据的处理、分析与计算，相应地给出操作指导信息以供操作人员作为参考，便称之为操作指导系统，如图1-6所示。

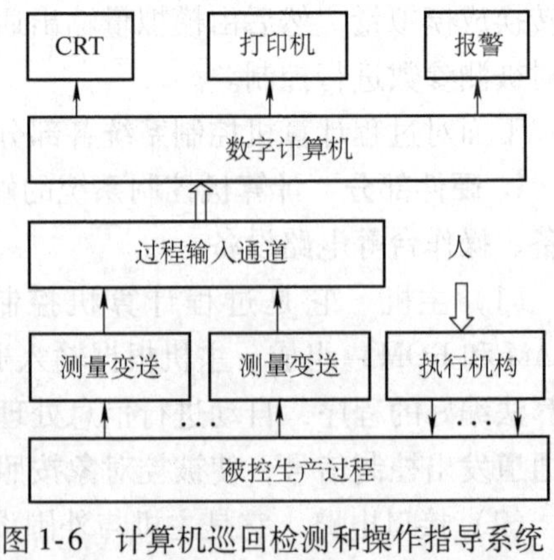

图1-6　计算机巡回检测和操作指导系统

从图1-6中可以看出，这种系统是一种开环系统。过程参数经测量变送器、过程输入通道，定时地被送入计算机，计算机根据一定的控制算法（数学模型），对来自现场的数据进行分析和处理后，通过 CRT 显示图形或数据、打印机输出操作指导信息。

这种系统的优点是可以用于试验新方案、新系统。如在实施计算机闭环控制之前，先进行这种开环控制的试运行，可以考核计算机工作的正误，还可以用于试验新的数学模型和调试新的控制程序。其缺点是仍需要人工操作，速度受到限制，不能同时控制多个回路。

2. 计算机直接数字控制系统　在计算机直接数字控制（Direct Digital Control，DDC）系统中，计算机通过过程输入通道（模拟量输入通道 AI 或开关量输入通道 DI）对多个被控生产过程进行巡回检测，根据给定值及控制规律计算出控制指令，经过程输出通道直接去控制执行机构，将各个被控变量保持在给定值上。计算机直接数字控制系统框图如图 1-7 所示。

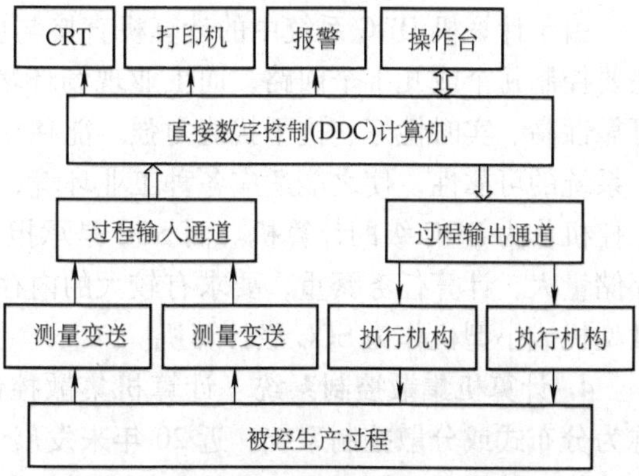

图 1-7　计算机直接数字控制系统框图

在这种系统中，计算机不仅完全取代了模拟调节器而直接参与闭环控制，而且只要通过改变程序即可实现一些较复杂的控制规律；它还可以与计算机监控系统结合起来构成分级控制系统，实现最优控制；同时也可作为计算机集成控制系统的最底层——直接过程控制层，与过程监督层、生产调度层、企业管理层、经营决策层等一起实现工厂综合自动化。计算机直接数字控制是计算机控制系统的一种典型的形式，在工业生产过程中得到了非常广泛的应用。

还有一种常见的系统是计算机顺序控制，即计算机按照预先确定的操作顺序和操作方法，根据生产工艺流程的进程（或在满足某些规定的条件时）依次输出操作信息。比如发电厂的锅炉、汽轮机、发电机的起动阶段和停止阶段，冶金工业中高炉炼铁、转炉炼钢以及各种轧制过程是十分复杂的顺序操作过程。

3. 计算机监督控制系统　监督计算机控制 SCC（Supervisory Computer Control）系统中，通常采用两级控制形式，其示意图如图 1-8 所示。所谓监督控制，指的是根据原始的生产工艺数据和现场采集到的生产状况信息，一方面按照描述被控过程的数学模型和某种最优目标函数，计算出被控过程的最优给定值，输出给下一级的 DDC 系统或模拟调节器；另一方面对生产状况进行分析，做出故障的诊断与预报。所以，SCC 系统并不直接控制执行机构，而是给出下一级的最优给定值，由它们去控制执行机构。当下一级采用 DDC 系统时，其计算机（称为下位机）完成前面所述的直接数字控制功能。SCC 计算机（称为上位机）则着重于满足某个最优性能指标（包括控制规律和在线优化条件等）

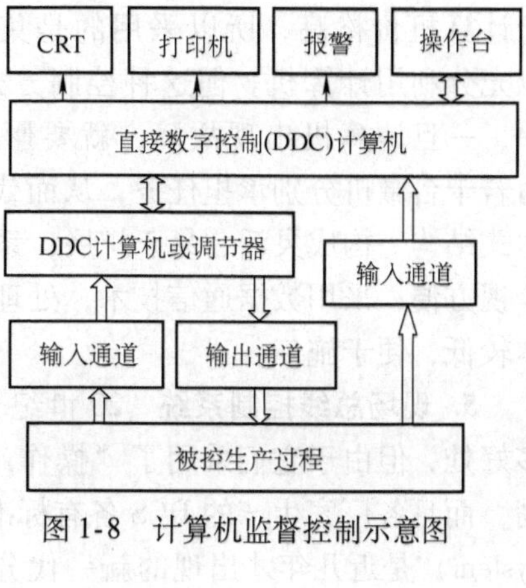

图 1-8　计算机监督控制示意图

的修正与实现，它可以看成是操作指导与DDC系统的综合与发展。

SCC控制系统的主要优点是：它在计算中可以考虑许多常规调节器不能考虑的因素，如环境温度和湿度对生产过程的影响；可以进行过程操作的在线优化，确保生产过程始终在最优状态下运行；可以实现先进复杂的控制规律，满足产品的高质量控制要求；可以进行故障的诊断与预报，可靠性好。值得注意的是，生产过程的数学模型往往是监督控制系统能否实现以及运行好坏的关键之一。目前，这种控制方式已越来越多地被应用于较为复杂的工业过程及设备的控制中。

由于计算机DDC系统中的计算机直接与生产过程相连并承担控制任务，一台计算机往往要控制几个或几十个回路，而工业现场环境恶劣，干扰多，所以一方面要求DDC计算机可靠性高、实时性好、抗干扰能力强、能独立工作；另一方面必须采取抗干扰措施来提高整个系统的可靠性，使之能适应各种工业环境，并合理设计应用软件。所以一般选用微型机和工控机作为DDC级的计算机。而SCC是承担先进控制、过程优化与部分管理的任务，信息存储量大，计算任务繁重，要求有较大的内存、外存和较为丰富的软件，故一般要选用高档微型机或小型机作为SCC级计算机。

4. 计算机集散控制系统 计算机集散控制系统（Distributed Control System，DCS），又称为分布式或分散控制系统，近20年来发展十分迅速。它以微处理机为核心，实现地理上和功能上的控制，同时通过高速数据通道把各个分散点的信息集中起来，进行集中的监视和操作，并实现复杂的控制和优化。DCS的设计原则是分散控制、集中操作、分级管理、分而自制和综合协调。

世界上许多国家（包括我国）和地区都已大批量开发和使用计算机集散控制系统。虽然它们种类各异，但其结构和功能大体相同，都是由微处理机为核心的基本数字控制器、高速数据通道、CRT操作站和监督计算机等组成的，其结构框图如图1-9所示。集散控制系统有许多优点，比较突出的一点是提高了系统的可靠性和灵活性。

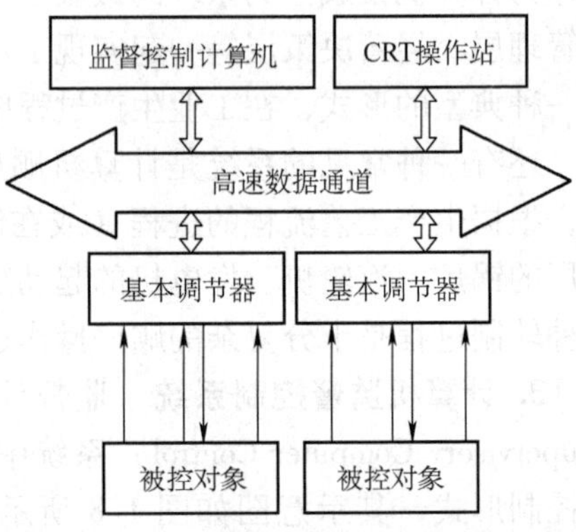

图1-9 计算机集散控制系统结构框图

在计算机控制应用于工业过程控制初期，由于计算机价格高，所以采用的是集中控制方式，以充分利用计算机。但这种控制方式任务过分集中，一旦计算机出现故障，就要影响全局。DCS由若干台微机分别承担任务，从而代替了集中控制的方式，将危险性分散。并且DCS是积木式结构，构成灵活，易于扩展；系统可靠性高；采用CRT显示技术和智能操作台，操作、监视方便；采用数据通信技术，处理信息量大；与计算机集中控制方式相比，电缆和敷缆成本较低，便于施工。

5. 现场总线控制系统 20世纪80年代发展起来的DCS尽管给工业过程控制带来了许多好处，但由于它们采用了“操作站—控制站—现场仪表”的结构模式，所以系统成本较高，而且各厂家生产的DCS各有标准，不能互联。现场总线控制系统FCS（Fieldbus Control System）是近几年才出现的新一代分布式控制系统结构。FCS与DCS不同，它的结构模式为：“工作站—现场总线智能仪表”二层结构，FCS用二层结构完成了DCS中的三层结构功能，降低了成本，提高了可靠性，国际标准统一后，可实现真正的开放式互联系统结构，FCS是很有前途的控制系统。

6. 工业过程计算机集成制造系统 随着工业生产过程规模的日益复杂与大型化，现代化工业要求计算机系统不仅要完成直接面向过程的控制和优化任务，而且要在获取尽可能多的生产全部过程信息的基础上，进行整个生产过程的综合管理、指挥调度和经营管理。由于自动化技术、计算机技术、数据通信技术等的迅速发展，满足这些要求已不是梦想，能实现这些功能的系统称之为计算机集成制造系统（CIMS），当CIMS用于流程工业时，简称为流程CIMS。流程工业计算机集成制造系统按其功能可以自下而上地分为若干层，如过程直接控制层、过程监控优化层、生产调度层、企业管理层和经营决策层等，其结构框图如图1-10所示。

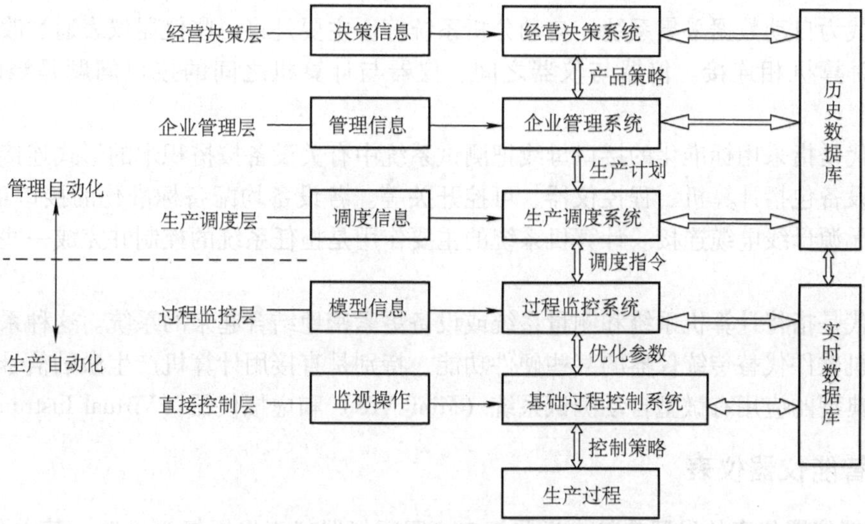

图1-10 流程工业计算机集成制造系统结构框图

从图中可以看到，这类系统除了常见的过程直接控制、先进控制与过程优化功能之外，还具有生产管理、收集经济信息、计划调度和生产订货、销售、运输等非传统控制的诸多功能。因此，计算机集成制造系统所要解决的不再是局部最优问题，而是一个工厂、一个企业乃至一个区域的总目标或总任务的全局多目标最优，也即企业综合自动化问题。最优化的目标函数包括产量最高、质量最好、原料和能耗最小、成本最低、可靠性最高、对环境污染最小等指标，它反映了技术、经济、环境等多方面的综合要求，是工业过程自动化及计算机控制系统发展的一个方向。

1.3 仪器仪表与自动测试系统

1.3.1 仪器仪表与自动测试系统的发展

测量是为确定被测对象的量值而进行的实验过程，是揭示客观世界规律，用数字语言描述周围世界，进而改造世界的重要手段。凡是利用电子技术来进行的测量可统称为电子测量，由此形成的仪器称为电子测量仪器或仪器仪表。

测量仪器与微型计算机的结合，形成了微型计算机化仪器（Microcomputer-Based Instruments）。习惯上，把内部装有微型计算机的仪器，或者把内部装有微型计算机并可程控的仪器叫做智能仪器（Intelligent Instruments），或称为灵巧仪器（Smart Instruments）。在智能仪器中，微型计算机的作用主要是负责信号的处理、变换、计算、判断、诊断，以及仪器测量过程的协调等。从嵌入式技术的角度来看，微型计算机系统为嵌入式系统，仪器为宿主系统。随着人工智能理论与技术的日趋成熟，智能仪器正在向着具有知识的自学习、智能识别、智能判断的高级智能仪器发展。

通常把在有较少人工参与情况下就能自动进行测量、数据处理并以适当方式显示或输出测试结果的系统称为自动测试系统（Automatic Test System），1950 年以来，自动测试系统经历了三代演变：

第一代为自动数据采集系统、自动分析系统等。主要是将一些仪器仪表通过改造连接起来，并与计算机相连接。仪器与仪器之间、仪器与计算机之间的接口问题是当时的主要问题。

第二代是指采用标准化的接口母线把测试系统中有关设备按搭积木的形式连接起来的系统。相关设备包括计算机、程控仪器、可控开关等。各设备均配备标准化的接口功能电路，用统一的无源母线电缆连接。计算机系统的主要作用是担任系统的控制并完成一些数据的计算和处理。

第三代是指将计算机系统和测量系统或设备更紧密地结合起来的系统。这种系统的特点是用计算机软件代替传统仪器的某些硬件功能，特别是直接用计算机产生激励信号并完成测试功能。典型的应用有微型自动测试系统（Mini ATS）和虚拟仪器（Virtual Instrument）。

1.3.2 智能仪器仪表

1. 智能仪器仪表的发展趋势 近些年来，国际仪器仪表发展极为迅速，其主要趋势是：数字技术的出现把模拟仪器的精度、分辨率与测量速度提高了几个数量级，为实现测试自动化打下了良好的基础；计算机的引入，使仪器的功能发生了质的变化，从个别参量的测量转变成测量整个系统的特征参数，从单纯的接收、显示转变为控制、分析、处理、计算与显示输出，从用单个仪器进行测量转变成用测量系统进行测量；计算机技术在仪器仪表中的进一步渗透，使电子仪器在传统的时域与频域之外，又出现了数据域测试；仪器仪表与测量科学技术突破性进展又使仪器仪表智能化程度得到提高；DSP 芯片的大量问世，使仪器仪表数字信号处理功能大大加强；微型机的发展，使仪器仪表具有更强的数据处理能力和图像处理功能；现场总线技术的迅速发展，提供了一种用于各种现场自动化设备与其控制系统的网络通信技术，并使 Internet 和 Intranet 技术也进入控制领域。

智能仪器仪表产品将向着计算机化、网络化、智能化、多功能化的方向发展，跨学科的综合设计、高精尖的制造技术使它能更高速、更灵敏、更可靠、更简捷地获取被分析、检测、控制对象的全方位信息。而更高程度的智能化应包括理解、推理、判断与分析等一系列功能，是数值、逻辑与知识结合分析的结果，智能化的标志是知识的表达与应用。嵌入式系统是未来真正实现光、机、电、算（计算机）一体化、自动化的结构，是走向更加名副其实的智能系统（带有自诊断、自控、自调、自行判断决策等高智能功能）的基本保证。

根据上述仪器仪表国际发展的趋势，可以清楚地看出智能仪器仪表发展具有以下主要特点。

（1）技术指标不断提高 仪器仪表在提高检测、控制技术指标上是永远的追求，包括仪器仪表和测量控制的技术范围指标、测量精度指标、测量的灵敏度、可靠性、稳定性、产品的环境适应性等。

（2）最先应用新的科学研究成果和高新技术 智能仪器仪表作为人类认识物质世界、改造物质世界的第一手工具，是人类进行科学研究和工程技术开发的最基本工具。新的科学研究成果和发现（如信息论、控制论、系统工程理论），微观和宏观世界研究成果及大量高新技术（如微弱信号提取技术，计算机软、硬件技术，网络技术，激光技术，超导技术，纳米技术等）均成为仪器仪表和测量控制科学技术发展的重要动力，现代仪器仪表不仅本身已成为高技术的新产品，而且利用新原理、新概念、新技术、新材料和新工艺等最新科学技术成果集成的装置和系统也已层出不穷。

（3）单个装置微型化、智能化，可独立使用、嵌入式使用和联网使用 测量控制仪器仪表大量采用新的传感器、大规模和超大规模集成电路、计算机及专家系统等信息技术产品，不断向微小型化、智能化发展，从目前出现的“芯片式仪器仪表”、“芯片实验室”等看，单个装置的微小型化和智能化将是长期的发展趋势。从应用技术看，微小型化和智能化装置的嵌入式连接和联网应用技术必将得到重视。

（4）测控范围向有关工作方式立体化、全球化扩展，测量控制向系统化、网络化发展 随着测量控制仪器仪表所测控的既定区域不断向立体化、全球化甚至星球化发展，仪器仪表和测控装置已不再呈单个装置形式，它必然向测控装置系统化、网络化方向发展。

（5）便携式、手持式乃至个性化仪器仪表的大量发展 随着生产的发展和人民生活水平的提高，人们对自己的生活质量和健康水平日益关注，检测与人们生活密切相关的各类商品、食品质量的仪器仪表，预防和治疗疾病的各种医疗仪器将是今后发展的一个重要趋势。科学仪器的现场、实时在线化，特别是家庭和个人使用的健康状况和疾病警示仪器仪表将有较大发展。

2. 智能仪表的基本组成 通常，智能仪表由硬件和软件两大部分组成。

硬件部分包括主机电路、过程输入/输出通道（模拟量输入/输出通道和开关量输入/输出通道）、人机联系部件和接口电路以及串行或并行数据通信接口等，如图 1-11 所示。主机电路用来存储数据、程序，并进行一系列运算处理，它通常由微处理器、ROM、RAM、I/O接口和定时/计数电路等芯片组成，或者它本身就是一个单片机或嵌入式系统。模拟量输入/输出通道（分别由 A/D 和 D/A 转换器构成）用来输入/输出模拟量信号；而开关量输入/输出通道则用来输入/输出开关量信号。人机联系部件的作用是沟通操作者与仪表之间的联系。通信接口则用来实现仪表与外界交换数据，进而实现网络化互联的需求。

由图 1-11 可知，输入信号先在过程输入通道的预处理电路中进行变换、放大、整形、补偿等处理。对于模拟量信号，需经模拟量输入通道 A/D 转换器转换为数字信号，再通过接口送入缓冲寄存器，以保存输入数据；然后由 CPU 对输入数据进行加工处理、计算分析等一系列工作，并将运算结果存储在 RAM 中；同时可通过接口由输出缓冲器送至显示器或打印机，也可输出开关量（数字）信号和经模拟量输出通道的 D/A 转换器转换成模拟量输出信号。还可通过串行标准接口（例如 RS-485 等）或并行标准接口（例如 IEEE-488 等）实现数据通信，完成更复杂的测量、控制任务。智能仪表的整体工作是在软件控制之下进行的。

工作程序应预先编制好，写入非易失性存储器（如 EPROM、Flash 存储器等）中。必要的参数、命令可由键盘输入，存入可读写的存储器（如 RAM、Flash 存储器等）中。

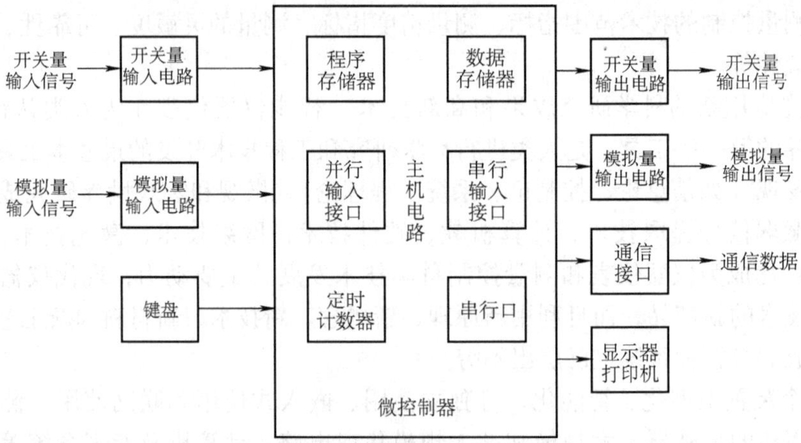

图 1-11 智能仪表的组成

智能仪表的软件通常包括监控程序、中断处理（或服务）程序以及实现各种算法的功能模块。监控程序是仪表软件的中心环节，它接收和分析各种命令，管理和协调全部程序的执行；中断处理程序是在人机联系部件或其他外围设备提出中断申请，并为主机响应后直接转去执行的程序，以便及时完成实时处理任务；功能模块是用来实现仪表的数据处理和控制功能，包括各种测量算法（例如数字滤波、标度变换、非线性校正等）和控制算法（PID控制、前馈控制、纯滞后控制、模糊控制等）。

1.3.3 自动测试系统

1. 自动测试系统的概念 自动测试系统（Automated Test System）是指采用计算机控制，能实现自动化测试的系统，也就是对那些能自动完成激励、测量、数据处理并显示或输出测试结果的一类系统的统称。这类系统通常是在标准的测控系统或仪器（CAMAC、GPIB、VXI、PXI 等）的基础上组建而成的。自动测试系统具有高速度、高精度、多功能、多参数和宽范围等众多特点。工程上的自动测试系统（Automated Test System，ATS）往往针对一定的应用领域和被测对象，并常按应用对象命名，因此有飞机自动测试系统，导弹自动测试系统，发动机自动测试系统，雷达自动测试系统，印制电路板自动测试系统，大规模集成电路自动测试系统等。对于飞机、导弹等大型装备的自动测试系统，又可按应用场合来划分，例如：可分为生产过程用自动测试系统（面向功能、性能测试）及场站维护用自动测试系统（以返修测试及故障定位为目的）等。

2. 自动测试系统的组成 自动测试系统（ATS）一般由 3 大部分，即：自动测试设备（Automatic Test Equipment，ATE），测试程序集（Test Program Set，TPS）和 TPS 软件开发工具组成。ATE 的类型从应用角度分，通常有以下 6 种：

1）半导体产品及器件自动测试系统。

2）电路板自动测试系统。

3）功能自动测试系统。

4）采用替换对比方法的自动测试系统。

5）采用参考对比方法的自动测试系统。

6）基于通用 ATE 的自动测试系统。

下面就针对半导体产品以及电路板的自动测试系统作具体说明。

（1）半导体产品及器件自动测试系统　此类系统中一些 ATE 用来测试数字器件，包括超大规模集成电路（VLSI）、存储器芯片和微处理器。另一些 ATE 则专门用来测试模拟器件、分立器件等。但同一范畴的 ATE 系统，由于被测对象不同，其测试需求差别可能很大，必须充分、慎重地考虑。如一个由于测试 RAM 芯片的 ATE，必须有复杂的测试模式，以便检测到芯片的各个存储单元和芯片引脚。而对于一个主要用来自动检测电阻器的 ATE，其任务主要是测量单项电阻值，其测试复杂性远远低于前者。但电阻的生产量极高，因此其测量速度也要求极高。

（2）电路板自动测试系统　电路板自动测试系统用来自动检测印制电路板（PCB）的一些重要参数，如连接、短路和开路等，测量并检验一些板上所装器件的功能和性能。据估计，采用电路板自动测试系统能隔离 98% 的共性电路板故障。

一般情况下，被测的电路板要放入 ATE“针床”夹具中，该夹具有大量的弹簧接入引脚（多达 300 片），能可靠地连接被测电路板所希望接入的一些点。一般情况下，夹具的部分引脚连接到 ATE 激励源，而测量仪器可连接到被测电路的每个引脚来完成所要求的测量。控制计算机控制 ATE 中的各类仪器完成各种各样的测试。如首先检测是否存在开路、短路以及连接是否正确，然后对被测集成电路实行静态或动态测试。这类 ATE 软件的设备库中，包含大量的元器件特性信息，通过用户提供的器件型号，对比测量值和库中的数值范围做比较，再通过执行一定的分析和推理算法，来判断该电路板是否工作正常。

图 1-12 为一个测试放大器幅频特性的自动测试系统的组成原理图。图中调节电压源给放大器建立了一个直流工作状态。在每个测试点调整信号源产生一定频率和电平的正弦信号做激励，从电压表中读取输出电压数据，最后记录并绘图。这些测试过程都由计算机通过总线指挥，并由计算机通过总线发布命令来完成放大器幅频特性的自动测量。

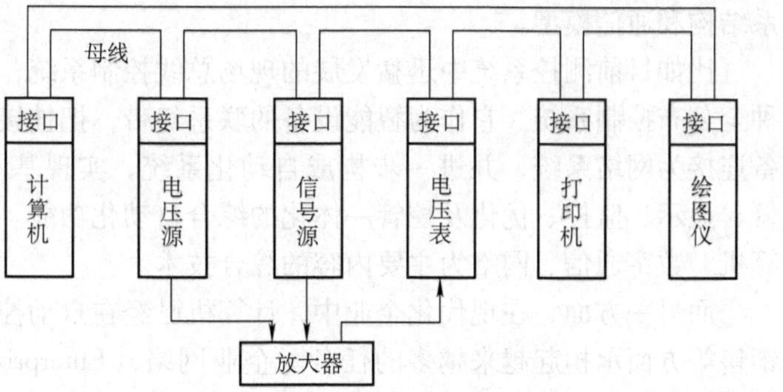

图 1-12　测试放大器幅频特性的自动测试系统的组成原理图

1.4　测控系统网络化发展概述

1.4.1　测控系统的网络化发展趋势

随着科学技术的飞速发展，在国防、通信、航天、航空、气象、环境监测、制造等领域，要求测试和处理的信息量越来越大、速度越来越高。因测试对象的空间位置分散，测试任务复杂，测试系统庞大，需要大量的测试单元（仪器仪表），加之，测试系统中各测试点之间以及测试点与中央管理计算机之间的信息交换量越来越大，配合也越来越密切，为此，测控系统的智能化、远程化、特别是网络化要求越来越迫切。而计算机、微电子、通信和网络等技术的日渐成熟，为测控技术网络化提供了强大技术动力与物质支持。

传统的单机仪器已远远不能适应大规模、高质量的信息采集要求，它们正在被由计算机控制的自动测控系统所取代。这种系统将测控系统中地域分散的基本功能单元（计算机、测试仪器、智能传感器、控制模块）通过网络互联起来，通过各种总线互联，通过网络形式进行信息的传输和交换，构成远程分布式网络化测控系统。由于这种测控系统基于计算机网络通信，因此我们将其称为网络化测控系统。该系统分布的地域范围可在一个大型设备、一栋楼房、一个工厂或一个实验现场之中，有时甚至可在几千米范围之内，若实时性要求不高，还可以跨地区甚至跨国。目前，遍布全球的 Internet 已比较成熟，随着其信道容量的增大，网络速度不再成为网络应用的障碍。充分利用遍布全球的 Internet 设施进行网络化测控，不仅能降低组建系统的成本，还能实现系统设备信息的共享。可见，网络化测控系统在军用和民用领域有着非常广阔的应用前景。

测控系统网络化的实用意义至少有以下 3 点：

1）有利于降低测控系统的成本。

2）有利于实现远距离测控和资源共享。

3）有利于实现测试设备的远距离诊断与维护。

测控系统的设计思想明显受到计算机网络技术的影响。测控网络正由原来的集中模式转变为分布模式，成为具有开放性、可互操作性、分散性、网络化、智能化的测控系统。网络的节点上不仅有计算机、工作站，还有智能测控仪器仪表，测控网络有与信息网络相似的体系结构和通信模型。

比如目前测控系统中迅猛发展的现场总线控制系统，它既是一个开放通信网络，又是一种全分布控制系统。它作为智能设备的联系纽带，把挂接在总线上、作为网络节点的智能设备连接为网络系统，并进一步构成自动化系统，实现基本控制、补偿计算、参数修改、报警、显示、监控、优化及控管一体化的综合自动化功能。这是一项以智能传感器、控制、计算机、数字通信、网络为主要内容的综合技术。

而另一方面，在现代化企业中，计算机已经在自动控制、办公自动化、经营管理、市场销售等方面承担起越来越多的任务。企业网络（Enterprise Networks）将成为连接企业内部各车间、部门，并与外部交流信息的重要基础设施。在市场经济与信息社会中，网络对企业的综合竞争能力起着重要作用。

综上所述，网络化测控技术的深入研究和广泛应用具有重要的理论意义和巨大的实用价值，尽管国内开展网络化测控系统方面的研究相对国外来说起步较晚，技术比较落后，但已对测控系统网络化这一趋势有了高度重视。

目前，国内对测控系统网络化技术还缺乏系统、深入的研究，也暂无这方面的教材和专著，本书拟将测控技术与计算机网络技术相结合，从实际工程出发，介绍测控系统网络化测控技术的内容、应用和网络化测控系统的设计方法。

1.4.2 测控系统网络技术的特点

测控网络技术与信息网络技术有很多共同点，同时也有各自的特点。

1）测控网络特别强调系统响应的实时性和时间确定性。工业控制对实时性的要求是硬性的，因为它往往涉及安全，所以必须在任何时间都能及时响应，不允许有不确定性。实时性包括两方面的要求：一是传输速度要快，即网络通信速率要高；二是响应时间要短。响应时间可由4个方面决定：①仪表或执行器控制中断的能力；②信息在通信协议的应用层与物理层之间的传输时间；③等待网络空闲的时间；④避免信息在网络上碰撞的时间。由于响应时间对于大多数通信协议是一个随机数，所以过程控制系统通常并不要求这个时间达到最短，而是要求其最大值是预先可知的，并小于一定值。另外通信响应实时性还与系统的巡回时间有关，通常最长巡回时间是预先可知的，并小于一定值。测控网络响应时间的要求通常为10ms～2s，信息网络对实时性的要求不高，响应时间为2～6s。在信息网络的大部分使用中，实时性的要求是可以忽略的。

2）测控网络强调在恶劣环境下数据传输的完整性、可靠性和安全性，能在高温、潮湿、振动及电磁干扰等工业环境中可靠地传送数据，并能抗工业电网的浪涌、跌落和尖峰干扰，具有本质安全性能。而且，测控网络还要求网络传输媒体上所传输的能量要小，在正常工作或出现故障时，均不致引发灾难事故。

3）测控网络传送的信息多为短帧信息，且信息交换频繁，要求网络协议简单实用、效率高。这些信息包括生产装置运行参数的测量值、控制值，开关和阀门的工作位置、报协状态、设备的资料与维护信息、系统组态、参数修改、零点与量程调校信息等，其长度一般比较小，通常仅为几位（bit）或几个至几十字节（Byte），对网络传输的吞吐量要求不高。

4）工业现场测控网络一般要求能总线供电。工业现场测控网络不仅能传输通信信息，而且要能够为现场设备的传输工作提供电源。这主要是从线路铺设和维护方便上考虑，同时总线供电还能减少线缆用量，降低布线成本。组建测控系统的测控网络以前使用的多为现场总线。但现场总线的种类繁多，多种现场总线技术并存、现场总线技术标准不统一的局面在某种程度上削弱了现场总线技术的优点，给用户带来了不便。

由于低成本和高性能，作为信息网络的以太网技术已经渗透到工业控制中，速度的迅速提高使以太网因碰撞而引起的信息传输时间的随机性已被大大减弱，能够适应工业控制系统中的实时性要求，加上高速现场总线技术发展缓慢，现场总线技术已与以太网技术相结合，从而使以太网有可能取代高速现场总线成为现场总线的高速网段。因此，近几年测控领域又提出将工业以太网作为现场级测控网络，这一思路的提出主要是由于目前用得比较广泛的以太网是一种非常经济有效的测控网络，其彻底的开放性和应用的广泛性是任何一种现场总线都无法比拟的。

IEEE Std 802 定义了工业以太网和快速以太网，可广泛使用各种传输物理媒体，这些媒体包括10Base-5、10Base-2（同轴电缆）、10Base-F、10Base-FX（光纤）、10Base-T以及100Base-TX（非屏蔽双绞线）。同轴电缆和光纤通常用于多媒体传输和长距离的骨干网络。

迅猛发展的Internet已深入社会生活的方方面面，人们对Internet应用模式的认识也越来越清晰。不仅工作站、PC等计算机设备可由Internet进行通信，其他智能设备，如自动化系统、蓝牙家电、网络化I/O模块、网络化仪器、网络化传输器等也可通过Internet进行通信，从而实现了遍布家庭、办公室和工厂的分布式测控网络。

以太网测控网络、分布式测控网络技术的发展和广泛应用推动了测控网络与信息网络的无缝集成。测控网络与信息网络的集成有利于将测控网络连入更大的网络中，有利于提高生产效率和控制质量，有利于实现集中管理和高层监控，还有利于利用更为及时的信息提高管理决策水平。

1.4.3　网络化测控系统的体系结构

在企业综合自动化系统的发展中，要把企业经营决策、管理、计划、调度、过程优化、故障诊断、现场控制紧密联系在一起，进行综合信息处理，按市场需求以及各地的资源、能量消耗，以最短的时间，开发并生产出新的产品，供应市场，就必须将自动控制、办公自动化、经营管理、市场销售等各层次计算机（包括现场仪表内的微处理器）互联成网络，实现信息的沟通与数据共享，因而企业网络中的信息是多层次的。

图 1-13 为以现场总线为基础的企业信息网络系统结构示意图。该系统从生产现场的底层开始，可分为现场控制层、过程监控层、生产管理层、市场经营管理层等 4 个层次，通过各层之间的沟通与信息交换，构成较为完整的企业信息网络。

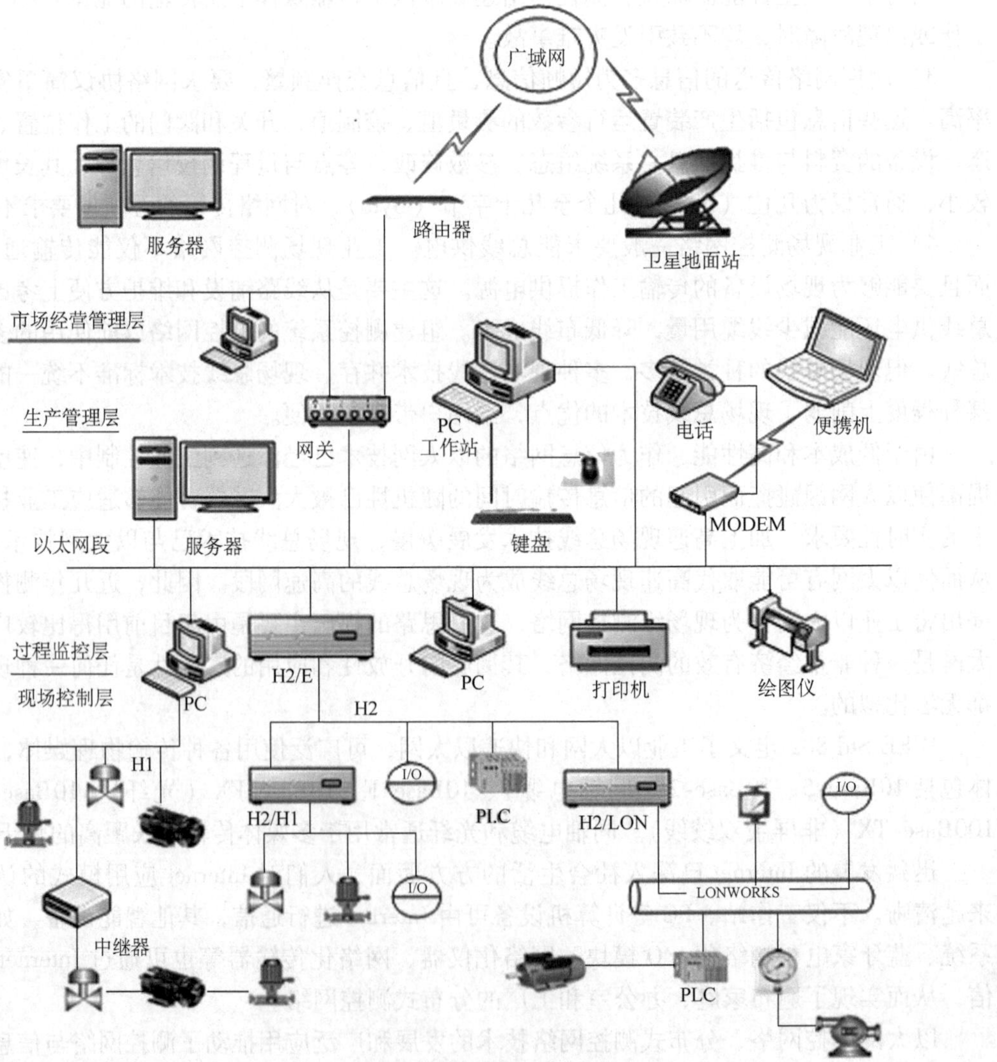

图 1-13　企业信息网络系统结构示意图

1. 现场控制层　图 1-13 中，H1、H2、LONWORKS 等现场总线网络（实际应用中也可能是其他类型的现场总线）与工厂现场设备连接，是工厂信息网络集成系统的底层，也成为网络的现场控制层。它是企业网络中网段的最基层，所以称现场总线是工厂底层网络。

2. 过程监控层　现场控制层将来自现场一线的信息送往控制室，置入实时数据库，进行高控制与优化计算、集中显示，这是网络中自动化系统过程监控层，它通常可由以太网等传送速度快的网段组成。各种现场总线网段均可通过通信控制器或 PC 接口卡与过程监控层交换数据。

3. 生产管理层　工厂的生产调度、计划、销售、库存、财务、人事等构成了企业信息的管理层，它是工厂局域网络的上层，一般由关系数据库收集整理这些来自各部门的各类信息并进行综合处理。通常可由以太网、TOP 等局域网段组成。

4. 市场经营管理层　该层将跨越工厂或企业的局部地域，融合外界商业经营网点、原材料供应和部件生产基地的信息。企业局域网可通过多种途径，与来自外界互联网络的市场信息等实现数据共享。

习题与思考题

1-1　简述测控系统的概念和种类。

1-2　举例说明过程控制系统的 9 个重要术语。

1-3　简述过程计算机控制系统的分类。

1-4　自动测试系统经历了哪三代演变？

1-5　简述自动测试系统（ATS）的概念和组成。

1-6　结合实际说明测控系统的网络化发展趋势。

1-7　说明以现场总线为基础的企业信息网络系统的层次结构。

第2章　网络与数据通信基础

2.1　计算机网络基础

2.1.1　计算机网络的定义与发展

1. 计算机网络的发展历程

（1）面向终端的计算机网络　20世纪50年代，人们开始进行计算机网络技术的研究。最初，用一台计算机作为主机，通过通信线路与多台终端相连，构成简单的计算机联机系统，系统中所有数据处理都由主机完成，终端没有任何处理能力，仅起着字符输入、结果显示等作用，这种联机系统被称为主机—终端系统，或称为面向终端的计算机网络。

（2）多机互连系统　20世纪70年代，小型计算机进入一些大公司、企事业单位和军队。在一个单位内部往往有多个这样的计算机系统，为使单位内分布在不同位置的计算机能进行相互通信、数据交换，通常把这些计算机系统通过通信线路和设备连接起来，构成具有通信能力的多机互联计算机网络，这种多机系统被称为多机互连系统，它是现代计算机网络的雏形。

（3）开放式标准化计算机网络　1977年，国际标准化组织ISO（International Standardization Organization）设立分委员会SC16（属TC97信息处理系统技术委员会），以“开放系统互联”为目标，专门研究网络体系结构、互联标准等。1984年，ISO正式颁布了一个称为“开放系统互联基本参考模型”（Open System Interconnection Basic Reference Model）的国际标准ISO7498，简称OSI参考模型或OSI/RM。OSI/RM共有七层，因此也称为OSI七层模型。OSI/RM的提出，开创了一个具有统一的网络体系结构、遵循国际标准化协议的计算机网络新时代。

2. 计算机网络的概念

（1）计算机网络的定义　什么是计算机网络？在不同时期对计算机网络的定义也有所差异。现在一般认为，计算机网络是利用通信设备和线路把地理上分散的多台自主计算机连接起来，在相应软件（网络操作系统、网络协议、网络通信、管理和应用软件等）的支持下，以实现数据通信和资源共享为目标的系统。

从定义可以看出，现代计算机网络有以下特点：

1）资源共享是计算机网络的主要目的，资源包括计算机硬件、软件和数据。

2）被连接的自主计算机应自成一个完整的系统。包括各种类型、档次的计算机，都必须有自己的CPU、主存储器、显示器、辅助存储器和完善的系统软件等，能单独进行信息加工处理。自主性是指联网的计算机之间不存在制约控制关系。

3）一般的外围设备不能直接挂在网上，只有当它成为直接接受一台计算机控制的外围设备，通过该台计算机的联网，这个外围设备才能成为网上资源。

4）计算机之间的互联通过通信设备及通信线路来实现，其通信方式多种多样，通信线路包括有线介质和无线介质。

5）计算机网络要有功能完善的网络软件支持。

6）联网计算机之间的信息交换必须遵循统一的通信协议。

图 2-1 是典型的计算机网络系统示意图。从图中可见，一个计算机网络是由资源子网（虚线框外部）和通信子网（虚线框内部）构成的，资源子网负责信息处理，通信子网负责全网中的信息传递。

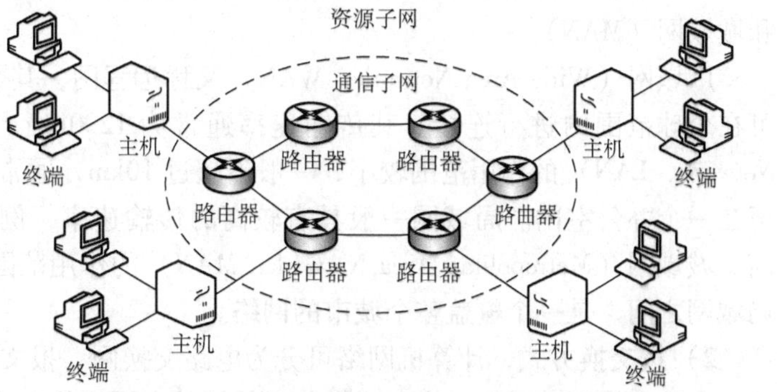

图 2-1　典型的计算机网络系统示意图

通信子网是由用作信息交换的通信控制处理机、通信线路和其他通信设备组成的独立的数据信息系统，它承担全网的数据传递、转接等通信处理工作。

资源子网包括网络中的所有主计算机、I/O 设备、网络操作系统和网络数据库等。它负责全网面向应用的数据处理业务，向网络用户提供各种网络资源和网络服务，实现网络的资源共享。

（2）计算机网络的功能

1）信息交换：信息交换是计算机网络最基本的功能，主要完成计算机网络中各节点之间的系统通信。用户可以在网上收发电子邮件，发布新闻消息，进行电子购物、电子贸易、远程教育等。

2）资源共享：资源共享是指网络用户可以在权限范围内共享网中各计算机所提供的共享资源，包括软件、硬件和数据等，这种共享不受实际地理位置的限制。资源共享使得网络中分散的资源能够互通有无，大大提高了资源的利用率。

3）均衡使用网络资源：在计算机网络中，如果某台计算机的处理任务过重，可通过网络将部分工作转交给较“空闲”的计算机来完成，均衡使用网络资源。

4）分布处理：对于较大型综合性问题的处理，可按一定的算法将任务分配给网络，由不同计算机进行分布处理，提高处理速度，有效利用设备。采用分布处理技术往往能够将多台性能一般的计算机连成具有高性能的计算机网络，使解决大型复杂问题的费用大大降低。

5）数据信息的综合处理：通过计算机网络可将分散在各地的数据信息进行集中或分级管理，通过综合分析处理后得到有价值的数据信息资料。例如政府部门的计划统计系统，银行、财政及各种金融系统数据的收集和处理系统，地震资料的收集与处理系统，地质资料的采集与处理系统，人口普查的信息管理系统等。

6）提高计算机的安全可靠性：计算机网络中的计算机能够彼此互为备用机，一旦网络中某台计算机出现故障，故障计算机的任务就可以由其他计算机来完成，不会出现由于单机故障导致整个系统瘫痪的现象，增加了计算机的安全可靠性。

由于计算机网络的功能特点，使得计算机网络应用已经深入到社会生活的各个方面，如办公自动化、信息金融管理、网上教学、电子商务、网络通信等。社会的信息化、数据的分布处理、计算机资源的共享等各种应用的要求都推动了计算机技术朝着群体化方向发展，促使计算机技术与通信技术紧密结合，这代表着当前计算机体系结构发展的一个重要方向。

（3）计算机网络的分类　计算机网络可按不同的方式分类，下面简要进行介绍。

1）按网络的通信距离和作用范围，计算机网络可分为广域网（WAN）、局域网（LAN）和城域网（MAN）。

广域网（Wide Area Network，WAN）又称远程网，其覆盖范围一般为几十至数千公里，可在全球范围内进行连接。其传输速率通常为 1200bit/s ~ 45Mbit/s。局域网（Local Area Network，LAN）的作用范围较小，一般不超过 10km，通常局限在一个园区、一座大楼，甚至在一个办公室内。局域网一般具有较高的传输速率，例如 10Mbit/s、100Mbit/s，甚至更高。城域网（Metropolitan Area Network，MAN）的作用范围、规模和传输速率介于广域网和局域网之间，是一个覆盖整个城市的网络。

2）按交换方式，计算机网络可分为电路交换网、报文交换网和分组交换网。

电路交换网：电路交换方式类似于传统的电话交换方式，用户在开始通信前必须申请建立一条从发送端到接收端的物理信道，并且双方在通信期间始终占用该信道。

报文交换网：当一个节点要发送报文时，它将一个目的地址附加到报文上，网络节点根据报文上的目的地址信息，把报文发送到下一个节点，一直逐个节点地转送，直至到达目的节点。

分组交换网：将报文分成若干个分组，每个分组的长度有一个上限，有限长度的分组可以减少每个节点所需的存储空间，分组可以存储到内存中提高交换速度。分组交换网适用于交互式通信，如终端与主机间的通信。分组交换有虚电路分组交换和数据报分组交换两种，是计算机网络中使用最广泛的一种交换技术。

（4）典型的计算机网络应用系统　计算机网络是目前计算机应用的热点，随着信息时代的到来和需求的增加，计算机应用越来越普遍，且价格越来越低，更促进了计算机网络应用的迅速发展。计算机网络主要应用于办公自动化 OA（Office Automation），工业自动化 IA（Industrial Automation），管理信息系统 MIS（Manage Information System），图书、信息检索系统，证券及期货交易系统，校园网，POS 与 ATM 系统，电子政务（Electronic Government），电子商务（Electronic Business），远程教育（Distance Education），信息高速公路等。

2.1.2　计算机网络的拓扑结构

1. 总线型拓扑结构　网络拓扑采用一种传输媒体作为公用信道，所有站点都通过相应的硬件接口直接连接到这一公共传输媒体上，该公共传输媒体即称为总线。任何一个站点发送的信号都沿着传输媒体传播，而且能被所有其他站点接收，如图 2-2 所示，总线两端为终结器。著名的以太网（Ethernet）就是总线网的典型实例。

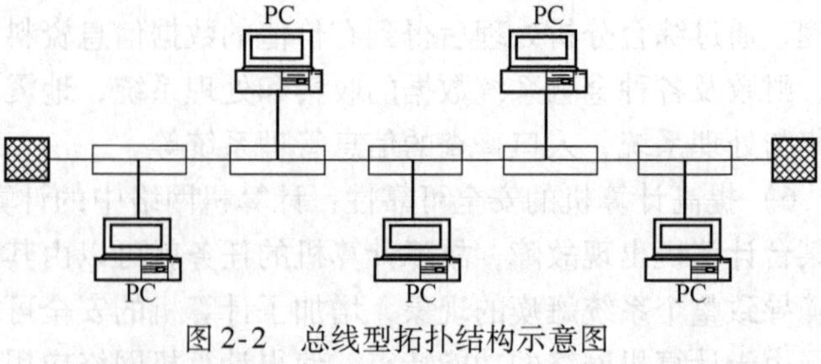

图 2-2　总线型拓扑结构示意图

由于所有站点共享一条公用的传输信道，因此一次只能由一个站点占用信道进行传输。

为了防止争用信道产生的冲突，出现了一种在总线型网络中使用的媒体访问方法——带有冲突检测的载波监听多路访问方式，英文缩写成 CSMA/CD。

2. 星形拓扑结构　星形拓扑结构如图 2-3 所示。

星形拓扑结构的优点是：

（1）控制简单　因为终端用户之间的通信必须经过中心站，它的访问控制方法和采用的协议都简单。

（2）故障诊断和隔离容易　中央节点对连接线路可以逐一隔离，进行故障检测和定位。单个节点的故障只影响一台设备，不会影响全网。

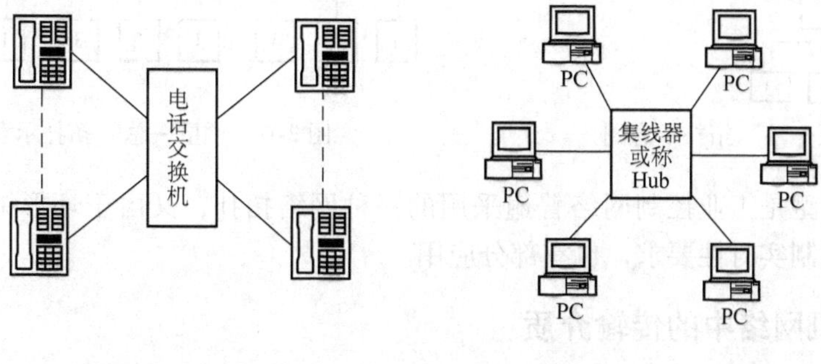

a)电话网的星形结构　　b)以Hub为中心的星形结构

图 2-3　星形拓扑结构

（3）方便服务　中央节点可方便地对各个站点提供服务和网络重新配置。

星形拓扑结构的缺点是：

1）电缆用量大，安装工作量多。因为每个站点都要和中央节点直接连接，需要耗费大量的电缆，使得安装、维护工作量骤增。

2）中央节点的负荷较重，形成信息传输速率的瓶颈，因而在工业自动化领域已较少采用。

3）对中央节点的可靠性和冗余度要求高。中央节点一旦发生故障，将使全网瘫痪。

3. 环形拓扑结构　环形拓扑结构是由站点和连接站点的链路组成的一个闭合环，如图 2-4 所示。每个站点能够接收从一条链路传来的数据，并以同样的速率按串行方式把该数据沿环送到另一端链路上。环形结构的特点是，每个端用户都与两个相邻的端用户相连，因而存在着点到点链路，但总是以单向方式操作。假设数据传输的方向为逆时针，则有上游端用户和下游端用户之分。例如，在图 2-4 中，用户 N 是用户 $N+1$ 的上游端用户，$N+1$ 是 N 的下游端用户。如果 $N+1$ 端需将数据发送到 N 端，则几乎要绕环一周才能到达 N 端。环形网的典型实例有 IBM 令牌环（Token Ring）和剑桥环（Cambridge Ring）。

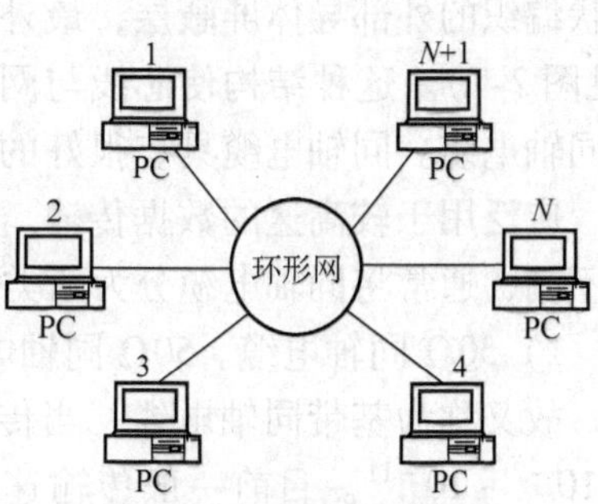

图 2-4　环形拓扑结构示意图

4. 混合型拓扑结构　将总线型、星形、环形中的某两种单一拓扑结构混合起来，取两者的优点构成的拓扑称为混合型拓扑结构。常见的一种是星形拓扑和环形拓扑混合成的

“星—环”拓扑，如图 2-5 所示。另一种是星形拓扑和总线拓扑混合成的“星—总”拓扑，如图 2-6 所示。其实这两种混合型在结构上有相似之处，若将总线型结构的两个端点连在一起也就成了环形结构。这种拓扑的配置是由一批接入环中或总线中的集中器组成，由集中器再按星形结构连至每个用户站。

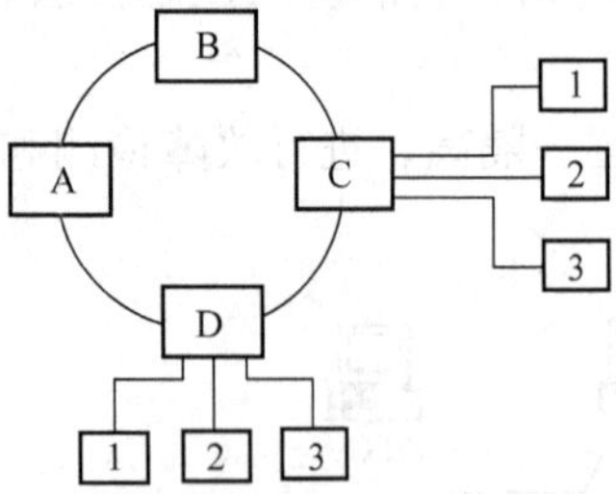

图 2-5　“星—环”拓扑示意图

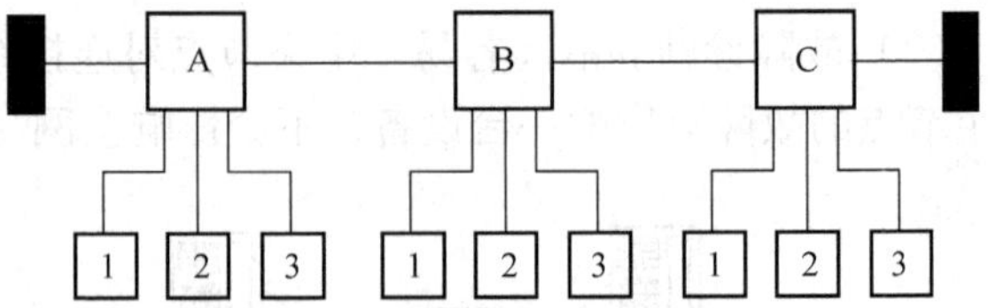

图 2-6　“星—总”拓扑示意图

目前，总线型是工业控制网络普遍采用的一种网络拓扑，又由于环形结构网络延时确定，满足工业控制实时性要求，也有部分应用。

2.1.3　计算机网络中的传输介质

1. 有线传输介质

（1）双绞线　双绞线是最普通的传输媒体，长期以来一直在电话系统中用来传输模拟信号，当传输距离不远时，也可传输数字信号。双绞线分两种类型。

1）非屏蔽双绞线。非屏蔽双绞线（Unshielded Twisted Pair，UTP）由粗约 1mm 的互相绝缘的一对铜线扭在一起，采用这种均匀扭起来的结构是为了减少对相邻导线的电磁干扰。

2）屏蔽双绞线。屏蔽双绞线（Shielded Twisted Pair，STP）是在双绞线的外面再加上一个用金属丝编织成的屏蔽层，其余均与非屏蔽双绞线相同。

（2）同轴电缆　同轴电缆是在铜质芯线（单股实心线或多股绞合线）外包一层绝缘材料，再包上网状编织的外部导体屏蔽层，最外面加塑料保护层（见图 2-7）。这种结构使芯线与网状导体同轴，故称同轴电缆。同轴电缆具有很好的抗干扰性和高带宽，广泛用于较高速的数据传输。按特性阻抗数值的不同，通常将同轴电缆分为两类。

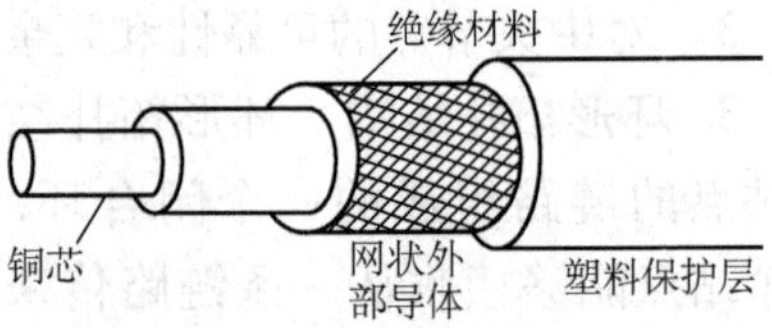

图 2-7　同轴电缆结构图

1）50Ω 同轴电缆。50Ω 同轴电缆仅用于数据通信和传输基带信号，并使用曼彻斯特编码，故又称为基带同轴电缆。当传输距离不超过 1km 时，传输速率可达 50Mbit/s，误码率为 $10^{-7} \sim 10^{-11}$。目前一般传输速率为 10Mbit/s，是局域网中最常用的传输媒体。常用的 50Ω 同轴电缆为 RG-58 以太细缆和 RG-8 或 RG-11 以太粗缆。

2）75Ω 同轴电缆。75Ω 同轴电缆也称宽带同轴电缆。在计算机通信中，“宽带系统”是泛指使用了频分复用和模拟传输技术的同轴电缆网络，这与电话系统不同，在电话系统中宽带是指带宽超过一个标准话路（4kHz）的频分复用系统。75Ω 同轴电缆是公用电视天线 CATV 系统中使用的标准传输电缆，常用型号为 RG-59，既可以用于传输模拟信号，又可以用于传输数字信号。当用于传输模拟信号时，其频率可高达 300 ~ 450Hz 或更高，传输距离可达 100km。

（3）光缆　光导纤维简称为光纤，是发展最迅速的一种传输媒体。光纤是由非常透明的石英玻璃拉成的细丝，直径约 10 ~ 100μm，再加上包层直径也不到 0.2mm。为了提高机械强度，必须将光纤做成很结实的光缆。一根光缆可以包括一至数百根光纤，再加上加强芯和填充物，最后加上包带层和外护套（见图 2-8）。

纤芯和包层是由两种光学性能不同的物质构成，芯对光的折射率比包层的折射率高。由物理学知：在两种物质的界面上，当光从折射率高的一侧射入折射率低的一侧时（见图 2-9），只要入射角大于临界值，就会发生全反射现象。因此，任何大于临界值角度射入的光线都会被全反射回纤芯，不同的光线将在纤芯内以不同角度反射传播，这种光纤叫做多模光纤。若光纤的直径减小到只有光的一个波长，则光纤如同一个波导，光在媒体中没有反射，而沿直线传播，这样的光纤称为单模光纤。

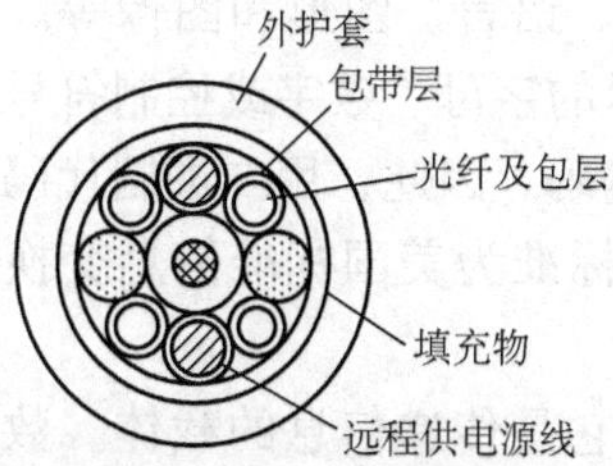

图 2-8　光纤的结构

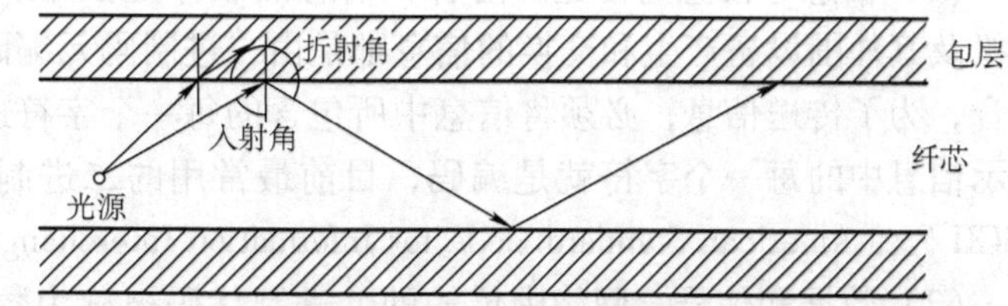

图 2-9　光纤内部光波折射传输

光纤是光纤通信的传输媒体，利用传递光脉冲进行通信，有光脉冲相当于“1”，无光脉冲相当于“0”。

2. 无线传输媒体　双绞线、同轴电缆和光缆都属于“有线传输”。有线传输不仅需要铺设传输线路，而且连接到网络上的设备也不能随意移动。反之，若采用无线传输媒体，则不需铺设传输线，允许数字终端设备在一定范围内移动，非常适合那些难于铺设传输线的边远山区和沿海岛屿，也为大量的便携式计算机入网提供了条件。目前最常用的无线传输介质有微波、红外线和激光。

（1）微波与卫星通信

1）微波：微波是指其频率为 300MHz ~ 300GHz 的电波，但主要是使用 2 ~ 40GHz 的频率范围。微波通信是把微波作为载波信号，用被传输的模拟信号或数字信号来调制它，采用无线通信。它既可传输模拟信号，又可传输数字信号。由于微波段的频率很高，其频段范围也很宽，故微波信道的容量很大，可同时传输大量信息。

2）卫星：卫星通信是将微波中继站放在人造卫星上，形成卫星通信系统。所以卫星通信本质上是一种特殊的微波中继，它用卫星上的中继站接收从地面发来的信号，加以放大后再发回地面。这样，只要用 3 个相差 120°的卫星便可覆盖整个地球。在卫星上可装多个转发器，它们以一种频率段（5.925 ~ 6.425GHz）接收从地面发来的信号，再用另一频率段（3.7 ~ 4.2GHz）向地面发回信号，频带的宽度是 500MHz，每一路卫星信道的容量相当于 100 000 条音频线路。卫星通信的最大特点是通信距离远，而且通信费用与通信距离无关，当通信距离很远时，租用一条卫星音频信道远比租用一条地面音频信道便宜。

（2）红外线通信　红外线通信是利用红外线来传输信号，在发送端设有红外线发送器，接收端有红外线接收器。发送器和接收器可以任意安装在室内或室外，但它们之间必须在可视范围内，中间不允许有障碍物。

（3）激光通信　激光通信是利用激光束来传输信号，即将激光束调制成光脉冲，以传输数据，因此激光通信与红外线通信一样是全数字的，不能传输模拟信号。激光通信必须配置一对激光收、发器，而且要安装在视线范围内。

2.2　数据通信技术

2.2.1　数据通信的基本概念

1. 常用术语

（1）信息　信息是传送的内容，信息的载体是数字、文字、语言、图形和图像等。计算机及其外围设备产生和交换的信息都是由二进制码元编码表示的字母、数字或控制符号的组合，为了传送信息，必须将信息中所包含的每一个字符进行编码。因此，用二进制代码来表示信息中的每一个字符就是编码，目前最常用的二进制编码标准为美国标准信息交换码ASCII码（American Standard Code for Information Interchange）。

（2）数据和信号　网络中传输的二进制代码被称为数据，它是传递信息的载体。数据与信息的区别在于，数据仅涉及事物的表示形式，而信息则涉及这些数据的内容和解释。对于计算机系统来说，它关心的是信息用什么样的编码体制表示出来，例如如何用ASCII表示字符、数字、符号、汉字等；而对于数据通信系统来说，它关心的是数据的表示方式和方法，例如，如何将各类信息的二进制比特序列通过传输介质，在计算机和计算机之间进行传递。通常，对数据的表示分为数字信号和模拟信号两种。模拟信号是一种连续变换的电信号，它的取值可以是无限多个，例如语音信号；数字信号是一种离散信号，它的取值是有限多个。

（3）信道　信道是信号传输的通道，包括通信设备和传输媒体。这些媒体可以是有形媒体（如电缆、光纤）或无形媒体（如传输电磁波的空间）。

信道可以按不同的方法分类。信道按传输媒体可以分为有线信道和无线信道；按传输信号类型可以分为模拟信道和数字信道；按使用权可以分为专用信道和公用信道等。对于不同信道，其特性和使用方法不同。

（4）码元和码字　将计算机网络传送的每一位二进制数字称为“码元”或“码位”，例如二进制数字1000001是由7个码元组成的序列，通常称为“码字”。在7位ASCII码的数据通信中，这个码字就代表ASCII码“A”。

2. 通信方式　当数据通信在点对点之间进行时，按照信息的传送方向，通信方式分为图2-10所示的3种情况：

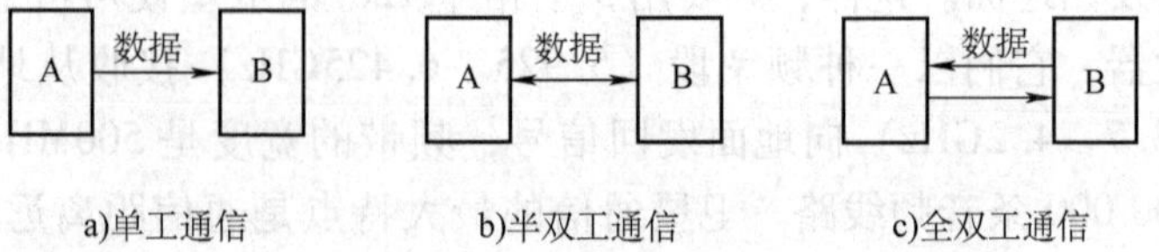

图2-10　数据通信方式

（1）单工通信方式　如图2-10a所示，数据只能单方向进行传输，即数据只能由工作站 A 传到工作站 B，不能反向进行，例如广播电视信号。

（2）半双工通信方式　如图 2-10b 所示，数据能从 A 向 B 传输，反方向也能传输，但是两个方向不能同时进行。例如对讲机的通话方式。

（3）全双工通信方式　如图 2-10c 所示，两个工作站能同时发送和接收数据，并且数据可同时在两个方向上传输。它相当于两个单工通信方式的组合。例如电话的通信方式。

3. 常用指标

（1）数据传输速率 S 和波形调整速率 B　在数据通信系统中，为了描述数据传输速率的大小和传输质量的好坏，需要用比特率和波特率等技术指标，它们都是通信技术中的重要指标。

1）比特率 S：比特率是一种数字信号的传输速率，它是指在有效带宽上，单位时间内所传输的二进制代码的有效位（bit）数，S 用比特数每秒（bit/s）、千比特数每秒（kbit/s）或兆比特数每秒（Mbit/s）等单位来表示。

2）波特率 B：波特率称为调制速率，也称波形速率、码元速率。它是指数字信号经过调制后的速率，即经调制后的模拟信号每秒变化的次数。或者说，在数据传输中，线路上每秒钟传送的波形个数就是波特率，其单位为波特（baud）。因为它是脉冲信号经过调制后的传输速率，所以若以 T 表示每个脉冲的时间，则调制速率可以表示为：$B=1/T$。比特率和波特率之间有如下关系：

$$S=B\log_2 N \tag{2-1}$$

其中 N 为脉冲信号所表示的有效二进制状态数，在二相调制中 $N=2$，故 $S=B$，但在更多相数的多相调制中，S 与 B 不相同。

（2）带宽　带宽是指信道的频带宽度，即信道允许的最高频率和最低频率之差，其单位为 Hz。

（3）信道容量　信道容量一般是指物理信道能够传输数据的最大能力。当某信道上传输的数据速率大于信道容量时，该信道就不能用来传输数据了。

（4）误码率 P_e　误码率是指二进制码元在数据传输中被传错的概率，也称为“出错率”，常用 P_e 表示。P_e 的定义公式如下：

$$P_e=n_e/n \tag{2-2}$$

式中，n 为传输的二进制代码总数；n_e 表示接收中传错的码元数。

误码率 P_e 是数据通信系统在正常工作状态下传输的可靠性指标。在计算机网络通信系统中，对平均误码率的最低要求是低于 10^{-6}，即平均传送 10^6 个二进制位只能错一位，因此，在计算机网络中，必须采取差错控制技术才能满足计算机通信系统的可靠性指标。

2.2.2　数据传输技术

1. 数据传输方式　数据在信道上按时间传送的方式称为数据传输方式。数据传输方式按照传输信号的时序可分为串行传输和并行传输，如图 2-11 所示。所谓串行传输，即是将代表信息的数字信号序列按时间顺序一个接一个地在通道上进行传输的方式。如果将信号

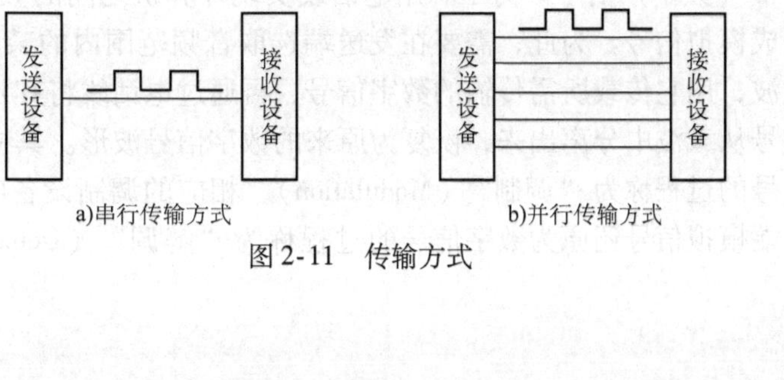

图 2-11　传输方式

序列分割成两路或两路以上的数字信号序列，使其同时在信道传输，则该种方式称为并行传输方式。一般的数字通信方式大都采用串行传输，这种方式只需一条通道，特别是在远距离通信时就更显示出其优点，只是这种传输方式占用的时间较长。

传输的数据根据不同表示形式可分为模拟数据和数字数据两种类型。数字数据在通道中的传输又可分为“基带传输”和“宽带传输”。

数字信号以原来的 0 和 1 的形式直接在通道中传输，就被称为“基带传输”。直接传输二进制数字信号的信道，对信号要求编码，即用不同的电压极性或电平值代表数字信号 0 和 1，有 3 种编码方法：

（1）非归零编码 NRZ（Non-Return to Zero）　用负电压代表 0，正电压代表 1，其特点是简单且容易实现，但接收方和发送方无法保持同步，如图2-12a所示。

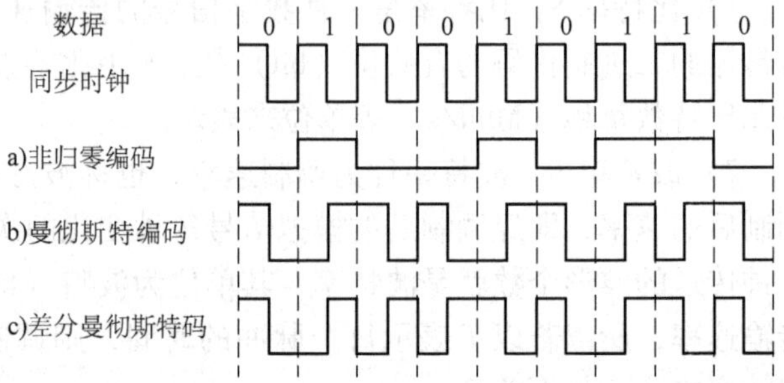

图 2-12　数字信号的 3 种编码

（2）曼彻斯特编码（Manchester）编码每一位中间（1/2 周期时）都有跳变，该跳变可作为本地时钟，也代表数字信号的取值。当每位中间由低电平向高电平跳变时，代表1；由高电平跳到低电平代表0。其特点是具有“自含时钟”的编码技术，无需专门传递同步信号的电路，成本低，抗干扰能力强，但效率低，如图2-12b 所示。

（3）差分曼彻斯特码　这是改进的曼彻斯特码，其二进制取值由每一位开始的边界是否存在跳变而定。一位脉冲的开始处有跳变代表 0；无跳变代表 1。其特点是具有“自含时钟”的编码技术，抗干扰能力强，但实现技术复杂，如图2-12c 所示。

基带传输由于信号频率很低，含有直流成分，因此也叫直流传输。其传输线路的电容对传输信号的波形影响很大，故传输距离受到限制，一般不大于 2. 5km。当超过上述距离时，需增设再生重发器，以增加功率和整形来延长传输距离。

如果在信道上不能直接传输数字信号，这时就要利用调制和解调技术，即利用基带信号对载波信号的某些参数进行调控，从而得到易于在通道上传输的被调波形，在通道中传输的被调制后的数字信号，被称为宽带信号，该种传输方式称为宽带传输。

按照传输所用的介质可分为有线传输和无线传输。有线传输信道包括电话线、双绞线、同轴电缆、光缆等有形传输介质。无线传输信道包括无线电、微波、卫星、通信信道、激光和红外线等无形介质，它们以电磁波的形式在空间传播。

2. 数据调制与编码　在宽带传输中常用普通电话线作为传输介质，它的带宽一般在 300 ~3400Hz 之间，而电话线不适于直接传输频带很宽、又集中在低频段的计算机产生的基带（数字）信号。为了利用电话线实现计算机之间的数字信号传输，必须将数字信号转换成模拟信号。为此，需要在发送端选取音频范围内的某频率的正（余）弦模拟信号作为载波，用它传载所需传输的数字信号，再通过电话线将其发送至另一端；在接收端再将数字信号从载波中分离出来，恢复为原来的数字信号波形。其中在发送端将数字信号转换成模拟信号的过程称为“调制”（Modulation），相应的调制设备叫“调制器”（Modulator）；把接收端模拟信号还原为数字信号的过程称为“解调”（Demodulation），相应的设备称为“解调器”（Demodulator），同时具备调制和解调的设备称为“调制解调器”（Modem）。

调制时，选用正（余）弦信号作为载波，分别对正（余）弦波的幅度、频率和相位这 3 个参数进行控制。在调制中，载波信号可以用数学表达式表示为

$$U(t)=A(t)\sin(\omega t+\varphi) \tag{2-3}$$

其中振幅 A、频率 ω、相位 φ 是载波信号的 3 个可变参量，它们是正弦波的控制参数，也称为“调制参数”，它们的变化将引起波形的变化。由此可通过调制参数的改变对模拟信号进行编码，构成调幅、调频和调相 3 种基本调制形式，以及由此派生的其他多种形式，如图 2-13 所示。

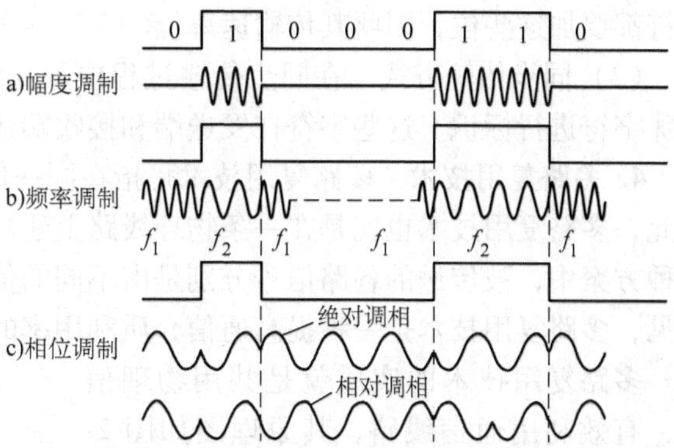

图 2-13　数据调制方式

（1）幅度调制　幅度调制 ASK（Amplitude-Shift Keying）又叫振幅键控。在这种方式中，频率、相位都是常数，振幅为变数，即载波的幅度随发送的数字信号的值而变化。例如，可以用具有幅度 A_m 的载波信号表示二进制数字“1”，用幅度 0 表示二进制数字“0”。其数学表达式为

$U(t)=A_m\sin(\omega_0 t+\varphi_0)$　　数字“1”

$U(t)=0$　　数字“0”

为了提高传输速度，还可以采用多幅度调制。幅度调制的特点是简单易实现，但抗干扰能力较差。

（2）频率调制　频率调制（Frequency-Shift Keying，FSK）又叫移频键控。在频率调制中，频率为变量，振幅、相位为常量，国际上规定低速数据传输多采用二进制移频键控 12FSK。其数学表达式为

$U(t)=A_0\sin(\omega_1 t+\varphi_0)$　　数字“1”

$U(t)=A_0\sin(\omega_2 t+\varphi_0)$　　数字“0”

在二进制中分别用两种不同的频率波形表示“1”和“0”。频率调制的特点是简单且抗干扰能力强，但频带利用率低。

（3）相位调制　相位调制（Phase-Shift Keying，PSK）又叫移相键控。在相位调制中，初始相位作为变量，振幅、频带为常量。相位调制可分为 PSK 绝对调相和 PSK 相对调相两类。

1）PSK 绝对调相。用相位的绝对值表示二进制数字信号 0、1，例如用 $\varphi_0=0°$ 表示“1”，用 $\varphi_0=180°$ 表示“0”，则数学表达式为

$U(t)=A_0\sin(\omega t)$　　数字“1”

$U(t)=A_0\sin(\omega t+180°)$　　数字“0”

2）PSK 相对调相。用当前波形的初始相位对于前一个波形的初始相的偏移值来表示数字信号“0”和“1”。

另外还有多相调制，例如 4 相调制是将发送信号两位一组进行编组（4 种），每组一个双比特码元，对应于一个载波信号的相对相位偏移值。同理还有 n 相调制等。

相位调制的特点是占用频带较窄，抗干扰能力强，因而在中、高速数字传输与通信中得到广泛应用。

3. 异步传输与同步传输

（1）异步传输方式　在被传送字符前后加起止位，实现定时的传输方式被称为异步方式。它以字符为单位，并在每个字符代码前后附加起始和终止位。由于在异步传输中每一个字符都要加这些位，因此其传输速率低。

（2）同步传输方式　在同步传输过程中，大的数据块一起发送，在它的前后使用一些特殊字符进行标识。这些字符在发送端和接收端建立起一个同步的传输过程。

4. 多路复用技术　多路复用技术是指在同一传输介质上“同时”传送多路信号的技术，因此，多路复用技术也就是在一条物理线路上建立多条通信信道的技术。在多路复用技术的各种方案中，被传送的各路信号分别是由不同的信号源产生，信号之间必须互不影响。由此可见，多路复用技术是一种提高通信介质利用率的方法。

多路复用技术的实质就是共用物理信道，有效利用通信线路，其原理图如图 2-14 所示。

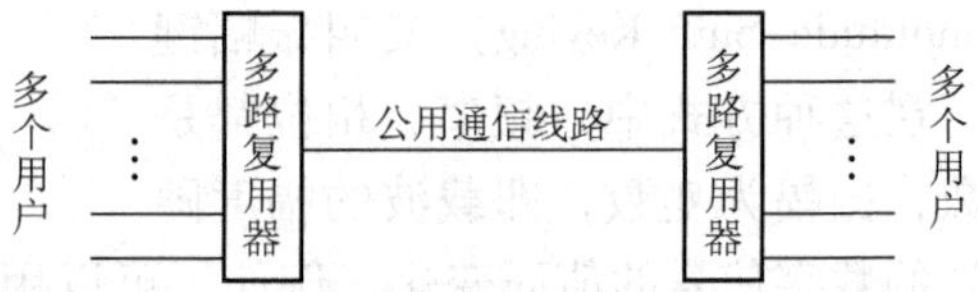

图 2-14　多路复用技术原理图

常用的 3 种多路复用技术为：频分多路复用（Frequency Division Multiplexing，FDM）、时分多路复用（Time Division Multiplexing，TDM）和波分多路复用（Wavelength Division Multiplexing，WDM）。其他常用的复用技术还有：空分复用（Space Division Multiplexing，SDM）以及动态时分多路复用等。

（1）频分多路复用 FDM　在实际通信中，物理信道的“可用带宽”往往大于单个给定信号的带宽，FDM 技术正是利用了这一特点。

在采用频分多路复用技术时，将信道按频率划分为多个子信道，每个信道可以传送一路信号。如图 2-15 所示，FDM 将具有较大带宽的线路带宽划分为若干个频率范围，每个频率之间应当留出适当的频率范围作为保护频带，以减少各段信号的相互干扰。在实际应用时，FDM 技术通过调制将多路信号分别调制到各自不同的正弦载波频率上，并在各自的频段范围内进行传输。

（2）时分多路复用 TDM　如果信道允许的传输速率大大超过每路信号需要的传输速率，就可以采用时分多路复用技术。首先，把每路信号都调整到比需要的传输速率高一些的传输速率上，这样每路信号就可以按较高的速率进行传输。TDM 可细分为同步时分复用（STDM）和异步时分复用（ATDM）两种形式。

同步时分复用（STDM）首先将各路传输信号按时间进行分割，即将每个单位传输时间划分为许多长度相等的时间片（时隙）；其次，每个周期内各个通道都在固定的位置占有一个时隙，这样，就可以使多路输入信号在不同的时隙内轮流、交替地使用物理信道进行传输，如图 2-16 所示。

对于时分多路复用 TDM 来说，“时隙”越短，则每个“时分复用帧”内可以包含的“时隙”数目就越多，因而可以划分的子信道也就越多。由于在 TDM 中，每路信号可以使用信道的全部可用带宽，因此，时分多路复用技术更加适用于传输占用信道带宽较宽的数字基带信号，故 TDM 技术常用于基带局域网中。

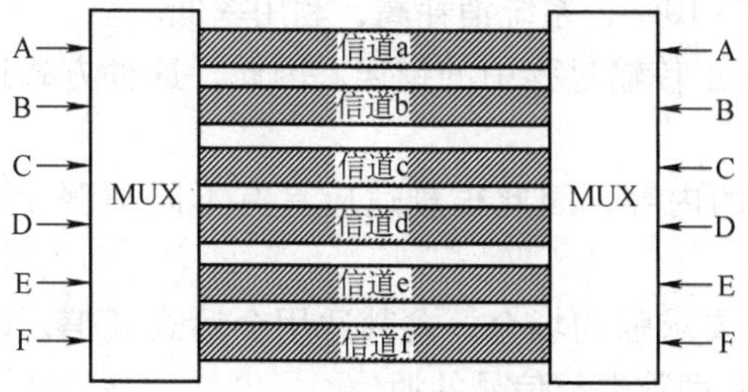

图 2-15　频分多路复用

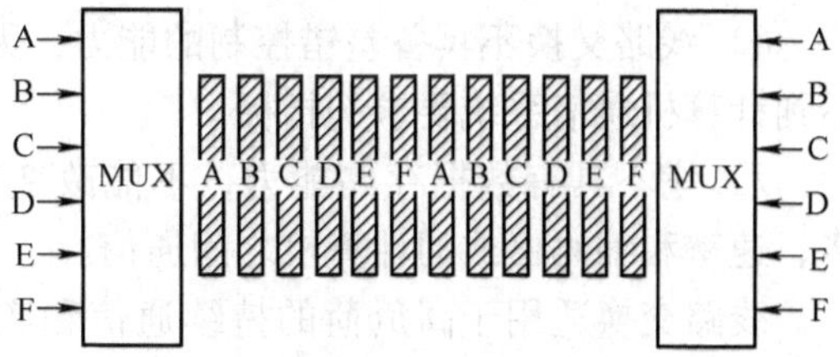

图 2-16　时分多路复用

（3）波分多路复用技术 WDM　对于使用光纤通道（Fiber Optic Channel）的网络来说，波分多路复用技术 WDM 是其适用的多路复用技术。

实际上，波分多路复用技术所用的技术原理与前面介绍的频分多路复用技术大致相同。波分多路复用如图 2-17 所示。通过光纤 1 和光纤 2 传输的两束光的频率是不同的，它们的波长分别为 λ_1 和 λ_2。当这两束光进入光栅（或棱镜）后，经处理、合成，就可以使用一条共享光纤进行传输；合成光束到达目的地后，经过接收方光栅的处理，重新分离为两束光，并能经过光纤 3 和光纤 4 传送给用户。在图 2-17 所示的波分多路复用系统中，由光纤 1 进入的光波信号传送到光纤 3，而从光纤 2 进入的光波信号被传送到光纤 4。

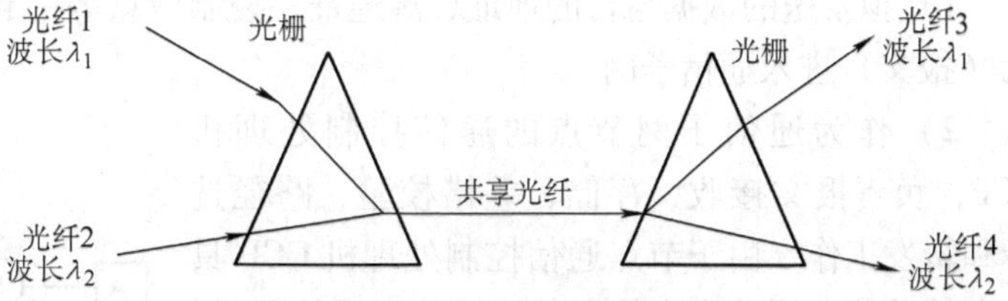

图 2-17　波分多路复用

因此，WDM 与 FDM 使用的技术原理是一样的，只要每个信道使用的频率（即波长）范围各不相同，它们就可以使用波分多路复用技术，通过一条共享光纤进行远距离的传输。与电信号使用的 FDM 技术不同的是，在 WDM 技术中，是利用光纤系统中的衍射光栅来实现多路不同频率光波信号的合成与分解的。

2.2.3　信息交换技术

1. 线路交换　当使用线路交换（Circuit Switching）方式进行通信时，需建立一条专用通道，即建立一条实际的物理连接。连接后直至拆除前线路一直被占用，而不能被其他站使用。其特点是先有两个节点的线路接通，然后才能通信，如图 2-18 所示。电话通信就是线路交换的典型例子。线路交换技术一般包括 3 个阶段：电路建立、数据传输和拆除电路连接。

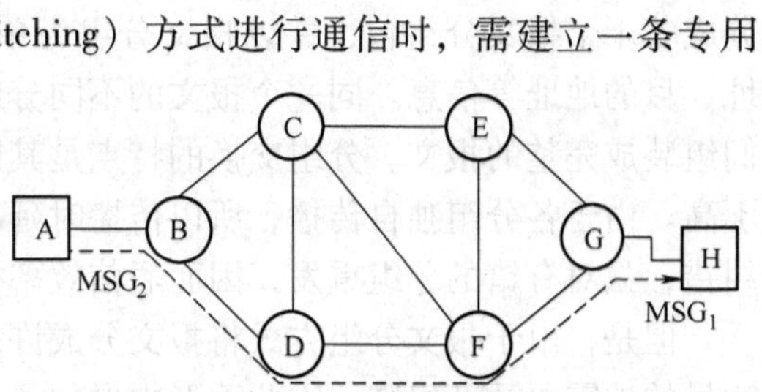

图 2-18　线路交换图示

线路交换技术的应用特点：

1）传输延迟小，唯一的延时是申请信号的传播时间。

2）线路一旦接通，不会发生冲突。

3）对于合用信道的用户来说，可靠性和实时回应能力都很好。

4）网络忙时建立线路所需时间长，有时需 10 ~ 20s 或更长时间。

5）数据传输中真正使用线路的时间不过1%～10%，系统消耗高，利用率低。

6）线路交换不具备差错控制的能力，无法纠正传输过程中的错误。因此，这种方式达不到计算机通信系统要求的指标。

7）它不具有数据存储能力，不能改变数据的内容，因此很难适应具有不同类型、规格、速率和编码格式的计算机之间通信。

线路交换适用于高负荷的持续通信和实时性要求强的场合，尤其适用会话式通信，语言、图像等交互式通信，不适合传输突发性、间断型数据与信号的通信。

2. 报文交换　报文交换（Message Switching）是一种在某站收到报文后，首先将其存储起来，待有空闲出现时，再将其转发出去的一种技术，因此称为“存储转发（Store-and-Forward Exchanging）”式交换，主要用于非实时的通信。存储转发技术的过程特点是：

1）拟发送的数据与目的地址、源地址、控制信息等一起按照一定的格式组成一个数据单元（报文）进入通信子网。

2）作为通信子网节点的通信控制处理机CCP，负责报文接收、存储、差错校验、路径选择和转发工作。由于节点通信控制处理机CCP具有存储功能，因此多个信息包可以共享通信通道，线路利用率高；在源端发送报文时不需要接收端同时处于就绪状态，网络可以存储报文，等到接收端处于就绪状态再接收报文。如图2-19所示，在报文交换方式中，当发送方有数据要发送时，它把数据块加上目的地址，源地址与控制信息作为一个整体，按照一定的格式打包组成报文，交给交换设备。交换设备根据报文中的目的地址，选择一条合适的空闲输出线，将报文传送出去。在传输过程中，报文可能经过若干个交换设备。在每一个交换设备处，报文首先被存储起来，并且在待发报文登记表中进行登记，等待报文前往的目的地址的路径空闲下来，再选择合适的路径转发出去，直到到达目的地。

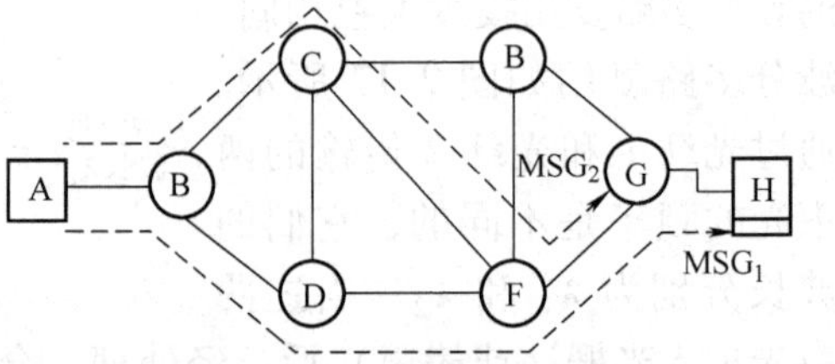

图2-19　报文交换图示

3. 分组交换　分组交换（Packet Switching）又叫包交换，即根据报文交换传输，它的特点是对传输的数据大小不加限制，而对某些大报文的传输，必须利用磁盘进行缓存，往往单个报文占用一条线路长达几分钟，这样不适合交互式通信。在分组交换技术中，将大报文分成若干个报文分组包，并以报文分组为单位，在网络中传输，每一报文分组均含有源地址、目的地址等信息。同一个报文的不同分组可以沿不同的路径传输，到达终点后，再将它们组装成完整的报文。分组交换的特点是其固定的、短的分组对交换节点的存储缓冲区要求不高。由于各分组独自传播，所以传播时延减小，提高了吞吐率。分组交换也意味着按分组纠错，只对有错的分组重发，因而通信效率得到提高。

但是，由于报文分组方式将报文分成许多分组，每个分组分别需要报头等控制信息，到达目的地需要重新组装，因此无形中增加了系统开销。

分组交换在实际应用中有两大类型，数据报方式DG（Data Gram）和虚电路方式VC（Virtual Circuit）。前者是无连接的，每一个分组可以选择自己的路径，后者是面向连接的（发送数据前首先建立逻辑链路）。

（1）数据报方式DG（Data Gram）　类似于报文交换，每个分组在网络中的传播路径完全是由网络当时的状况随机决定的，由于每个分组都有完整的地址信息，因此它们都可以到达目的地，但是到达目的地的顺序可能和发送的顺序不一致。有些早发的分组可能在中间某段拥挤的线路上耽搁了，比后发的分组到的迟，因此目标主机必须对收到的分组重新排序才能恢复原来的信息。一般来说，在发送端要有一个设备对信息进行分组和编号，在接收端也要有一个设备对收到的分组拆去头尾，重排顺序，具有这些功能的设备叫分组拆装设备（Packet Assembly and Disassembly Device，PAD），通信双方各有一个。

如图 2-20 所示，A 站将报文分成 6 个分组（1，2，3，4，5，6），按次序连串地发送给节点 B，节点 B 每接收一个分组都先储存下来，分别对它们进行单独的路径选择和其他处理过程，例如它可能将报文分组 1 发送给节点 C，2 发送给节点 D……，这种选择主要取决于节点 C 在处理每一个分组时各链路负荷情况以及路径选择的原则和策略。由于每个分组都带有地址和分组序列，虽然它们不一定经过同一条路径，但最终都能到达同一目的节点 G。这些分组到达目的节点 G 的顺序也可能被打乱，目的节点 G 可以负责对这些分组进行排序和重装，目的站 H 也可以完成这些排序和组装工作。

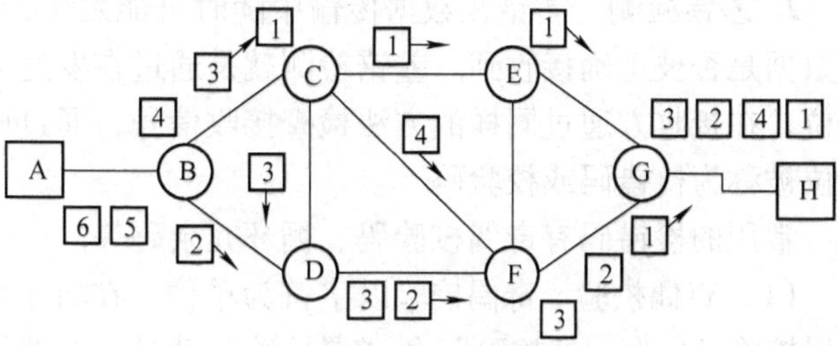

图 2-20　分组交换图示

（2）虚电路方式 VC（Virtual Circuit）　类似于电路交换，虚电路方式要求在发送端和接收端之间建立一条所谓的逻辑连接。在会话开始时，发送端先发送一个要求建立连接的请求消息，这个请求消息在网络中传播，途中的各个交换节点根据当时的交通状况决定选取哪条线路来响应这一请求，最后到达目的端。如果目的端给予肯定的回答，则逻辑连接就建立了。以后由发送端发出的一系列分组都走同一条通路，直到会话结束，拆除连接。和线路交换不同的是，逻辑连接的建立并不意味着其他通信不能使用这条线路，它仍然具有线路共享的优点。

按虚电路方式通信，接收方要对正确收到的分组给予回答确认，通信双方要进行流量控制和差错控制，以保证按顺序正确接收，所以虚电路意味着可靠的通信。当然它涉及更多的技术，也需要更大的开销。

虚电路可以是暂时的，即会话开始建立，会话结束拆除，这叫做虚呼叫；也可以是永久的，即通信双方一开机就自动建立，直到一方（或同时）关机才拆除，这叫做永久虚电路。虚电路适合于交互式通信，数据报文方式更适合于单向传送消息。

2.2.4　差错检测与控制

1. 差错的产生　人们总是希望数据能够正确无误地进行传送，但是，由于来自通道内外的干扰与噪声，数据在传输与接收的过程中，难免会出现错误。通常把通过通信信道接收到的数据与原来发送的数据不一致的现象称为“传输差错”，简称“差错”。由于差错的产生在所难免，因此在网络通信技术中专门对此进行研究解决。

差错的分类与造成差错出现的可能原因如下：

（1）热噪声差错　即由传输介质的内部因素引起的差错，如噪声脉冲、衰减延迟失真等引起差错。热噪声的特点是其时刻存在，幅度较小，强度与频度无关，但频谱很宽，因此热噪声是随机类噪声，其引起的差错亦被称为“随机差错”。

（2）冲击噪声差错　即由外部因素引起的差错，如电磁干扰噪声、工业噪声等引起的差错。与热噪声相比，冲击噪声具有幅度大、持续时间较长等特点，因此，冲击噪声是产生差错的主要原因。由于冲击噪声引起多个相邻数据位的突发性错误，因此，它引起的传输差错亦被称为“突发差错”。

因此，在通信过程产生的传输差错，是由“随机差错”与“突发差错”共同组成的。

2. 差错检测　差错在数据传输中随时可能发生，因此需要通过一定的方法来检测发送的数据是否被正确接收到。差错检测就是通过在发送方的数据中增加一些用于检查差错的附加位，在接收方通过同样的方法检查接收信号，通过译码发现差错。这些用于检测差错的附加位被称为检错码或校验码。

常用的检错码有奇偶校验码、循环冗余码等。

（1）奇偶校验　奇偶校验以字符为单位，在每个字符增加附加位来判断传输的正确性，奇偶校验又分为“奇校验”和“偶校验”两种。在偶校验中，必须保证所传输的字符代码中“1”的个数为偶数，在奇校验中，通过该附加位的设置保证传输数据中“1”的个数为奇数。

（2）循环冗余校验　循环冗余码校验（Cyclical Redundancy Check，CRC），是利用除法及余数的原理来做错误侦测（Error Detecting）的。它将要发送的数据比特序列当作一个多项式$f(x)$的系数，发送时用双方预先约定的生成多项式$G(x)$去除，求得一个余数多项式，将余数多项式加到数据多项式之后发送到接收端，接收端同样用$G(x)$去除接收到的数据，进行计算，然后把计算结果和实际接收到的余数多项式数据进行比较，若相同的话则表示传输正确。CRC 校验检错能力强，容易实现，是目前应用最广的检错码编码方式之一。

3. 差错控制技术　在检错法中，可以通过校验码对接收到的数据进行检查，以判断传送的数据是否正确。当发现错误时采用差错控制机制进行纠正，常用的差错控制通过反馈重发的方法实现纠错。反馈重发，即 ARQ，它有停止等待和连续工作两种方式。

（1）停止等待的 ARQ 协议方式　在停止等待的方式中，发送方在发送完一个数据帧后，要等待接收方应答帧的到来，发送方在接收到正确的应答帧（ACK）信号后，就可以发送下一帧数据。如果收到的是表示出错的应答帧信号（NAK），则重发出错的数据帧。

（2）连续工作的 ARQ 协议方式

1）拉回方式：在这种方式中，发送方可以连续向接收方发送数据帧，接收方对接收的数据进行校验，然后向发送方发送应答帧，如果发送方连续发出几帧后，从应答帧中得知某帧传输错误，那么发送方将停止当前数据帧的发送，重发出错帧号开始的后几帧。拉回状态结束后，再接着发送后面数据帧。

2）选择重发方式：这种方式与拉回方式不同，发送方接收到应答帧并得知某个帧传输出错后，发送方在发完当前几帧后，再重发出错的帧，选择重发完成之后，再接着发送以后的数据帧。由此可知，选择重发方式的效率将高于拉回方式。

2.3　网络体系结构

2.3.1　网络体系结构的基本概念

一个网络协议主要由以下三个要素组成：

1）语法，即数据与控制信息的结构或格式。

2）语义，即需要发出何种控制信息，完成何种动作以及做出何种应答。

3）同步，即事件实现顺序的详细说明。

网络协议是计算机网络不可缺少的组成部分，它相当于我们人类的语言。人与人之间进行通话交流，必须具有相同的语言，一个不懂中国话的英国人和一个不懂英语的中国人是无法进行沟通的。同样道理，一个采用某种通信协议的计算机与一个采用另一种通信协议的计算机也无法通信。

相互通信的两个计算机系统必须高度协调工作才行，而这种“协调”是相当复杂的。为了设计这样复杂的计算机网络，网络设计者并不是设计一个单一、巨大的协议，为所有的通信规定完整的细节，而是把通信问题划分为许多小问题，然后为每个小问题设计一个单独协议。这样就使得每个协议的设计、分析都比较容易。

网络系统的功能可以抽象成如图 2-21 所示的层次模型。在此模型中每一层都建立在前一层基础之上，低层为高层提供服务。

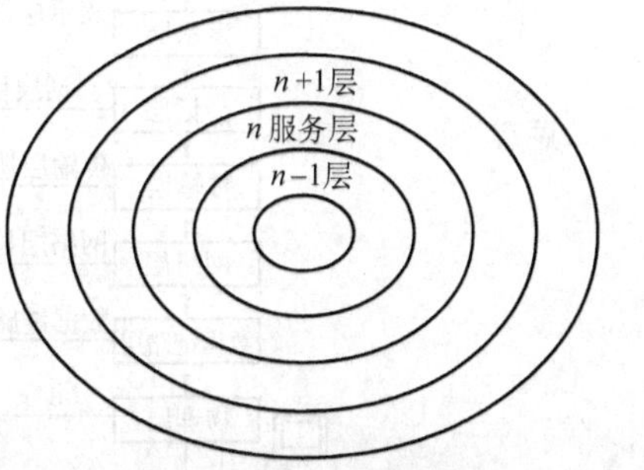

图 2-21　层次模型

更具体地说就是：

1）n 层中的实体在实现自身定义的功能时，只直接使用（$n-1$）层提供的服务（由于（$n-1$）层使用了（$n-2$）层的服务，故 n 层间接利用了（$n-2$）层的服务）。

2）n 层将以下各层的功能“增值”，即加上自己的功能，为（$n+1$）层提供更完善的服务，同时屏蔽具体实现这些功能的细节。

3）最低层是只提供服务、不使用其他层所提供服务的基本层。

4）最高层是应用层，它只使用相邻下层提供的服务，而不提供新的服务。

5）中间层既是下一层的用户，又是上一层的服务提供者。

2.3.2　OSI 参考模型与 TCP/IP 协议集

1. OSI 参考模型

（1）OSI 参考模型概述　在 20 世纪 80 年代，网络的规模和数量都得到了迅猛增长。但是，许多网络都是基于不同的硬件和软件而实现的，这使得它们之间互不兼容，而且很难在使用不同标准的网络之间进行通信。为解决这个问题，国际标准化组织（ISO）研究了许多网络方案，认识到需要建立一种可以有助于网络建设者实现网络并用于通信和协同工作的网络模型。因此，在 1984 年 ISO 颁布了开放式系统互连参考模型 OSI/RM（Open System Interconnect Reference Model）。“开放”一词的准确含义是指任何两个遵守该模型和有关协议标准的计算机系统均能实现网络互联。

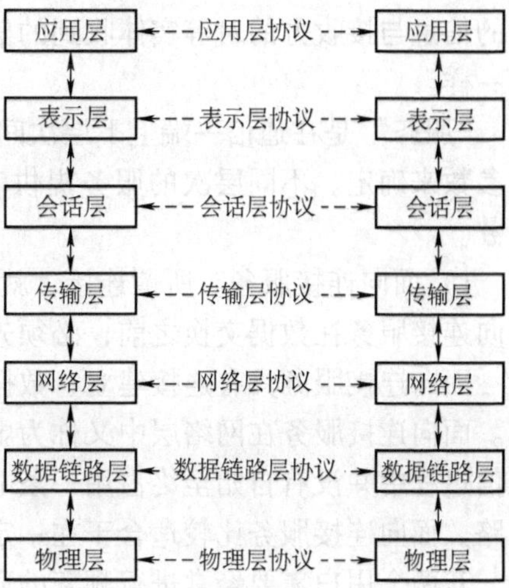

图 2-22　OSI 参考模型

如图 2-22 所示，OSI 的体系结构定义了一个七层模型，从下到上分别为物理层（Physical Layer）、数据链路层（Data Link Layer）、网络层（Network Layer）、传输层（Transport Layer）、会话层（Session Layer）、表示层（Presentation Layer）和应用层（Application Layer）。

层次结构模型中数据的实际传送过程如图 2-23 所示。第一层是物理层，提供了网络的物理介质链接。第二层至第七层是由下而上通过各接口虚拟链接（Virtual Link）以对等处理（Peer to Peer Process）介质完成数据的传输，即其他各层不是直接链接在一起，所有要传送的数据与控制信号一起往下传到物理层，再通过物理网络介质链接将数据送至接收端的物理层后，再上传至各层。

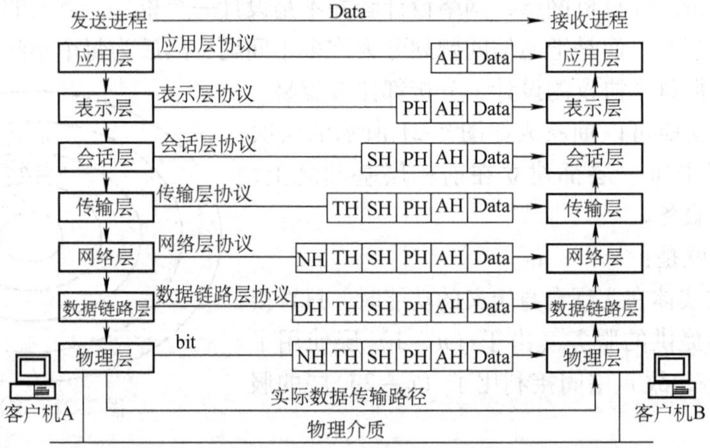

图 2-23　层次结构模型中数据的实际传送过程

在发送方从上到下逐层传递的过程中，每层都要加上适当的控制信息，即图中的 AH、PH、…、DH，统称为报头。到最底层成为由“0”或“1”组成的数据比特（bit）流，然后再转换为电信号在物理媒体上传输至接收方。接收方在向上传递时的过程正好相反，要逐层剥去发送方相应层加上的控制信息。

因接收方的某一层不会收到底下各层的控制信息，而高层的控制信息对于它来说又只是透明的数据，所以它只阅读和去除本层的控制信息，并进行相应的协议操作。发送方实体发送的信息与接收方的对等实体收到的信息是相同的，就好像这些信息通过虚通信直接给了对方一样。

“服务”是在通信一端上下层次间的相互作用。一个服务过程由一系列相互作用和它们的参数来确定。不同层次的服务提供者通常提供两种不同类型的服务：面向连接和无连接服务。

1）面向连接服务。所谓连接，就是两个对等实体为进行数据通信而进行的一种结合。面向连接服务在数据交换之前，必须先建立连接。当数据交换结束后，则应终止这个连接。

面向连接服务具有连接建立、数据传输和连接释放 3 个阶段，在传送数据时是按序传送的。面向连接服务在网络层中又称为虚电路服务。所谓“虚”，表示虽然在两个服务用户的通信过程中并没有自始至终占用一条端到端的完整物理电路，却好像一直占用了一条这样的电路。面向连接服务比较适合于在一定期间内要向同一目的地发送许多报文的情况。

若两个用户需要经常进行频繁的通信，则可建立永久虚电路，这样可免除每次通信时的连接建立和连接释放两个过程。

2）无连接服务。在无连接服务的情况下，两个实体之间的通信不需要先建立好一个连接，因此其下层的有关资源不需要事先进行预定保留。

无连接服务的另一特征就是它不需要通信的两个实体同时是活跃的（即处于激活态），只有当发送端的实体正在进行发送时，它才必须是活跃的。同样，这时接收端的实体也并不一定必须是活跃的，只有当接收端的实体正在进行接收时，它才必须是活跃的。

无连接服务的优点是灵活方便和比较迅速，但无连接服务不能防止报文的丢失、重复或失序。无连接服务特别适合于传送少量零星的报文。

无连接服务有以下 3 种类型：

① 数据报。它的特点是不需要接收端做任何响应，因而是一种不可靠的服务。

② 证实交付，又称为可靠的数据报。这种服务对每一个报文产生一个证实给发方用户，不过这个证实不是来自接收端的用户，而是来自提供服务的层。这种证实只能保证报文已经发给远端的目的站了，但并不能保证目的站用户已收到这个报文。

③ 请求回答。这种类型的数据报是接收端用户每收到一个报文，就向发端用户发送一个应答报文。“一问一答”方式的短报文以及数据库中的查询，都很适合使用这种类型的服务。

（2）物理层　物理层位于 OSI 参考模型的最底层，它建立在物理通信介质的基础上，作为系统和通信介质的接口，用来实现数据链路实体间透明的比特（bit）流传输。必须指出的是，物理层不是指具体的物理设备，也不是指信号传输的物理媒体，而是指在物理媒体之上为上一层（即数据链路层）提供一个传输数据比特（bit）流的物理连接。而传递信息所利用的一些物理媒体，如双绞线、同轴电缆等，并不在物理层之内而是在物理层的下面。因此，也有人把物理媒体当作第 0 层。

物理层上的协议也称接口，它定义了为建立、维护和拆除物理链路所需机械的、电气的、功能的和规程的特性，确保物理层能在相邻物理设备之间正确地收、发比特（bit）流信息，但对数据不做差错控制。两个相邻并彼此通信的设备按 ISO 的术语分别称为数据终端设备（Data Terminal Equipment，DTE）和数据电路终接设备（Data Circuit Terminating Equipment，DCE）。所谓 DTE，是指用户端任何产生传输用数据的设备，通常是指一台计算机或终端。所谓 DCE，是指在数据传输的源点地和目的地使通信得以实现的设备，它负责建立、维护并取消物理连接，并在传输介质和 DTE 间进行信号转换和编码，也称数据通信设备，如调制解调器等。

物理层具有 4 大特性：

1）机械特性：主要规定了 DTE-DCE 连接器的几何尺寸、插针或插孔芯数及其排列方式，以及锁定装置形式等。常用的连接器有 25 芯、15 芯、9 芯等几种规格。

2）电气特性：规定了在物理连接上导线的电气连接及有关的电路的特性，一般包括接收器和发送器电路特性的说明、表示信号状态的电压/电流电平的识别、最大传输速率的说明以及与互连电缆相关的规则等。此外，还规定了 DTE-DCE 接口线的信号电平、发送器的输出阻抗、接收器的输入阻抗等电器参数。

3）功能特性：规定了接口信号引脚的功能和作用。接口信号线按功能一般可分为数据信号线、控制信号线、定时信号线和接地线 4 类。

4）规程特性：规定了接口电路信号发出的时序、应答关系和操作过程，如怎样建立和拆除物理层连接等。

许多通信协议都有物理层部分，常见的如电子工业协会 EIA 的 RS 系列，国际电报电话咨询委员会 CCITT（Consultative Committee for International Telegraphy and Telephony）的 X. 21，以及电气电子工程师协会 IEEE（Institute of Electrical and Electronic Engineers）的 802 系列。

（3）数据链路层　数据链路层是 OSI 参考模型的第二层，介于物理层和网络层之间，它在物理层提供的服务的基础上向网络层提供服务。它的主要作用是将不可靠的物理链路改造成对网络层来说无差错的数据链路。数据链路层还要协调收发双方的数据传输速率，即进行流量控制，以防止接收方因来不及处理发送方的调整数据而导致缓冲器溢出及线路阻塞。

为达到上述目的，数据链路层将数据分割成数小段，在每个数据段首尾分别添加一个首部和尾部，即把数据打包，封装成帧（Frame），如图 2-24 所示。帧是数据链路层的传输单位，在每一帧包括的控制信息中，有同步信息、地址信息、差错控制以及流量控制信息等。需要注意的是，数据链路层管理的地址是设备的物理地址，称为 MAC 地址，大多数网络设备都有全球唯一的地址，永久存在于设备的芯片上，以十六进制编码表示，如 00-50-56-C0-00-08。

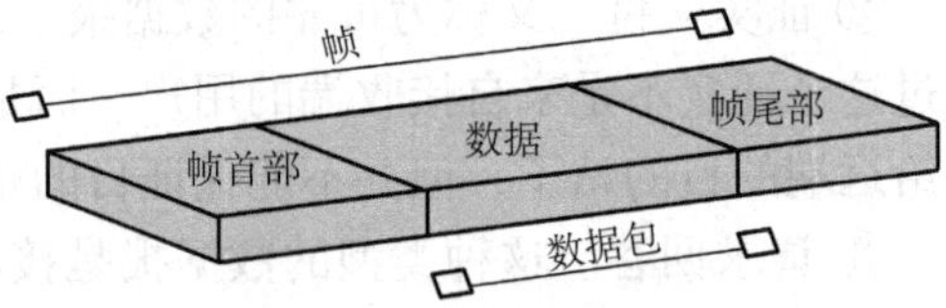

图 2-24　数据帧的组成

（4）网络层　网络层是在通信子网中为两个端点（信息的源端和目的端）提供可靠的逻辑链路。在广域网中信息经由中间节点时常采用存储转发技术，因此，网络层的功能是向目的端的方向，在邻接节点之间转发报文分组，需要完成路径选择和防止子网阻塞的拥塞控制等功能。

1）路由选择：有时源节点和目标节点并不直接相连，必须经过若干中间节点（路由器），而且要提供多条传输路径的可能。网络节点在收到一个分组后，要确定向下一节点传送的路径，这就是路由选择。确定路由选择的策略称为路由算法。路由选择与邮局的邮递员完成的邮件分发工作相似，在邮递员投递邮件之前，必须知道邮件地址在其服务区域内的实际方位。一旦知道要投递的邮件的地址，邮递员就能分发邮件，为每封邮件确定一条最佳投递路径。同样，计算机网络也必须知道网络实体的网络层地址（IP 或 IPX 地址），以便为分组或报文发送确定合适的路由。在选择路由前，必须找到能使分组到达目的地节点的路由。所谓路由查找，就是利用路由表确定最佳路由，并根据网络动态变化维护路由表的处理过程。具体的路由协议包括：路由信息协议 RIP、开放式最短路径优先 OSPF、内部网关路由协议 IGRP 等。

2）连接服务：网络层连接服务完成下列功能：控制网络中沿任一路由传输的数据量（即流量控制或拥塞控制）；检测分组传输差错，并请求重传（即差错控制）；在目的地端，对已接收到的错序分组重新排序（即保序控制）。

网络层使用的通用协议包括：X. 25，这是一种面向连接的分组包交换协议；IP（网间互联协议），是互联网上主要使用的协议。

（5）传输层　物理层、数据链路层及网络层属于通信子网的范畴，会话层、表示层及应用层则属于资源子网的范畴，传输层是资源子网与通信子网的界面与桥梁，是整个网络体系结构中的关键部分。它利用通信子网提供的服务，完成资源子网中两个节点间（比如节点 A 与节点 B，可能属于不同的网络段上）的直接逻辑通信，实现通信子网端对端通信的透明性。无论通信子网提供的服务有什么特点（面向连接的或无连接的）、可靠性如何，经传输层处理后，都应表现为可靠的、顺序提交的服务。

传输层的功能包括：

1）通信功能：传输层是提供通信服务的最高层，它弥补了通信子网的差异和不足。如前所述，网络层提供的通信服务（如 IP 数据报服务）仍有可能存在乱序、重复、丢失、出错损坏等现象，故传输层还经常用于弥补网络层协议服务在可靠性方面存在的缺陷。传输层按照网络能处理的最大尺寸，将较长的数据包进行分割，例如，Ethernet 无法接收大于 1500B（字节）的数据包。发送方节点的传输层将数据分割成较小的数据片，同时对每一数据片安排一序列号，以便数据到达接收方节点的传输层时，能以正确的顺序重组。该过程即称为排序。

2）用户功能：传输层又是用户功能中的最低层，也是最基本的一层，为会话层或更高层实体提供端到端的可靠信息通信服务。通过网络互联的用户主机要实现任何的信息交换，必须利用这一层提供的服务。传输层提供的服务很简单，然而传输层协议却很复杂。原因是通信子网的差异很大，传输层协议要能应用于可靠性和残留错误不同的各种网络，利用各种差错控制和恢复手段实现可靠的端对端的通信。传输协议同时进行流量控制，或是根据接收数据的快慢程度规定适当的发送速率。最常用的几种传输层协议有：TCP/IP 协议集中的传输控制协议 TCP（Transmission Control Protocol）和用户数据报协议 UDP（User Datagram Protocol）。

（6）会话层　会话层也可以称为会晤层或对话层。在会话层及以上的高层次中，数据传送的单位不再另外命名，统称为报文。会话层不参与具体的传输，是在不同计算机上的进程之间建立通信会话，功能包括建立、维护、同步、管理通信实体间的对话以及访问身份验证等。会话层包括一些重要协议，如远程进行呼叫（RPC）、结构化查询语言（SQL）、AppleTalk 会议协议、数字网络结构会话控制协议（DNA SCP）等。

（7）表示层　计算机网络是由不同计算机系统互连而成的，各种计算机系统采用的操作系统可能不同，其文件系统存在较大差异，因而其数据表示方法千差万别。表示层的主要功能就是将报文转换成某种能被各种入网计算机及运行的应用程序相互理解的约定格式，即在网络中进行通信的翻译。

此外，为了有效利用线路带宽，减少通信费用并缩短传输延迟，发送方表示层要把应用层实体交给的报文压缩后再送交会话层，而接收方表示层实体收到会话层递交的压缩报文后，要将其解压成原报文再转交给应用层实体。

（8）应用层　应用层是 OSI 参考模型中的最上层，在下面 6 层已提供的各类基础服务之上，为网络用户或应用程序提供各种各样的网络服务，是计算机网络与最终用户之间的界面。网络系统功能的强弱最终反映在能提供什么质量的网络服务上，因此，应用层包含每种网络服务涉及的所有问题和基本功能。换句话说，OSI 参考模型的下面 6 层协议解决了支持网络服务所需的通信和表示问题，而应用层则提供完成特定网络服务功能所需的各种协议。应用层包括文件传输、文件管理、远程访问文件和打印机、电子邮件的消息处理和终端仿真等网络服务。

2. TCP/IP 协议集 虽然 ISO 提出了开放式系统互连参考模型 OSI/RM，但它只是一个理论上的模型，一直未能在市场上实现，反倒是 TCP/IP 获得了实际应用。TCP/IP 是由美国国防部高级研究计划局 DARPA（Department of Defense Advanced Research Project Agency）开发，在 ARPANET（Advanced Research Projects Agency Network）上采用的一个协议。后来随着 ARPANET 发展成为 Internet，TCP/IP 也就成了事实上的工业标准。TCP/IP 实际上是由以传输控制协议 TCP（Transmission Control Protocol）和网际协议 IP（Internet Protocol）为代表的许多协议组成的协议集，简称 TCP/IP，如图 2-25 所示。

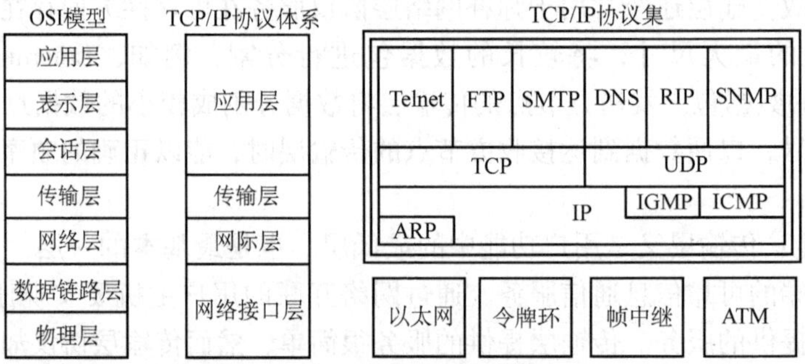

图 2-25　TCP/IP 协议体系结构

图 2-25 所示的 TCP/IP 协议体系结构中，各层功能如下：

（1）网络接口层　网络接口层（又称网络访问层）负责把 TCP/IP 包放到网络传输介质上，以及从网络传输介质上接收 TCP/IP 包。TCP/IP 的设计独立于网络访问方法、帧格式和传输介质。通过这种方法，TCP/IP 可以用来连接不同类型的网络，包括局域网和广域网，比如 X. 25 和帧中继（它们是两种不同协议方式的广域网），并可独立于任何特定网络，使 TCP/IP 能适应新的拓扑结构，比如异步传输模式 ATM（Asynchronous Transfer Mode）。网络接口层包括 OSI 模型中的数据链路层和物理层。注意，网络接口层并不利用数据链路层可能存在的编号和应答服务。通常假定网络接口层是不可靠的数据传输，而传输层会通过会话建立、报文编号和数据包应答等功能来保障通信的可靠性。

（2）网际层　常见的网际层如 Internet 层。Internet 层类似于 OSI 模型中的网络层，负责寻址、打包和路由选择功能。Internet 层的核心协议由 IP、ARP、ICMP 和 IGMP 组成。

1）网际协议（IP）是一个路由协议，负责 IP 寻址、路由选择、分段及包重组。

2）地址解析协议（ARP）负责把 Internet 层地址解析成网络接口层地址，比如硬件地址。

3）Internet 控制消息协议（ICMP）负责提供诊断功能，报告由于 IP 包投递失败而导致的错误。

4）Internet 组管理协议（IGMP）负责管理 IP 组播组。

（3）传输层　传输层（又称主机到主机传输层）负责给应用层提供会话和数据报通信服务。传输层的核心协议是传输控制协议（TCP）和用户数据报协议（UDP）。

（4）应用层　应用层给应用程序提供访问其他层服务的能力，并定义应用程序用于交换数据的协议，应用层包含 OSI 的会话层、表示层、应用层三层。现在已开发出很多应用层协议且一直在开发新的协议，广为人知的应用程序协议是那些用来交换用户信息的协议，例如：超文本传输协议（HTTP）用于传输组成万维网（World Wide Web）Web 页面的文件，文件传输协议（FTP）用于交互式文件传输，简单邮件传输协议（SMTP）用于传输邮件消息和连接，Telnet 终端仿真协议，用于远程登录到网络主机。

此外，还有些应用层协议有助于简化 TCP/IP 网络的使用和管理。例如：域名系统（DNS）用于把主机名解析成 IP 地址；路由选择信息协议（RIP）是一种路由选择协议，路由器用它在 IP 网络上交换路由选择信息；简单网络管理协议（SNMP）用于在网络管理控制台和网络设备（路由器、网桥、智能集线器）之间选择和交换网络管理信息。

2.4　局域网技术

2.4.1　局域网概述

作为信息技术基础的计算机网络（局域网和远程网）是当今世界上最为活跃的技术因素之一。自 20 世纪 70 年代末期以来，微型计算机的使用日益广泛，这使得计算机局域网 LAN（Local Area Network）技术获得了飞速发展和大范围的普及，至 90 年代 LAN 步入了更高速发展的阶段。目前 LAN 的使用已相当普遍，在一座办公大楼、一栋大厦、一个校园或一个企业内，人们借助于局域网这一资源共享平台可以很方便地实现诸如共享打印机、绘图机等费用很高的外围设备；通过公共数据库共享各类信息；向用户提供诸如电子邮件等的高级服务等。

随着局域网软、硬件价格的不断降低，局域网的数量和覆盖范围也越来越大，它在相关领域中所起的作用也日益显著。

局域网和广域网一样也是一种连接着各种设备的通信网络，并为这些设备间的信息交换提供相应的路径。局域网和广域网相比，有其自身的特点，它的主要特点体现在以下几个方面：

1）局域网的覆盖范围小，通常在一栋大楼或一个有限区域范围内部。

2）局域网一般为一个单位所拥有，这就意味着局域网的连接是要专门布线连接的。一个单位可以根据自身需要选择相应的建网技术，同时也要自己负责网络的管理和维护。

3）局域网拥有较高的内部数据传输速率。目前 LAN 的传输速率有 10Mbit/s、100Mbit/s 甚至 1000Mbit/s，比起广域网的传输速率要高得多（广域网的主干线速率国内目前仅为 64kbit/s 或 2.048Mbit/s，虽然现在也有 100Mbit/s 的光纤接入技术，但大多数最终用户的上线速率通常为 56kbit/s）。

4）局域网有较低的时延和误码率。由于局域网采用专线连接，其信息传输就可以避免广域网传输中信号经过多次交换而产生的时延和干扰，这样信息在传输时就具备较低的时延和误码率。

5）局域网一般采用广播技术而非交换技术。这是因为局域网中的通信是在共享传输媒体上进行的，所以在局域网中，各个站点能够进行广播（一站向其他所有站发送）或组播（一站向多个站发送）。

根据局域网以上的特点，在 LAN 的设计过程中，其实现的关键技术为拓扑结构、传输媒体和媒体的访问控制协议。

2.4.2　局域网访问控制方法

在推动局域网技术高速发展的诸多因素中，局域网的标准化是一个很重要的因素，这主要得益于 IEEE 802 委员会所制定的 IEEE 802 局域网标准。IEEE 802 委员会于 1980 年初成立，专门从事局域网标准化方面的工作，目的是推动局域网技术的应用，规范局域网产品的开发标准。

IEEE 802 局域网标准是一个标准系列，并不断地增加新的标准，主要的 IEEE 802 局域网标准有：

IEEE 802.1：体系结构。

IEEE 802.2：通用的逻辑链路控制规范。

IEEE 802.3：CSMA/CD 介质访问控制方法和物理层技术规范。

IEEE 802.4：Token-Bus 介质访问控制方法和物理层技术规范。

IEEE 802.5：Token-Ring 介质访问控制方法和物理层技术规范。

IEEE 802.7：宽带局域网的推荐实践。

IEEE 802.8：光纤局域网/城域网的推荐实践。

IEEE 802.11：无线网介质访问控制方法和物理层技术规范。

IEEE 802.15：无线个人域网（WPAN）介质访问控制方法和物理层技术规范。

现就在工业领域常用的环网协议和以太网协议做详细说明。

1. IEEE 802.4（5）与环网　令牌传递是一种访问控制技术，由于采用令牌传递的网络具有确定性，能够保证数据在网络中的可靠传递，因而令牌网成为工业控制的一种常用网络。

按照网络拓扑结构划分，令牌网可以分为令牌环形网和令牌总线网两大类。令牌环网和令牌总线网的结构如图 2-26 所示。令牌环网技术是最早实现的令牌网技术，它采用环形网络拓扑，物理上整个环路是通过一段点到点的线路首尾相连而成，令牌的传送也是在环形网上按顺序传送的。令牌总线网在物理拓扑上是总线型，逻辑上又是令牌网，令牌的传递是在总线上的一个逻辑环（见图 2-26b 中虚线）上顺序传送的。

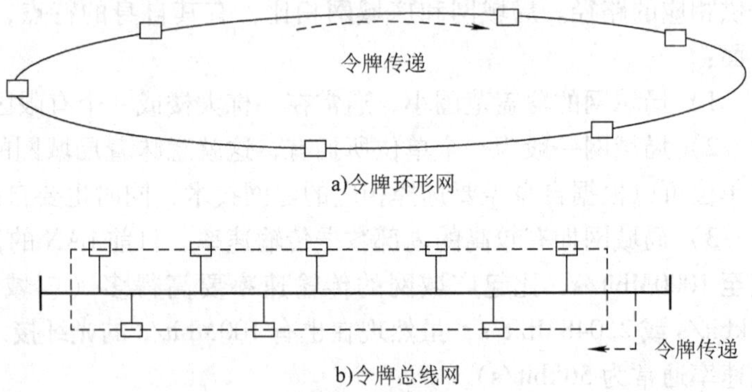

图 2-26　令牌环形网和令牌总线网的结构

令牌环网和令牌总线网比较起来，令牌环网易于实现令牌传输技术，而令牌总线网在实现上较复杂。但是考虑一下网络拓扑结构，环网上的一个站点出现故障，可能引起全网络的瘫痪，所以会带来可靠性差的问题，并且在一个环网上增减网络站点也是复杂的事情。而令牌总线网则相反，如果令牌控制处理的好，网络通信受故障站点的影响基本可以排除，而且网络的扩展非常容易。令牌总线网结合了令牌控制方式和总线拓扑结构的优点，非常适合工业控制的实时性和可靠性要求，从而成为工业控制网络的主流形式。例如，在 DCS 系统中得到广泛支持的 MAP 协议，其底层结构就是采用令牌总线网，遵循 IEEE 802.4 标准。

2. IEEE 802.3 与以太网

(1) 以太网的特点　以太网（Ethernet）是一种由美国施乐公司、DEC 公司和 Intel 公司联合开发的局域网，是目前世界上应用最广泛的局域网，它的传输速度从最早的 10Mbit/s，到现在的 1000Mbit/s，上 G 级速度的以太网也在研制之中。以太网符合 IEEE802.3 标准，采用总线型网络拓扑结构，介质访问控制方式采用 CSMA/CD 规则，传输介质可以选择同轴电缆、双绞线、光缆等，数据传输采用基带方式，曼切斯特编码（Manchester Encoding），网络机理从早期的共享式发展到目前流行的交换式。

以太网定义了 OSI 参考模型的物理层和数据链路层（其中将数据链路层细分成为媒体访问控制层和逻辑链路控制层），为了形成完整的通信网络，需要高层的通信协议的支持，如 TCP/IP 协议，Novell Netware 的 IPX/SPX 等。

以太网的一个特色是采用 CSMA/CD 的控制方式实现高效率的数据传输。以太网是一种共享式网络，通常采用竞争式访问控制方式，每一网络站点都可以发起通信请求，这就带来了通信的冲突问题。根据 CSMA/CD 规则，任何需要传输数据的站点首先要监听网络，如果网络繁忙则坚持监听，一旦网络空闲就发送数据，在发送过程中继续监听，如果检测到冲突则立即停止发送并发出一个强化冲突的干扰信号（一个短的阻塞报文），通知所有站点此时网络已经发生冲突，此时冲突各方主动退避等待一段随机的时间再重新监听网络。以太网上一个站点的 CSMA/CD 工作原理如图 2-27 所示。

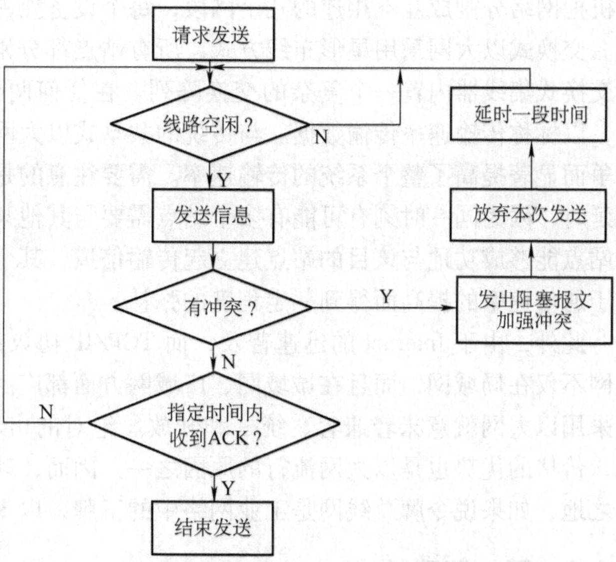

图 2-27　CSMA/CD 工作原理

分析发现，以太网的冲突主要有两个来源：其一是在某一时刻有可能不止一个站点在监听网络，因此一旦网络空闲就有可能有多个站点同时发送数据而造成冲突；其二是站点之间由于有距离而存在传输延迟，因此当网络上已有站点在发送数据但是还没有传输到某个需要发送数据的站点时，该站点则将监听到网络空闲而发送数据，从而造成冲突。因此，从理论上讲，采用标准工业以太网时将不可避免地造成冲突。研究表明，冲突随着通信负荷的上升而急剧增加，而在低负荷下则很少。从理论上讲，标准以太网可能会出现“孤岛”，即某些站点在一段时间内得不到传输数据的机会。原因是在发生冲突后冲突各方需要随机等待一段时间后再监听网络，但此时又可能造成新的冲突，从而造成“监听—发送—冲突—等待—再监听”的循环状态。这对于某些重要数据的发送是非常不利的。IEEE802.3 规定，对多次发送失败的帧采取放弃传送处理，同时往上层报告，由上层确定是否重发。

由上述分析发现，以太网的最大缺点就是发送时延的不确定性和重载下的低性能。以太网有传输不确定性的特点，任何数据都不能确保在合适的时间内发送成功。此外，为了分辨无效帧，以太网规定了64B的最小数据帧长度，因此在发送的数据很短时，将造成很大的带宽浪费。

但是，以太网具有安装方便、价格低廉和高效率等显著优点，发展非常迅速；在非工业控制的局域网领域，它占有绝对的市场份额和垄断地位。

(2) 以太网的发展　以太网具有上述的特点，所以并不适合在工业控制网络中采用，但是经过近几年的高速发展，已经克服了各种难题，成为今后工业控制网络发展的方向。以太网技术的新发展主要体现在确定性、通信速率和信息优先级等方面的改进。

以太网的通信速率一再提高，从十兆到百兆，目前千兆以太网已在局域网、城域网中普遍应用，万兆以太网也正加紧研制。同样的通信量，通信速率的提高意味着网络的负荷的减轻，而减轻网络负荷则意味着提高确定性，在相对较轻的负荷下，以太网发生碰撞的可能性极小。

交换技术的应用大大的排除了以太网应用于控制领域的障碍。交换式以太网技术产生于1992年。这项技术使得多个网上设备之间同时进行通信时不会有冲突发生。其做法是用交换机把网络分割成互不相连的几个网段，每个设备独占一个网段，从而大大降低冲突的可能性。交换式以太网采用星形布线方式，所有站点都分别连接到一个交换式集线器的端口上，而交换式集线器内置一个复杂的交换阵列，在任何两个端口之间都可以建立起一个传输信道，以标称传输速率传输数据。与传统的共享式以太网相比，交换式以太网由于不存在总线竞争而显著提高了整个系统的传输速率。需要注意的是，交换式以太网同样不能控制最大传输延时，因为同一时刻有可能有多个站点需要与其他某一个站点传输数据，但此时只能有一个站点能够成功地与该目的站点建立起传输信道，其余站点只能处于等待状态。但这一缺点由于通信速率的提高而得到一定程度的弥补。

此外，由于Internet的迅速普及，而TCP/IP协议的底层是捆绑以太网的，因而现在以太网不仅在局域网，而且在城域网、广域网方面都广泛流行。市场驱动力使得工业控制网络中采用以太网就意味着兼容、统一和开放。绝对的市场优势还促使了以太网设备价格的降低，价格的优势也是以太网流行的原因之一。因而，现在以太网已经在工业控制中占有了一席之地，如果说令牌总线网是工业网络中的王牌，以太网则是一支工业网络中的新军。

2.4.3　网络互联技术

1. 转发器　在一些正在发展的网络中，10Base 5要限制在500m之内，而10Base 2要限制在185m之内，这种限制对于在一段中连接所有的节点来说就太严格了。这时，可以借助转发器（Converter）完成网络扩展。转发器是运作在OSI模型物理层的一种廉价的解决方案，可使网络到达远方的用户，距离可以超出IEEE规范要求的一条电缆敷设路线的长度。转发器连接两个或多个电缆段并将进入的所有信号重新传输到其他段上。

转发器的优点之一在于扩展网络时其成本较低。缺点在于：由于它要将进来的信号重新传送到所有输出段，使得本已很繁忙的网络又增加了过度的信息流量，由于向那些根本不是目的节点的网段重新传输数据毫无效率可言，因此大部分信息流量都浪费了。

2. 中继器　中继器（Repeater）是能持续检测电缆中模拟信号的设备。当它检测到一根电缆中有信号传来时，中继器便转发一个放大的信号到另一根电缆。

中继器是一种放大模拟或数字信号的网络连接设备。由于信号在传输过程中有衰减，因此，必须对其放大以使其传输得更远一些。这就是中继器完成的功能。

中继器属于 OSI 模型中的物理层，因而没有必要解释它所传输的信号。例如，它们不能降低所传输的信号的质量，也不能提高传输的信号的质量，更不能纠正错误信号。它们只是转发信号，但同时它们也转发了信号的噪声，从这个意义上讲，它们不是智能设备。

3. 集线器　最开始，集线器（Hub）只是一个多端口的中继器，它有一个端口与主干网相连，并有多个端口连接一组工作站。在以太网中，集线器通常是支持星形或混合型拓扑结构的。在星形结构的网络中，集线器被称为多址访问单元（MAU）。如果利用 MAU 的环输入端口和环输出端口，就可以在内部形成环形拓扑结构。集线器能够支持各种不同的传输介质和数据传输速率，有些集线器还支持多种传输介质的连接器和多种数据传输速率。

4. 网桥（Bridge）　网桥的主要用途有：

1）当到达连接限制的最大值（如细缆以太网段上最多可以有 30 个节点）时，对 LAN 进行扩展。

2）扩展 LAN 使其超过长度限制，如细电缆网的以太网可以超过 185m。

3）将 LAN 分段以减少数据信息流量的瓶颈。

4）防止未授权的节点访问 LAN。

5. 交换机　交换机（Switch）提供了桥接能力以及在现存网络上增加带宽的功能。用于 LAN 上的交换机与网桥相似，交换机保持一张有关地址的信息表，并用该信息来决定如何过滤并转发 LAN 流量。与网桥不同之处在于，交换机采用交换技术来增加数据的输入输出总和和安装介质的带宽。一般交换机转发延迟很小，能经济地将网络分成小的冲突网域，为每个工作站提供更高的带宽。

交换式局域网的主要特点包括：

1）独占传输通道，独占带宽，网络的总带宽通常为各个交换端口带宽之和。

2）允许多对站点同时通信，大大提高了网络的利用率。

3）具有灵活的接口速度，用户可以根据实际需要选择不同速度的交换机。

4）具有高度的可扩充性和网络延展性。

5）易于管理，便于调整网络负载的分布，可有效利用网络带宽。

6. 路由器　路由器（Router）是一种网络层互连设备，它互连的是多个不同的逻辑网（即子网），对比而言，由网桥互连起来的网络是一个单个的逻辑网。

路由器主要实现如下功能：

1）路由选择：路由选择是通过路由选择算法确定到达目的地址（目的端的网络地址）的最佳路径。路由选择实现的方法是：路由器通过路由选择算法，建立并维护一个路由表。

2）数据转发，通常也称数据交换（Switching）。在大多数情况下，网络上的一台主机（源端）要向另一台主机（目的端）发送一个数据包，一般通过指定默认路由器（与主机在同一个子网的路由器端口的 IP 地址为默认路由器地址）的办法来完成，源端计算机通过路由表通常已经知道一个路由器的物理地址（即 MAC 地址）。

7. 网关　网关（Gateway）不能完全归为一种网络硬件，用概括性的术语来讲，它们应该是能够连接不同网络的软件和硬件的结合产品。特别地，它们可以使用不同的格式、通信协议或结构连接起两个系统。和网间互连不一样，网关实际上通过重新封装信息以使它们能被另一个系统读取，为了完成这项任务，网关必须能运行在 OSI 模型的几个层上。通过与应用层通信，建立和管理会话，传输已经编码的数据，并解析逻辑和物理地址数据。网关可以设在服务器、微机或大型机上。由于网关具有强大的功能并且大多数时候都和应用有关，它们比路由器的价格要贵一些。

2.5 无线网络技术

2.5.1 无线网络的优势与发展

无线数据通信是通过无线电波的传播来传送数据的，信号是以电磁波的形式在物质实体、空气或真空中传播，因而有可能实现移动状态下的数据通信，所以也称移动数据通信。移动通信是在有线数据通信的基础上发展起来的。有线数据通信依赖于有线传输，因此只适合于固定终端与计算机或计算机之间的通信。而移动数据通信就是计算机间或计算机与人之间的无线通信。它通过与有线数据网互联，把有线数据网络的应用扩展到移动和便携用户。

无线通信技术数十年来一直是石油、天然气和电力能源领域的 SCADA（远程监测与数据采集）系统的一部分。从远程终端设备（Remote Terminal Unit，RTU），到近几年开始崛起的中、短程无线通信技术，无线技术正在加快渗透到工业控制领域。工业无线技术在很多应用场合具有有线技术无法或很难取代的优势。无线技术提供了一个更为低成本高效率的方法来监控工厂设备和生产流程。

无线技术将改变工业自动化的格局。无线局域网将成为最为普遍的技术。基于无线技术的网络化智能传感器，使得工业现场的数据能够通过无线链路直接在网络上传输、发布和共享。无线通信技术能够在工厂环境下，为各种智能现场设备、移动机器人以及各种自动化设备之间的通信提供高带宽的无线数据链路和灵活的网络拓扑结构，在一些特殊环境下有效地弥补了有线网络的不足，进一步完善了工业控制网络的通信性能。

1. 无线通信技术的优势 与有线通信相比，用无线数传模块建立专用无线数据传输方式具有如下优点：

（1）成本廉价 降低安装成本、持续降低运行维护成本。有线通信方式的建立必须架设电缆，或挖掘电缆沟，或架设架空明线，需要人力和物力；而用无线数据传输方式，只需要在每个终端连接无线通信设备和架设适当高度的天线就可以了。当然，在一些近距离的数据通信系统中，无线通信方式并不比有线的方式成本低，但是有时候实际的现场环境难以布线。客户根据现场环境的需要还是会选用无线的方式来实现通信。

（2）适应性好 有线通信的局限性太大，在遇到一些特殊的应用环境，比如遇到山地、湖泊、林区等特殊的地理环境，在面对这些布线比较困难的应用环境时，将对有线网络的布线工程有极强的制约力。而用无线通信设备建立专用无线数据传输方式将不受这些限制，所以说用无线通信设备建立专用无线数据传输方式将比有线通信有更好、更广泛的适应性，几乎不受地理环境限制，工程周期大大缩短。

（3）扩展性好 在用户组建好一个通信网络之后，常常因为系统的需要增加新的设备。如果采用有线的方式，需要重新布线，施工比较麻烦，而且还有可能破坏原来的通信线路，但是如果采用无线数传电台建立专用无线数据传输方式，只需将新增设备与无线数传电台相连接就可以实现系统的扩充了，相比之下有更好的扩展性。

(4) 设备维护上更容易实现　有线通信链路的维护需沿路检查，出现故障时，一般很难及时找出故障点，而采用无线通信设备建立专用无线数据传输方式只需维护无线通信设备，出现故障时则能快速找出原因，恢复线路正常运行。在安全性能方面，无线扩频通信本身就起源于军事上的防窃听技术，而有线链路沿线均可能遭搭线窃听。

(5) 在工业上　无线是非接触传输，可以减少接插件故障，移动自由且不受限制；可以用于恶劣环境或振动、高速旋转对象的监控。

综上所述，无线通信在可靠性、可用性和抗毁性等多方面超出了传统的有线通信方式，尤其在一些特殊的地理环境下，更是体现出了其优越性。

2. 无线技术发展方向

1）当前重要的发展方向是通信协议的标准化。如无线系统与现有系统的共存性（Coexistence）、不同厂家设备的相互可操作性以及系统之间的相互协作性。这些都有赖于制定能被普遍接受的无线通信协议。

2）无线局域网今后的研究方向主要集中在安全性、可靠性、能耗性、移动漫游、网络管理以及与其他移动通信系统之间的关系等问题上。其发展方向有：更高的通信速率；研发智能天线进一步提高频谱利用率，增加覆盖范围；与全球微波互联接入（World Wide Interoperability for Microwave Access，Wimax）融合，支持高速、移动接入。

3）现场总线的无线传输的可行性正在评估，无线通信技术将会和现场总线技术更加紧密地结合。与传统有线网络相比，工业无线网络存在许多复杂问题，因而需要提供一个全面的解决方案才能最终获得成功。比如由于未经授权的无线电频率的无线带宽受到限制，而无线网络的使用日益增加，因此导致通信中断的冲突和干扰风险增大。此外还需要完善的包括端对端安全性、电源管理、整体可靠性、可扩展性和多功能能力。

2.5.2　无线网络中的主要技术

1. 无线电波的特性　无线电波和光波一样，传播速度和介质有关。无线电波在真空中的传播速度等于光速。无线电波用于无线电广播和电视的传输。例如：电视频道中的 VHF（甚高频）的播送频率为 30 ~ 300MHz，UHF（超高频）的播送频率为 300MHz ~ 3GHz。无线电波也用于 AM 和 PM 广播、业余无线电、蜂窝电话和短波广播。每一种通信都必须向无线电管理委员会申请一个频率波段。目前 GSM 和 CDMA 移动通信使用的频段都属于 UHF（特高频）超短波段、其高端属于微波。

我国目前已完成的频率规划有如下几项：

1）中宽带无线接入业务 3400 ~ 3430MHz；3500 ~ 3530MHz。

2）宽带无线接入（LMDS）24. 507MHz ~ 25. 515GHz；25. 757MHz ~ 26. 765GHz。

3）蓝牙系统 2400 ~ 2483. 5MHz。

4）无线局城网（802. 11a）5725 ~ 5850MHz。

5）正在密切关注并在相关频段上留出发展空间的有：无线局域网（802. 11b）、超宽带系统（UWB）等。

无线电波的波长不同，传播特点也不完全相同。不同种类的无线设备工作方式不同，也工作在不同的频段。无线电波通过多种传输方式从发射天线到接收天线，主要有自由空间波、对流层反射波、电离层波和地波。

1）表面波传播，就是电波沿着地球表面到达接收点的传播方式。电波在地球表面上传播，以绕射方式可以到达视线范围以外。地面对表面波有吸收作用，吸收的强弱与带电波的频率、地面的性质等因素有关。

2）天波传播，就是自发射天线发出的电磁波，在高空被电离层反射回来到达接收点的传播方式。电离层对电磁波除了具有反射作用以外，还有吸收能量与引起信号畸变等作用。其作用强弱与电磁波的频率和电离层的变化有关。

3）散射传输，就是利用大气层对流层和电离层的不均匀性来散射电波，使电波到达视线以外的地方。对流层在地球上方约16km处，是异类介质，反射指数随着高度的增加而减小。

4）外层空间传播，就是无线电在对流层、电离层以外的外层空间的传播方式。这种传播方式主要用于卫星或以星际为对象的通信中，以及用于空间飞行器的搜索、定位、跟踪等。自由空间波又称为直达波，沿直线传播，用于卫星和外部空间的通信以及陆地上的视距传播。视线距离通常为50km左右。

5）超短波和微波的视距传播，超短波和微波的频率很高，波长较短，它的地面波衰减很快。因此也不能依靠地面波作较远距离的传播，它主要是由空间波来传播的。空间波一般只能沿直线方向传播到直接可见的地方。在直视距离内超短波的传播区域习惯上称为“照明区”。在直视距离内超短波接收装置才能稳定地接收信号。

电波除了直接传播外，遇到障碍物，如山丘、森林、地面或楼房等高大建筑物，还会产生反射。因此，到达接收天线的超短波不仅有直射波，还有反射波，这种现象称为多径传输。

由于多途径传播使得信号场强分布相当复杂，波动很大；也由于多径传输的影响，会使电波的极化方向发生变化，因此，有的地方信号场强增强，有的地方信号场强减弱。另外，不同的障碍物对电波的反射能力也不同。例如：钢筋水泥建筑物对超短波的反射能力比砖墙强。我们应尽量避免多径传输效应的影响，同时可采取空间分集或极化分集的措施加以对应。

无线数据传输可以分为建立专用无线数据传输系统和借用GSM、CDMA等公用网信息平台这两大类方式。无线网的特点可以从传输方式、网络拓扑、网络接口等几个方面来描述。

2. 传输方式 传输方式涉及无线网采用的传输媒体、选择的频段及调制方式。目前无线网采用的传输媒体主要有两种，即无线电波与红外线。在采用无线电波作为传输媒体的无线网中因调制方式不同，又可分为扩展频谱方式与窄带调制方式。

（1）扩展频谱方式　在扩展频谱方式中，数据基带信号的频谱被扩展至几倍、几十倍后再被搬移至射频发射出去。这一做法虽然牺牲了频带带宽，却提高了通信系统的抗干扰能力和安全性。由于单位频带内的功率降低，对其他电子设备的干扰也减小了。扩频通信通常有如下两种方式：

1）直接序列扩频DSSS：将原来1位的信号利用10个以上的位空间来表示，使原来高功率、窄频率的信号变成低功率、宽颇率。原先一个位，展频后用多少个位来代表，这个数目称为Spread link Ration，这个值越高，越能够抵抗杂波干扰。不过Spread link Ration越低，则越可以增加使用人数。

2）跳频扩频FHSS：发射与接收两端以特定形式的窄频电波来传送信号，收发两端传送资料经过一段极短的时间后，便同时切换到另一个频段。由于不断的切换频段，因此能减少在一个特定频道上受到的干扰，也不容易被窃听。此方法中使用75个以上的调频信号，且跳频至下一个频率的最大时间间隔为300ms，也就是每秒跳频4次。

（2）窄带调制方式　窄带调制方式中，数据基带信号的频谱不做任何扩展即被直接搬移到射频发射出去。与扩展频谱方式相比，窄带调制方式占用频带少，频带利用率高。采用窄带调制方式的无线局城网一般选用专用频段需要经过国家无线电管理部门的许可方可使用。当然，也可选用ISM频段，这样可免去向无线电管理委员会申请。但带来的问题是，当临近的仪器设备或通信设备也在使用这一频段时，会严重影响通信质量，通信的可靠性无法得到保障。

（3）红外线方式　基于红外线的传输技术最近几年有了很大发展。目前广泛使用的家电遥控器几乎都是采用红外线传输技术。作为无线局域网的传输方式，红外线的最大优点是不受无线电干扰，且红外线的使用不受国家无线电管理委员会的限制。然而，红外线对非透明物体的穿透性极差，传输距离受限制。

3. 无线通信管理和ISM开放频带　各国的无线电管理机构负责管理射频（RF）频道的使用。在美国，这个管理机构是美国联邦通信委员会（FCC）；在欧洲，是欧洲电信标准化协会（ETSI）；在中国，是中国无线电管理委员会。频道管理最基本的规则是，无线发送器的使用需要获得许可。

各国的无线管理部门也规定了某些频带无须许可就可以使用，以满足不同的要求，这些频带主要包含ISM频带，这里ISM分别取于Industrial、Scientific及Medical的第一个字母。对于美国，FCC规定的ISM频段为902～928MHz、2.42～2.4835GHz和5.725～5.850GHz；对于欧洲，ETSI规定的ISM频段为433MHz、868MHz和2.4GHz；中国目前主要使用的ISM频率为433MHz和2.4GHz。当然，随着无线技术应用的不断发展，ISM频带的划分也在不断变化和发展，各国的情况也不尽相同，使用中要查阅相关的具体技术要求。

2.5.3　无线局域网

1. WLAN概述　WLAN（Wireless LAN）是利用无线通信技术在一定的局部范围内建立的网络，是计算机网络与无线通信技术相结合的产物，它以无线多址信道作为传输媒介，提供传统有线局域网LAN（Local Area Network）的功能，能够使用户真正实现随时、随地、随意的宽带网络接入。

WLAN开始是作为有线局域网络地延伸而存在的，各团体、企事业单位广泛地采用了WLAN技术来构建其办公网络。但随着应用的进一步发展，WLAN正逐渐从传统意义上的局域网技术发展成为“公共无线局域网”，成为国际互联网Internet宽带接入手段。WLAN具有易安装、易扩展、易管理、易维护、高移动性、保密性强、抗干扰等特点。

由于WLAN是基于计算机网络与无线通信技术，在计算机网络结构中，逻辑链路控制（LLC）层及其之上的应用层对不同的物理层的要求可以是相同的，也可以是不同的，因此，WLAN标准主要是针对物理层和介质访问控制层（MAC），涉及所使用的无线频率范围、空中接口通信协议等技术规范与技术标准。

IEEE 802.11 是 IEEE 最初制定的一个无线局域网标准，是在 1997 年 6 月由大量的局域网以及计算机专家审定通过的标准，该标准定义物理层和媒体访问控制（MAC）规范。物理层定义了数据传输的信号特征和调制，定义了两个 RF 传输方法和一个红外线传输方法，RF 传输标准是跳频扩频和直接序列扩频，工作在 2.4000 ~ 2.4835GHz 频段。IEEE 802.11 主要用于解决办公室局域网和校园网中用户与用户终端的无线接入，业务主要限于数据访问，速率最高只能达到 2Mbit/s。由于它在速率和传输距离上都不能满足人们的需要，所以 IEEE 802.11 标准被 IEEE 802.11b 所取代了，采用补偿编码键控调制方式，采用点对点模式和基本模式两运作模式，在数据传输速率方面可以根据实际情况在 11Mbit/s、5.5Mbit/s、2Mbit/s、1Mbit/s 的不同速率间自动切换，它改变了 WLAN 设计状况，扩大了 WLAN 的应用领域。

IEEE 802.11b 已成为当前主流的 WLAN 标准，被多数厂商所采用，所推出的产品广泛应用于办公室、家庭、宾馆、车站、机场等众多场合，但是由于许多 WLAN 的新标准的出现，IEEE 802.11a 和 IEEE 802.11g 更是倍受业界关注。

2. WLAN 网络拓扑结构 无线局域网的拓扑结构可归结为两类：无中心或对等式（Peer to Peer）拓扑和有中心（HUB-Based）拓扑。

（1）无中心拓扑 又称点对点网络拓扑（对等网）。独立基本服务集（Independent Basic Service Set，IBSS），通称 Ad hoc 网络。无中心拓扑的网络要求网中任意两个站点均可直接通信。采用这种拓扑结构的网络一般是用公用广播信道，各站点都可竞争公用信道，而信道接入控制（MAC）协议大多采用 CSMA/CA（载波监控多址接入）类型的多址接入协议。这种结构的优点是网络抗毁性好，建网容易，且费用较低。但当网中用户数（站点数）过多时，信道竞争成为限制网络性能的要害。

（2）有中心拓扑 也称集中式网络拓扑，这种拓扑由一个中心节点（HUB）和若干外围节点组成，外围节点既可以是独立的工作站，也可与多个用户相连。中心 HUB 作为网络管理设备，为访问有线 LAN 或服务器提供逻辑接入点，并监控所有节点对网路的访问，管理外围设备对广播带宽的竞争，其管理功能由软件具体实现。在此拓扑中，任何两外围节点间的数据通信都须经过 HUB，所以这种路由方案是典型的集中控制式。这样，当网络业务量增大时，网络吞吐性能及网络时延性能的恶化并不剧烈。

2.5.4 GSM 与 GPRS

1. GSM 技术及应用

（1）GSM 的技术特点 随着 GSM 移动通信网络的迅速普及和竞争的日益激烈，新技术和新业务的开发和应用已提到十分重要的位置。短消息服务业务（SMS）作为 GSM 网络的一种基本业务，已得到越来越多的系统运营商和系统开发商的重视，基于这种业务的各种应用也蓬勃发展起来。

短消息业务与语音传输及传真一样，同为 GSM 数字蜂窝移动通信网络提供的主要电信业务，它通过无线控制信道进行传输，经短消息业务中心完成存储和前转功能，每个短消息的信息量限制为 140 个 8 位组。在短消息的可靠传递基础上，GSM 网络与国际互联网技术的结合以及 GSM 调制解调器的出现和应用将给目前以提供语音服务为主的 GSM 移动通信网络带来新的生机。首先，GSM 网络与国际互联网技术的结合推动了移动通信的发展。通过在 GSM 网络和计算机互联网络之间建立一个信息服务网关，就可以将两网连接起来实现无线数据业务的应用。该信息服务网关也就是目前十分火热的 WAP（无线应用协议）网关。由于现在用户使用的 GSM 手机无法支持 WAP 协议，因此基于 GSM 网络的信息服务将首先通过短消息服务来实现。它可以提供的增值业务有：

1）移动信息服务业务。即通过建立一个功能强大的服务网关将 GSM 网络中的短消息中心和国际互联网络/中国公众多媒体通信网连接起来，使 GSM 移动通信用户能够从信息网络上获取各种信息。

2）进行移动电子商务的应用（如股票买卖、银行转账、信用购物、有奖竞猜等）与互联网用户进行双向通信（如收发电子邮件，网上呼叫移动通信用户等)，从而实现全球范围内的移动信息通信。这些服务都是基于 GSM 网络中的短消息业务的功能进行的，不占用话音通信的信道，费用低廉，对用户极具吸引力。信息业务的出现为目前以提供语音服务为主的 GSM 移动通信网络开辟了一个全新的服务新领域。

由于 GSM 全程联网的优势，任何一个申请了 SMS 服务的 GSM 用户都可以在全网范围内选择 SMS 信息中心获取服务。这种服务性质十分类似于国际互联网络中的 Web 站点，用户访问次数的多少取决于 SMS 信息站点的服务的质量，包括信息的种类、网络时延等。对运营商来说，可以通过广告业务和短消息服务月租费来获取增值的信息收入。

其次，GSM 调制解调器的出现给 GSM 的发展注入了新的活力，它改变了传统的以语音为主的通信手段，打开了 GSM 网络数据通信及其应用的大门。目前在欧洲已出现了称为调制解调器和模块的 GSM 移动终端，它提供 RS-232 数据口，采用 AT 贺氏指令，符合 ETSI 标准 GSM0707 和 GSM0705，并已内置微控制器将 GPS 接收机和 GSM 模块结合在一起，具有定时轮询和所有参数远端控制等功能，这种 GSM 调制解调器使系统开发商能够方便而迅速地构筑起各种应用系统。

基于这种技术，以 GSM 网络作为无线传输网络，可以开发出多种前景极其乐观的各类应用，如：GPS/GSM（SMS）移动车辆监控定位系统的应用；机房监控、远程维护系统的应用；移动性数据查询证券交易和信息查询；数据采集系统的应用；移动 POS 机、移动收费系统；移动 IC 卡电话、固定无线接入的应用；移动性数据和 Internet 接入。

由于 GSM 网络在全国范围内实现了联网和漫游，比起传统的集群系统在无线网络覆盖上具有无法比拟的优势，加上 GSM 本身具备的数据传送功能，都将使这些应用得到迅速的普及。在这些应用系统中，目前以 GPS/GSM（SMS）移动车辆监控定位系统的应用最为引人注目，这也是利用 SMS 业务将 GPS 定位信息通过 GSM 网络传送到后台监控中心，该监控中心再与公安、银行、运输、邮政等各行各业的分监控中心相连，以实现各自监控的车辆在全国范围内的定位和管理。

(2) GSM 的应用　短消息服务（SMS）是 GSM 技术应用的一项重要内容，它具有一些突出特点如：一次可传输 140B 的数据，数据的内容可以是字符或数字；可以在 GSM 网络内端对端传输，还可以从 GSM 网络外（如互联网）发送短消息给一个端点站；短消息通过设在移动通信部门的短消息中心（MSC）用 GSM 系统的信令信道传送，与语音信道不冲突，即使终端处在通话状态下也可进行传送；在短消息传送过程中，不进行呼叫连接建立和释放的过程；MSC 具有短消息的存储功能，在终端设备关机时，可以保持消息在一定时间内有效等。利用这些特点，及其双向传输的性能，可方便地实现对于采集站设备的信息采集和远程控制，即实现遥测和遥控。

由于公众 GSM 网络在全球范围内实现了联网和漫游，建立 GSM 系统不需再组建专用通信网络，所以具有实时传输数据功能的短消息应用将可以做成传输各种检测、监控数据信号和控制命令的数据通信系统，可以广泛用于包括水文检测在内的远程监控、定位导航、个人通信终端等。

目前，我国已基本上建成了可以覆盖全国大多数省区面积的移动通信网络，特别是在人口众多、经济发达的城市周边地区，移动通信网络覆盖面积几乎接近 100%，手机普及率已超过固定电话，特别是其具有的短信息传输业务具有许多有线电话无法实现的功能。例如：GSM 短信息传输是无线数据传送信息，可以不受地域环境限制、传输信息源数量限制，快捷、准时传输数据业务；其价格低廉，按目前移动通信最普及的短信息发送收费标准，每条短信息为 0.1 元，每条信息最长可达 140B，如果对某些工业现场数据进行压缩编码处理后，这一容量对于单次报送来讲是完全足够的，且价格还等于或低于通过电话传输方式。采用 GSM 短信息传输技术不需单位再重复投资建设新的传输基础设施与通信平台，信息接口与设备简单，标准化程度高，通信设备通用性好，易于与计算机、互联网连接，实现传输数据的网络化处理，当与互联网连接后，数据传输距离可以遍及世界，当大面积推广时仅需对设备通信接口加以改造，投资很小；同时，由于移动通信局对短消息具有存储记忆功能以及发送端与接收端可以随时发送实时信息而不必像电话通信那样占用很长的线路接通等待时间，避免了卫星通信报送时间因信道拥挤而可能出现的数据阻塞现象，使在数据量集中报送的时间内也可以实现大面积、多测报点的同步报讯；由于数据传输采用的是数字传输方式，其抗干扰能力、数据保密处理都是原有电话传输方式无法比拟的。

当然，由于 GSM 短信息传输技术并不是专用的工业控制网络技术（如后面介绍的现场总线等），它的实时性较差，数据传送量也有限，因而不适合用于实时性要求较高或数据量较大的某些工业控制场合。但对于大多数实时性要求不高和数据量不大的场合，如：远程抄表、远程数据检测、远程系统监控等，有一定的应用范围。

2. GPRS 无线通信网络　GPRS 是通用分组无线业务（General Packet Radio Service）的英文简称，是在现有 GSM 系统上发展出来的一种新的承载业务，目的是为 GSM 用户提供分组形式的数据业务。GPRS 采用与 GSM 同样的无线调制标准、同样的频带、同样的突发结构、同样的跳频规则以及同样的 TDMA 帧结构，这种新的分组数据信道与当前的电路交换的话音业务信道极其相似。因此，现有的基站子系统（BSS）从一开始就可提供全面的 GPRS 覆盖。GPRS 允许用户在端到端分组转移模式下发送和接收数据，而不需要利用电路交换模式的网络资源，从而提供了一种高效、低成本的无线分组数据业务。特别适用于间断的、突发性的和频繁的、少量的数据传输，也适用于偶尔的大数据量传输。GPRS 理论带宽可达 171.2kbit/s，实际应用带宽大约在 40～100kbit/s，在此信道上提供 TCP/IP 连接，可以用于 Internet 连接、数据传输等应用。GPRS 是一种新的移动数据通信业务，在移动用户和数据网络之间提供一种连接，给移动用户提供高速无线 IP 或 X.25 服务。GPRS 采用分组交换技术，每个用户可同时占用多个无线信道，同一无线信道又可以由多个用户共享，资源被有效的利用，数据传输速率高达 160kbit/s。使用 GPRS 技术实现数据分组发送和接收，用户永远在线且按流量计费，迅速降低了服务成本。

（1）GPRS 的技术特点　GPRS 采用分组交换技术，与现有 GSM 的电路交换技术比较，每个用户可以有多个无线信道可用，而同一无线信道又可以被多个用户共享。它采用了“统计复用”或“动态复用”的技术。所谓“动态复用”，就是用户只在实际发送数据时才使用频率资源，这与 GSM 网电路交换方式的“静态复用”不同，所谓“静态复用”，是不管用户是否正在发送数据，都占用着一个信道，致使系统的总容量减少，浪费了带宽资源，因此“动态复用”可使一个小区的所有移动用户共享同一资源，从而大大提高了带宽资源的利用率。

GPRS 不仅对发送数据的移动用户实施了“动态复用”，而且不影响 GSM 网络资源的使用。目前移动通信业务中电话业务仍占主流，GPRS 在移动电话业务繁忙时，可以把数据信道供给移动电话使用；在电话业务很忙时，将使数据传送延时，这虽然延长了数据分组传送的时间，但不影响正常的电话业务。同时，由于 GPRS 是分组交换技术，应用了统计复用技术，因此 GPRS 开通的数据通信，是按用户数据的传输信息量计费，而不是传统的按时计费方式，所以对用户而言还可以节省费用。

另外，由于 GPRS 支持 X. 25 协议和 IP 协议，因此，对于 GSM 网现有电路交换数据业务（CSD）和短信息业务（SMS），GPRS 是补充而不是替代。

（2）GPRS 的应用　通用分组无线数据服务（GPRS）是通向 3G 个人多媒体业务的一个重要里程碑。GPRS 将移动通信与数据网络合二为一，将基于 Internet 协议（IP）的业务引入到广阔的移动市场。GPRS 特别适用于突发性数据应用，例如互联网接入和 PUSH 技术等。GPRS 基于分组数据技术，比电路交换更能有效地传输数据，可提供高达 115kbit/s，甚至更高的速率。采用 4 种新的编码方案和信道捆绑（最多 8 信道）可获得更高的带宽。无线资源也能在终端用户之间得到更有效的分布。

GPRS 开启了大众移动数据应用的大门。采用 GPRS 技术可将诸如电子邮件、电子商务、电子银行、野外业务、商船管理、移动办公、互联网/内联网接入、增值业务、控制家庭设备以及 WAP 等引入到移动互联网中。采用 GPRS 技术，用户可以得到如下优点：

1）只对传输数据收费（实际用量）而对连接间隙不收费。

2）保持永久连接。

3）通过 IP 的直接 ISP 接入更廉价。

4）新的应用能够实现真正的插入及操作方案。

5）用户可以即时接入多种服务，如：在上网的同时可以进行语音呼叫。

6）手机的 IP 功能（互联网、遥测、电子商务等）。

GPRS 应用技术类似于前面的 GSM 短消息，都是通过中国移动通信中心实现，但前者更适合数据量较大的场合。在实时性方面，二者基本相同。

2. 6　短距离无线数据通信网技术

目前使用较广泛的近距离无线通信技术是无线局域网（WLAN）、蓝牙（Bluetooth）和红外数据传输（IrDA）。其中蓝牙（Bluetooth）和红外（IrDA）又是构成无线个人网（WPAN）的主要技术。此外，还有一些具有发展潜力的近距离无线技术标准，它们分别是：ZigBee、超宽频（Ultra WideBand）、短距通信（NFC）、WiMedia、GPS、DECT、无线 1394 和专用无线系统等。它们都有其立足的特点，或基于传输速度、距离、耗电量的特殊要求；

或着眼于功能的扩充性；或符合某些单一应用的特别要求；或建立竞争技术的差异化等。但是没有一种技术可以完美到足以满足所有的需求。

2.6.1 HomeRF 技术简介

HomeRF 工作组是由美国家用射频委员会领导于 1997 年成立的，其主要工作任务是为家庭用户建立具有互操作性的话音和数据通信网，2001 年 8 月推出 HomeRF 2.0 版，集成了语音和数据传送技术，在无线 LAN 的安全性方面主要考虑访问控制和加密技术。

HomeRF 把共享无线连接协议（SWAP）作为未来家庭内联网的几项技术指标，使用 IEEE802.11 无线以太网作为数据传输标准，通信频段也是 2.4GHz，HomeRF 工作组像当初人们构造 ATM 一样，提出了一整套应用于家庭联网的完整体系，包括外围设备和家庭主机之间的连接、外围设备之间的连接、主机和 HomeRF 中央控制的连接、接入网、PSIN 等。2000 年 8 月 31 日，美国联邦通信委员会批准了 Intel、Microsoft、Motorola 和 Proxim 等 HomeRF 组织成员的要求，允许 HomeRF 的传输速率在原来的 2Mbit/s 的基础上提高 4 倍，达到 8～11Mbit/s 传送速率；而且和蓝牙一样，HomeRF 可以实现多个（最多 5 个）设备之间的互联。同时，HomeRF 工作组的一些成员提出，将原来的发射带宽由 1MHz 提高到 5MHz，这样速率能够提高得更多。但 FCC 的这一决定，招致了来自包括内部成员和蓝牙组织成员的反对，主要理由是频率冲突、功耗较大，信息本来在狭窄的信号通道里跳动，现在如果将狭窄的通道加宽，就会像一辆卡车在几条车道上横冲直撞，从而造成 SWAP 设备之间的互相干扰。

HomeRF 技术在小型公司或者类似别墅的智能家居产品方面有着很好的应用前景，因为这两种环境的活动半径都比 Bluetooth 规定的活动范围大，同时，一般又小于无线局域网的半径。但这项技术和标准要逐渐被国际认可，在中国大陆，也有一些智能家居公司采用无线射频技术，频率主要采用 433.29MHz。

2.6.2 蓝牙（Bluetooth）技术简介

蓝牙技术是一种无线数据与语音通信的开放性全球规范，其实质内容是为固定设备或移动设备之间的通信环境建立通用的近距无线接口，将通信技术与计算机技术进一步结合起来，使各种设备在没有电线或电缆相互连接的情况下，能在近距离范围内实现相互通信或操作。其传输频段为全球公众通用的 2.4GHz ISM 频段，提供 1Mbit/s 的传输速率和 10m 的传输距离，如果增加功率或某些外设可达到 100m。

蓝牙技术诞生于 1994 年，Ericsson 当时决定开发一种低功耗、低成本的无线接口，以建立手机及其附件间的通信。该技术还陆续获得 PC 行业业界巨头的支持。1998 年，蓝牙技术协议由 Ericsson、IBM、Intel、NOKIA、Toshiba 等 5 家公司达成一致。蓝牙协议的标准版本为 802.15.1，由蓝牙小组（SIG）负责开发。802.15.1 的最初标准基于蓝牙 1.1 实现，后者已构建到现行很多蓝牙设备中。但蓝牙技术遭遇了最大的障碍是过于昂贵。突出表现在芯片大小和价格难以下调、抗干扰能力不强、传输距离太短、信息安全问题等。这就使得许多用户不愿意花大价钱来购买这种无线设备。因此，蓝牙的市场前景取决于蓝牙价格和基于蓝牙的应用是否能达到一定的规模。

如果设备是属于那种活动范围比较大、通信距离要求不高、要求能和多种设备迅速互联，如笔记本计算机、数字无绳电话、个人数字助理、手机等，采用蓝牙无线通信网络组成点对点和点到多点的连接是十分理想的。

2.6.3　Wi-Fi 技术

Wi-Fi（Wireless Fidelity，无线高保真）也是一种无线通信协议，正式名称是 IEEE802.11b，与蓝牙一样，同属于短距离无线通信技术。Wi-Fi 速率最高可达 11Mbit/s。虽然在数据安全性方面比蓝牙技术要差一些，但在电波的覆盖范围方面却略胜一筹，可达 100m 左右。

Wi-Fi 是以太网的一种无线扩展，理论上只要用户位于一个接入点四周的一定区域内，就能以最高约 11Mbit/s 的速度接入 Web。但实际上，如果有多个用户同时通过一个点接入，带宽被多个用户分享，Wi-Fi 的连接速度一般将只有几百 kbit/s 的信号不受墙壁阻隔，但在建筑物内的有效传输距离小于户外。

IEEE802.11b 规范的提出，主要目的是提供 WLAN 接入，也是目前 WLAN 的主要技术标准，它的工作频率也是 2.4GHz，与无绳电话、蓝牙等许多不需频率使用许可证的无线设备共享同一频段。随着 Wi-Fi 协议新版本如 802.11a 和 802.11g 的先后推出，Wi-Fi 的应用将越来越广泛。速度更快的 802.11g 使用与 802.11b 相同的正交频分多路复用调制技术。它工作在 2.4GHz 频段，速率达 54Mbit/s。根据最近国际消费电子产品的发展趋势判断，802.11g 将有可能被大多数无线网络产品制造商选择作为产品标准。

微软推出的桌面操作系统 WindowsXP 和嵌入式操作系统 WindowsCE，都包含了对 Wi-Fi 的支持。其中，WindowsCE 同时还包含对 Wi-Fi 的竞争对手蓝牙等其他无线通信技术的支持。由于投资 802.11b 的费用降低，许多厂商介入这一领域。Intel 推出了集成 WLAN 技术的笔记本计算机芯片组，不用外接无线网卡，就可实现无线上网。

2.6.4　ZigBee 技术

ZigBee 技术主要应用在短距离范围之内并且数据传输速率不高的各种电子设备之间。ZigBee 名字来源于蜂群使用的赖以生存和发展的通信方式，蜜蜂通过跳 ZigZag（Z 字形）形状的舞蹈来分享新发现的食物源的位置、距离和方向等信息。ZigBee 联盟成立于 2001 年 8 月。2002 年下半年，Mitsubishi、Motorola 以及 Philips 半导体公司等 4 大巨头共同宣布加盟 ZigBee 联盟，研发名为 ZigBee 的下一代无线通信标准。到目前为止，该联盟大约已有 27 家成员企业。所有这些公司都参加了负责开发 ZigBee 物理层和媒体控制层技术标准的 IEEE 802.15.4 工作组。ZigBee 联盟负责制定网络层以上协议。目前，标准制定工作已完成。ZigBee 协议比蓝牙、高速率个人区域网或 802.11x 无线局域网更简单实用。

ZigBee 可以说是蓝牙的同族兄弟，它使用 2.4GHz 波段，采用跳频技术。与蓝牙相比，ZigBee 更简单、速率更慢、功率及费用也更低。它的基本速率是 250kbit/s，当降低到 28kbit/s 时，传输范围可扩大到 134m，并获得更高的可靠性。另外，它可与 254 个节点联网。可以比蓝牙更好地支持游戏、消费电子、仪器和家庭自动化应用。人们期望能在工业监控、传感器网络、家庭监控、安全系统和玩具等领域拓展 ZigBee 的应用。

ZigBee 的主要技术特点是：

1）数据传输速率低。只有 10～250kbit/s，专注于低传输应用。

2）功耗低。在低耗电待机模式下，两节普通 5 号干电池可使用 6 个月以上。这也是 ZigBee 的支持者所一直引以为豪的独特优势。

3）成本低。因为 ZigBee 数据传输速率低，协议简单，所以大大降低了成本；积极投入 ZigBee 开发的 Motorola 以及 Philips，均已在 2003 年正式推出芯片，飞利浦预估，应用于主机端的芯片成本和其他终端产品的成本比蓝牙更具价格竞争力。

4）网络容量大。每个 ZigBee 网络最多可支持 255 个设备，也就是说每个 ZigBee 设备可以与另外 254 台设备相连接。

5）有效范围小。有效覆盖范围 10～75m，具体依据实际发射功率的大小和各种不同的应用模式而定，基本上能够覆盖普通的家庭或办公室环境。

6）工作频段灵活。使用的频段分别为 2.4GHz、868MHz（欧洲）及 915MHz（美国），均为免执照频段。

根据 ZigBee 联盟目前的设想，ZigBee 的目标市场主要有 PC 外设（鼠标、键盘、游戏操控杆）、消费类电子设备（TV、VCR、CD、VCD、DVD 等设备上的遥控装置）、家庭内智能控制（照明、煤气计量控制及报警等）、玩具（电子宠物）、医护（监视器和传感器）、工控（监视器、传感器和自动控制设备）等非常广阔的领域。

2.6.5　电子标签（RFID）技术

RFID 射频识别技术作为一种快速、实时、准确采集处理信息的高新技术，已逐渐成为企业提高物流供应链管理水平、降低成本、企业管理信息化、参与国际经济大循环、增强竞争能力不可缺少的技术工具和手段，甚至直接影响到人们的一些生活方式。

1. 射频识别系统的特点　射频识别（RFID）系统是 Radio Frequency Identification 的缩写，俗称电子标签（RFID tags）系统或智能标签（Smart Labels）。它应包括对被标识物体的数据收集读取、处理和存储的整个过程及全部设备与器件，包括应答器、读写器以及数据库和计算机系统等。射频识别（RFID）系统与其他识别手段相比主要有以下几个特点：

1）RFID 标签可以透过非金属材料阅读，而且不必一定与标签直接接触，这使得它成为肮脏、潮湿和刺目等环境下的理想选择，RFID 阅读机能透过泥浆、污垢、油漆涂料、油污、木材、水泥、塑料、水和蒸汽阅读标签。

2）射频识别（RFID）系统的数据存储容量大，标签上数据可以加密，数据可随时更新，可读可写，特别适合于储存大量数据或物品上所需储存的数据经常需要改变的情况下使用。

3）射频识别（RFID）系统和条形码系统的主要区别是储存在货物上的数据形式，它取代了打印的条形码，数据被电子化储存在 RFID 标签的存储单元内。采用专用芯片的 RFID 读卡机就根据每件货物具有的唯一的序列标识号来识别货物，可以进行密钥认证，保障数据安全。

4）与条形码相比，RFID 标签没有接触点，实现了“免接触”，不需要直线瞄准扫描操作，其读写的速度快，读取距离大。因此 RFID 技术可识别高速运动物体并可同时识别多个标签，操作快捷方便。例如用在工厂的流水线上跟踪部件或产品，长距离射频产品可用于自动收费或识别车辆身份等交通运输上，识别距离达几十米。

5）体积小，易封装，标签可以隐藏（嵌入）在大多数材料或产品内，同时可使被标记的货品更加美观。电子标签的外形多样（如卡状、环状、纽扣形、笔形等），它的超薄和多种大小不一的外形，使它能封装在纸张、塑胶制品（PVC、PET）上，可应用于不同场合，也可再层压制卡，使用非常方便。

6）使用寿命可长达 10 年以上，读写达 10 万次，无机械磨损、无机械故障，可在恶劣环境下使用（工作温度：-25 ~ +70℃）。

2. RFID 标签分类　RFID 标签主要分为无源标签（Passive tags）和有源标签（Active tags）两类。有源 RFID 系统的应答器（Transponder）含有电池可自行供电，因此称此系统为"有源"，其缺点是需要供电、需要维护、有温度范围的限制等，与无源标签相比成本较高；其优点是读/写距离较远，比无源系统拥有较大的作业范围。无源标签从阅读器产生的磁场中获得工作所需的能量，成本很低并具有很长的使用寿命，比有源标签体积更小也更轻，读写距离则较近，一般在几米的范围。

3. RFID 系统主要使用的频段　射频识别（RFID）系统通常使用与工业、科学和医疗设备（ISM）共用的频段。有的国家如北美、南美和日本等，除了使用与 ISM 的共用频段之外，还使用了 135kHz 以下的频率，因为在这个频段里可以使用较大的磁场强度来工作，特别适用于电感耦合的射频识别系统。

对射频识别系统而言，一些国家考虑使用的最主要的频率是 9 ~ 135kHz，以及 ISM 频率 6.78MHz、13.56MHz、27.125MHz、40.68MHz、433.92MHz、869.0MHz、915.0MHz（在欧洲不使用）、2.45GHz、5.8GHz 以及 24.125GHz。国内已有单位正在研究开发 2.400 ~ 2.4835GHz、5.725 ~ 5.875GHz 和 24.00 ~ 24.25GHz 频段，用于 RFID 技术。

2.7 无线传感器网络技术

2.7.1 无线传感器网络概述

科技发展的脚步越来越快，人类已经置身于信息时代。信息的生成、获取、存储、传输、处理及其应用是现代信息科学的 6 大组成部分，其中信息的获取是信息技术产业链上重要的环节之一，而作为信息获取最重要和最基本的技术——传感器技术，也得到了极大的发展。传感器信息获取技术已经从过去的独立的单一化模式渐渐向集成化、微型化，进而向智能化和网络化方向发展，成为信息获取最重要和最基本的技术之一，并将为信息科学的发展带来一场深刻的革命。无线传感器网络的构想最初是由美国军方提出的，美国国防部高级研究所计划署（DARPA）于 1978 年开始资助卡耐基—梅隆大学进行分布式传感器网络的研究，这被看成是无线传感器网络的雏形。

将传感器、数据处理单元和通信模块集成为一个微小节点，通过自组织的方式大量随机分布而构成的网络，通常称为传感器网络，传感器网络具有获取多种信息信号的综合处理能力，并通过与传感控制器相连，组成了有信息综合和处理能力的网络。现场总线技术也开始应用于此种形式的网络，人们用其组建智能化传感器网络，大量多功能传感器被运用，它们可借助节点中内置的形式多样的传感器测量所在周边环境中的热、红外、声纳、雷达和地震波信号，从而探测包括温度、湿度、噪声、光强度、压力、土壤成分、移动物体的大小、速度和方向等我们感兴趣的物质现象。在通信方式上，除通常采用的有线形式的现场总线技术外，也可采用无线、红外和光等多种形式，但一般认为短距离的无线低功率通信技术最适合传感器网络，所以称为无线传感器网络（Wireless Sensor Net-work，WSN）。

一般被大多数研究者普遍接受的 WSN 的定义是：大规模、无线、自组织、多跳、无分区、无基础设施支持的网络，其中的节点是同构的、成本较低的、体积较小，大部分节点不移动，被随意散布在工作区域，要求网络系统尽可能长时间的工作。

无线传感器网络涉及传感器技术、网络通信技术、无线传输技术、嵌入式计算技术、分布式信息处理技术、微电子制造技术、软件编程技术等研究领域，具有鲜明的跨学科特点。微型传感器技术和节点间的无线通信能力为传感器网络赋予了广阔的应用前景。在空间探索和灾难拯救等特殊的领域，无线传感器网络也有其得天独厚的技术优势。

目前，无线传感器网络的商业化应用也已逐步兴起。近些年，以美国 Crossbow 公司为代表的高科技公司，迅速推出无线传感器网络系列配套产品，以其功能多、体积小、质量小、开发方便等特点，得到世界各国科技工作者和工业界人士的青睐。例如，Crossbow 公司利用 Smart Dust 项目的成果开发出了名为 Mote 的智能传感器网络节点，还有用于研究机构二次开发的 Mote-WorkTM 开发平台。这些产品都很受使用者欢迎。

2.7.2 WSN、Ad hoc 和无线宽带网的不同

在无线宽带市场竞争纷乱的格局中，一种新型的网络技术悄然浮上水面，开始发挥它巨大的作用并逐渐占领市场，这就是 Ad hoc 网络技术，它不是和第三代移动通信系统、WiFi、WiMax 对等的技术系统，它是传统组网方式的变革，并由此变革给传统网络技术带来新的特征和新的需要解决的问题。WSN、Ad hoc 和无线宽带网的不同可以从以下几个方面看出。

1. 组网方式不同 将无线网络分为 3 类：WSN、Ad hoc 网络和无线宽带网络，其中无线宽带网包括 GSM、CDMA、3G、4G、WiFi、WiMax 等分别从传统电信网络和计算机网络衍生发展出来的网络技术，这些网络的规划、部署、配置、管理、维护和运营一般需要管理员干预来完成。

WSN、Ad hoc 网络的通信节点与电信基础设施之间通信不是传统的一跳关系，而是通过邻近节点的多跳中继后接入网络，是一种多跳网络技术，而且，WSN、Ad hoc 网络是一种没有有线基础设施的支持的网络，WSN、Ad hoc 网络采用分布式技术，没有中心控制节点的管理，当网络中某些节点或链路发生故障，其他节点还可以通过相关技术继续通信。

2. 拓扑结构和工作方式的不同 WSN、Ad hoc 网络虽然同属自组网络，但网络拓扑结构和工作模式却各不相同，一般而言，Ad hoc 网络中的节点具有强烈的移动性，相应的网络拓扑结构自然是动态变化。在这一点上，Ad hoc 网络与无线宽带网络（GSM、CDMA 等）有相似性，而 WSN 系统中的节点在部署完成后大部分不会再移动，因此网络拓扑结构是准静态的。

3. 工作模式和路由方法不同 Ad hoc 网络和无线宽带网中节点的移动性使其路由技术变得非常复杂，网络中任何两个节点之间都有可能发生通信，需要针对多对多路由方式进行设计。而 WSN 在准静态结构下，一般的工作模式是网络中所有节点将数据汇聚到 Sink 节点，即多对一通信，节点之间几乎不会发生数据交换。所以，WSN 需要寻找适合其自身工作模式的低开销低功耗的路由协议。

4. 数据处理方式不同 Ad hoc 网络和某些无线宽带网络（如 WiFi、WiMax），继承了

Internet 的体系结构核心，网络中间节点不实现任何与分组内容有关的功能，只是简单地采用存储/转发的模式为用户传送分组，而对 WSN 而言，网络仅仅实现分组传送是不够的，有时需要进行“网内数据处理”功能，在不同节点观测到同一事件发生时，可分别传送给 Sink 节点，Sink 节点将所有数据进行一定的聚合、过滤或压缩，会有效减少频繁传送分组造成的能量开销。

5. 关键技术的不同　无线宽带网络优化设计的首要技术指标是带宽，因其广泛涉及音频视频等数据密集型信息的应用，而 WSN 和 Ad hoc 网络需要长时间工作在特殊环境下，替换电池不可能，需要通过优化系统能耗来延长网络生命周期，除此之外，WSN 还会涉及数据融合、节点协同探测、波束形成和目标定位等功能。

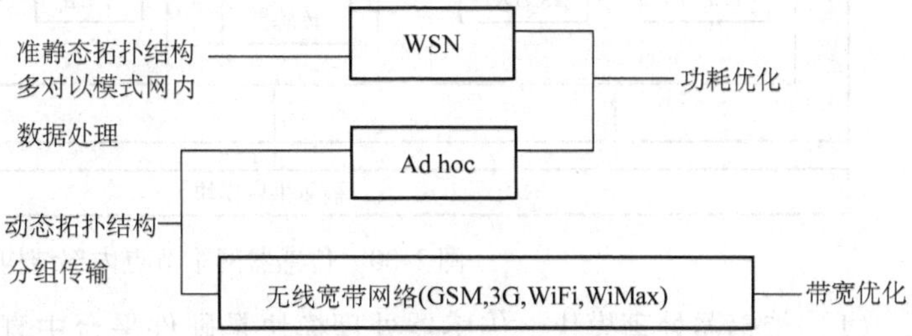

图 2-28　3 种无线网络的关系图

图 2-28 归纳了 3 种网络之间的相同点和不同点。

2.7.3　传感器网络体系结构与特征

1. 传感器网络体系结构　传感器网络系统通常包括传感器网络节点（Sensor Node）、汇聚节点（Sink Node）和管理节点，如图 2-29 所示。大量传感器网络节点随机部署在监测区域内部或附近，具有无线通信与计算能力的微小传感器网络节点通过自组织方式构成的能根据环境自主完成指定任务的分布式智能化网络系统，并以协作的方式实时感知、采集和处理网络覆盖区域中的信息，最后通过多跳网络将数据经由 Sink 节点链路将整个区域内的信息传送到远程控制管理节点。反之，远程管理节点也可以对网络节点进行实时控制和操纵。

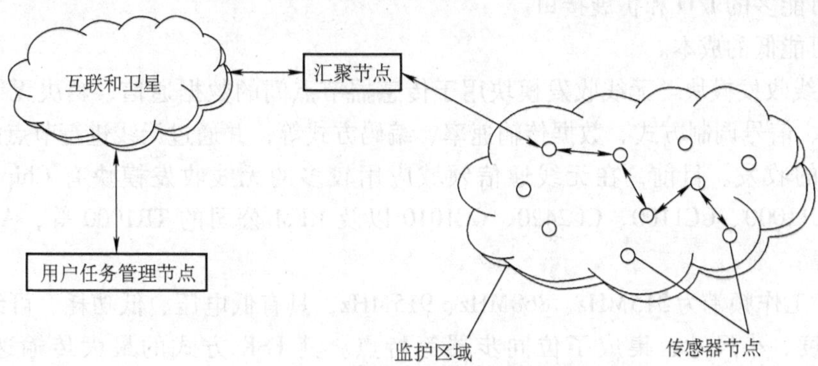

图 2-29　传感器网络系统组成

2. 传感器网络节点　传感器网络节点是无线传感器网络中部署到研究区域中孕育收集和转发信息、写作完成指定任务的对象。每个节点上运行的程序可以是完全相同的，唯一不同的是其 ID。

传感器网络节点由传感器处理模块、处理器模块、无线通信模块和能量供应模块 4 部分组成，如图 2-30 所示。传感器处理模块负责监测区域内的信息采集和数据转换；处理器模块负责控制整个传感器网络节点的操作、存储和处理本身采集的数据以及其他节点发来的数据；无线通信模块负责与其他传感器网络节点进行无线通信、交换控制信息和收发采集数据；能量供应模块为传感器网络节点提供运行所需要的能量。

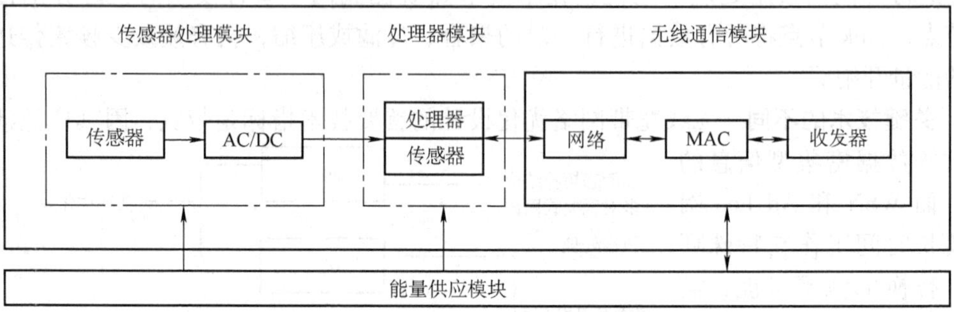

图 2-30　传感器网络节点内部结构

（1）传感器处理模块　传感器处理模块是硬件平台中真正与外部信号接触的模块，一般包括传感器探头和变送系统两部分，探头采集外部的温度、光照度和磁场等需要传感的信息，将其送入变送系统，后者完成将上述物理量转化为系统可以识别的原始电信号，并且通过积分电路、放大电路的整形处理，最后经过 A/D 转换成数字信号送处理器模块。

（2）处理器模块　处理器模块是无线传感器网络节点的核心，负责整个节点的设备控制、任务分配与调度、数据整合与传输等多个关键任务，考虑无线传感器网络的实际特点，作为硬件平台 ideas 中心模块，除了应具备一般单片机的基本性能外，还应该有适合整个网络需要的特点。

1）尽可能高的集成度。

2）尽可能低的能源消耗。

3）尽量快的运行速度。

4）尽可能多的 I/O 和扩展接口。

5）尽可能低的成本。

（3）无线收发模块　无线收发模块用于传感器节点间的数据通信，解决无线通信中载波频段选择、信号调制方式、数据传输速率、编码方式等，并通过天线进行节点间、节点与基站间数据的收发。目前，在无线通信领域应用较多的无线收发模块有 Chipcon 公司的 CC1000、CC11000、CC1100、CC2420、CC1010 以及 RFM 公司的 TR1000 等，ATMEL 公司也有相关产品。

CC1000 工作频带为 315MHz、868MHz、915MHz，具有低电压、低功耗、可编程输出功率、高灵敏度、小尺寸、集成了位同步器等特点。其 FSK 方式的最大传输速率可达到 72. 8bit/s，具有 250Hz 步长可编程频率能力，适用于频分复用协议，主要工作参数能通过串行总线接口编程改变，使用非常灵活。

CC2420 是 Chipcon 公司推出的首款符合 2. 4GHz IEEE802. 15. 4 标准的射频收发器。该器件包括众多额外功能，是第一款适合于 ZigBee 产品的 RF 器件。CC2420 的选择性和敏感性指数超过了 IEEE802. 15. 4 标准的要求，可确保短距离通信的有效性和可靠性。

（4）能量供应模块　能量供应模块作为整个无线传感器网络节点的基础模块，是节点正常顺利工作的保证。由于是无线网络，所以无法采用普通的工业电能，只能使用自己的已存储的能量或从自然界自动摄取能量（如太阳能等）。因此，采用什么能源，采取什么样的供电方式显得尤为重要，本模块中必须解决好能源消耗与网络运行可靠性的关系。

节点的设计在不同应用中各不相同，但基本原则是采用尽量敏感的传感器、尽量低功耗的器件、尽量节省的信号处理和尽量持久使用的电源。无线传感器网络通信子系统的能量模型，与实际被采用的器件（CC1000/CC2420）的能耗之间存在很大差异，因此导致一些不同结论。

在目前出现的多种节点设计方案中，各方案的实现原理都相当接近，只是采用了不同的微处理器及无线通信协议，如采用自定义协议、802.11 协议、ZigBee 协议方式等。

3. 传感器网络的特征　无线传感器网络是集成了监测、控制以及无线通信的网络系统，节点数目有时很庞大（上千甚至上万），节点分布密集，由于环境影响和能量耗尽，节点很容易出现故障。环境干扰和节点故障容易造成网络拓扑结构的变化。通常情况下，大多数传感器网络节点是固定不动的。此外，传感器网络节点的这些特点使得无线传感器网络具有以下与传统网络不同的特点。

第一，无中心和自组网特性。在无线传感器网络中，所有节点的地位都是平等的，没有预先指定的中心，各节点通过分布式算法来相互协调，在无人值守的情况下，节点就能自动组织起一个测量网络。而正因为没有中心，网络便不会因为单个节点的脱离而受到损害。

第二，网络拓扑的动态变化性。网络中的节点是处于不断变化的环境中的，它的状态也在相应地发生变化，加之无线通信信道的不稳定性，网络拓扑因此也在不断地调整变化，而这种变化是无人能准确预测出来的。

第三，传输能力的有限性。无线传感器网络通过无线电波进行数据传输，虽然省去了布线的烦恼，但是相对于有限网络，低带宽则成为它的先天缺陷。同时，信号之间还存在相互干扰，信号自身也在不断衰减，不过，因为单个节点传输的数据量并不算大，这个缺点还是能够让人接受的。

第四，能量的限制。为了测量真实世界的具体值，各个节点会密集地分布于待测区域内，人工补充能量的方法已经不再适用。每个节点都要储备可供长期使用的能量，或者自己从外汲取能量（如太阳能等）。

第五，安全性问题。无线信道、有限的能量、分布式控制都使得无线传感器网络更容易受到攻击。被动窃听、主动入侵、拒绝服务则是这些攻击的常见方式。因此，安全性在网络的设计中至关重要。

第六，应用相关性。不同的应用背景对传感器网络的要求不同，其硬件平台、软件系统和网络协议也必然有很大差异。所以无线传感器网络不能像因特网一样，有统一的通信协议平台。对于不同的无线传感器网络应用虽然存在一些共性问题，但在开发无线传感器网络应用中，应该更关注传感器网络的差异，这样才能让系统更贴近应用，做出最高效的目标系统。

第七，以数据为中心。无线传感器网络是任务型的网络，脱离传感器网络谈论传感器网络节点没有任何意义。无线传感器网络中节点采用节点编号标志，节点编号是否需要全网唯一，取决于网络通信协议的设计。由于传感器网络节点随机部署，构成的传感器网络与节点编号之间的关系是完全动态的，即节点编号与节点位置没有必然联系。用户使用传感器网络查询事件时，直接将所关心的事件通告给网络，而不是通告给某个确定编号的节点。因此，通常说无线传感器网络是一个以数据为中心的网络。

2.7.4　传感器网络协议栈

与传统的互联网协议的5层协议相对应，传感器网络也提出了一个包括物理层、数据链路层、网络层、传输层和应用层的5层协议栈，如图2-31所示。物理层提供信号调制和无线收发技术；数据链路层负责数据成帧、帧监测、媒体访问和差错控制；网络层负责路由生成与路由选择；传输层负责数据流的传输控制，保证端到端的数据传输；应用层负责为用户提供通用网络服务和面向各个不同领域的增强网络服务。

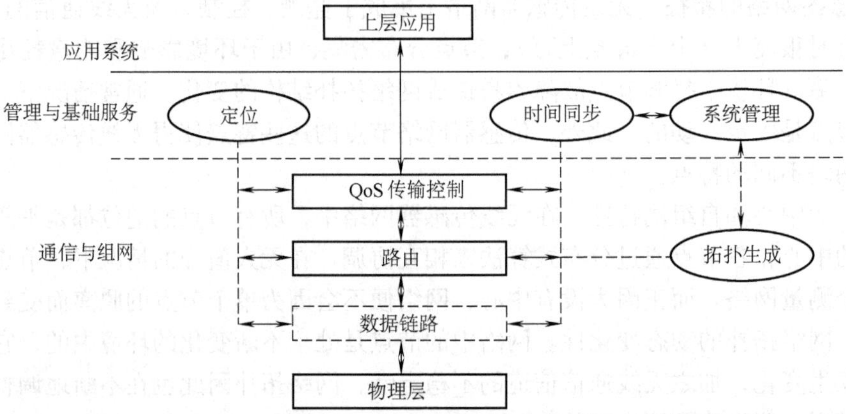

图2-31　传感器网络协议栈

1. 物理层　以发送接收信号为主要功能的物理层首先要考虑的是信号的传输介质。目前应用的无线传感器网络大部分是基于无线电通信，在个别应用中也使用红外线和声波等方式。无线电通信面临的问题主要有无线频段的选择、信号调制技术和扩频技术等。能耗和成本是无线传感器网络中必须首先考虑的性能指标，而物理层是解决无线传感器网络节点体积、成本及能耗的关键，因此物理层是无线传感器网络的研究重点之一。

2. 数据链路层　数据链路层关注的重点是介质访问控制（MAC）。MAC协议负责在相互竞争的用户中分配信道资源。在传统网络中，主要有预置信道和随机分配信道两种基本信道分配原则。预置信道包括频分多址接入（FDMA）、时分多址接入（TDMA）、码分多址接入（CDMA）和空分多址接入（SDMA）等；随机分配信道包括802.11中使用的载波监听多点接入（CSMA）等。与传统MAC协议不同，无线传感器网络将低功耗、低通信延迟和动态可扩展等因素放在第一位，其次是网络公平性、吞吐量和带宽利用率等因素。

3. 网络层　网络层路由协议是网络中任意需要通信的两点间建立并维持数据传输路径的重要协议。

在传统无线网络路由协议的设计中，首先利用网络层定义的逻辑地址（如IP地址）来区别不同节点以实现数据交换，然后通过路由选择算法判定到达目的地的最佳路径。判定标准包括路径长度、可靠性、时延等，这种设计是以避免网络拥塞、保持网络连通性和提高网络服务质量为主要目标的。

与传统网络有所不同的是，无线传感器网络的资源严格受限，没有全球统一的逻辑地址，且网络拓扑结构频繁变化。所以路由协议必须尽量简单且能够在整体上达到节能，延长网络生存时间；不能通过逻辑地址建立传输路径，只能通过发送数据内容来构建并维护传输路径；并且建立路径时应尽量使用本地信息等。

4. 传输层　传输层主要负责数据流的传输控制，在网络层的基础上为应用层提供一个可靠、高质量的数据传输任务。传统互联网上用的传输协议是 TCP 协议，它的目的是在不可靠的 IP 层上为应用层提供一个面向连接的、可靠的数据传输服务。与传统网络相比，无线传感器网络长期工作在未知环境下，资源严格受限制，数据传输时采用多跳的通信机制，且多采用以数据为中心的工作模式，因此无线传感器网络中的传输层协议必须对传统的传输层协议进行改进。

5. 应用层　应用层包括一系列基于监测任务的应用层软件。由于远程监控是无线传感器网络的主要应用，所以目前的研究重点之一是对大量传感器采集信息的分布式处理，以及其他面向应用的处理等。

除了与互联网协议栈相对应的 5 层协议外，协议栈还包括另外几个子层。

1. 定位和时间同步子层　无线传感器网络中单个节点没有任何意义，整个网络所要实现的功能需要网络内所有节点相互配合共同完成，时间同步是节点协作的基础。由于不同节点的晶体振荡器频率存在偏差，以及应用环境温度和周围电磁波等的影响，即使一些节点从某一时刻开始达到精确的同步，但是，随着时间的推移，它们的误差也会不断增加，实际应用中精确同步很难做到，分布式系统物理时钟服务定义了一个系统中所允许的时钟偏差最大值，只要两个时钟之间的差值小于所定义的最大时钟偏移量，就认为两个时钟保持同步。节点定位对无线传感器网络也有很重要的意义，在大多数情况下，只有结合位置信息的传感器的数据才是有意义的数据。无线传感器网络只能从有限的位置已经确定的已知节点来确定网络中其他节点的位置信息，并在节点间建立一定的空间关系。定位和时间同步子层在协议栈中的位置比较特殊，它们既依赖于数据传输通道进行协作定位和时间同步协商，同时又要为网络协议各层提供信息支持。

2. 系统管理子层　由于许多实际的无线传感器网络系统是在长期无人值守的条件下工作的，因此，需要对网络各个性能指标进行实时监测和对节点能量耗尽、功能失效等不正常现象进行提前报警，从而为及时排除网络故障或追加布设节点提供帮助。传感器网络在节点计算能力和协议复杂性方面都比无线自组网络中的节点低得多，所以无线传感器网络中的性能监测目标是侧重在完成基本功能的基础上实现简单的本地化分布式策略，从而满足能量高效、均衡使用的要求。

3. 拓扑生成子层　拓扑控制利用物理层、链路层或路由层完成拓扑生成，反过来又为它们提供信息支持，优化 MAC 协议和路由协议的协议过程，提高网络协议的整体效率，减少网络能量消耗。

2.7.5　传感器网络的关键技术

1. 网络拓扑结构　传感器网络是自组织网络，因此网络拓扑控制具有非常重要的意义。通过拓扑控制自动生成的良好的网络拓扑结构，能够提高路由协议和 MAC 协议的效率，为数据融合、时间同步和目标定位等奠定基础，有利于节省节点能量来延长网络生存期。所以，拓扑控制是无线传感器网络研究的核心技术之一。目前的主要研究热点是：如何在满足网络覆盖度和连通度的前提下，通过功率控制和骨干网节点选择，剔除节点间不必要的无线通信链路，生成一个高效的数据转发的网络拓扑结构。

2. 网络协议　由于传感器网络节点的计算能力、存储能量、通信能量以及携带的能力都十分有限，每个节点只能获取局部的拓扑信息，其上运行的协议也不能太复杂。同时，传感器网络除结构动态变化外，网络资源也在不断变化，这些都对网络协议提出更高要求。传感器网络协议负责使各个独立的节点形成一个多跳的数据传输网络，目前研究的重点是网络层协议和数据链路层协议。

3. 时间同步　实现时间同步是传感器网络系统协同工作的一个关键机制。无线传感器网络的一些固有特征，例如能量、存储、计算和带宽的限制，与节点分布的高密度结合，使传统的时间同步算法不适合无线传感器网络。因此，越来越多的研究集中在设计适于无线传感器网络时间的同步算法。目前，已提出了多个时间同步机制，其中 RBS、TINY/MINI-SYNC 和 TPSN 被认为是 3 个基本的同步机制。

4. 定位技术　位置信息是传感器网络节点采集数据过程中不可缺少的部分，在有些应用中，没有位置信息的监测消息通常是没有意义的，确定事件发生的位置或采集数据的节点位置是传感器网络最基本的功能之一。根据无线传感器网络自身的特点，定位机制必须满足自组织性、健壮性、能量高效性和分布式计算等要求。目前，主要的定位机制有基于 TOA 的定位、基于 TDOA 的定位、基于 AOA 的定位以及基于 RSSI 的定位等。

5. 数据融合　数据融合能减少传输的数据量，从而有效节省能量。同时，由于传感器网络节点的易失效性，传感器网络也需要数据融合技术对多份数据进行综合，以提高信息的准确度。

6. 网络安全　传感器网络通常部署在无人维护、不可控制的环境中，除了具有一般无线网络所面临的信息泄露、信息篡改、重放攻击、拒绝服务等多种威胁外，还面临传感节点容易被攻击者物理操纵，并获取存储在传感节点中的重要的信息甚至控制部分或全部网络的威胁。因此在进行传感器网络协议和软件设计时，必须充分考虑传感器网络可能面临的安全问题，并把安全机制集成到系统的设计中。

上面介绍的只是一些基本的关键技术，传感器网络中还有诸如数据管理、无线通信技术、嵌入式操作系统等关键技术，作为当今信息领域新的研究热点，无线传感器网络涉及多学科的交叉，因此有很多的关键技术有待进一步发现和研究。

2.8　物联网技术与应用

物联网（Internet of Things）理念指的是将无处不在的末端设备和设施，包括具有“内在智能”的设备如传感器、移动终端、工业系统、楼控系统、家庭智能设施、视频监控系统等，以及具有“外在使能”的物品如贴上 RFID 的各种资产、携带无线终端的个人或车辆等“智能化物件或动物”、通过各种无线或有线的、长距离或短距离的通信网络实现互联互通及应用的大集成。物联网可以基于云计算、海计算技术等手段，在内网、专网或互联网环境下，采用适当的信息安全保障机制，提供安全可控乃至个性化的实时在线监测、定位追溯、报警联动、调度指挥、预案管理、进程控制、远程维护、在线升级、统计报表、决策支持、领导桌面等管理和服务功能，实现对“万物”的“高效、节能、安全、环保”的“管、控、营”一体化服务。

2.8.1　物联网基础知识

1. 物联网产生的背景　1999 年在美国召开的移动计算和网络国际会议首先提出物联网（Internet of Things，IOT）概念；提出了结合物品编码、RFID 和互联网技术的解决方案。当时基于互联网、RFID 技术、EPC（Engineer Procure Construct）标准，在计算机互联网的基础上，利用射频识别技术、无线数据通信技术等，构造了一个实现全球物品信息实时共享的实物互联网“Internet of Things”（简称物联网），2005 年 11 月 17 日，在突尼斯举行的信息社会世界峰会（WSIS）上，国际电信联盟（ITU）发布《ITU 互联网报告 2005：物联网》，引用了“物联网”的概念。物联网的定义和范围已经发生了变化，覆盖范围有了较大的拓展，不再只是指基于 RFID 技术的物联网。报告指出，无所不在的“物联网”通信时代即将来临，世界上所有的物体从轮胎到牙刷、从房屋到纸巾都可以通过因特网主动进行交换。射频识别技术（RFID）、传感器技术、纳米技术、智能嵌入技术将到更加广泛的应用。根据 ITU 的描述，在物联网时代，通过在各种各样的日常用品上嵌入一种短距离的移动收发器，人类在信息与通信世界里将获得一个新的沟通维度，从任何时间任何地点的人与人之间的沟通连接扩展到人与物和物与物之间的沟通连接。物联网概念的兴起，很大程度上得益于国际电信联盟 2005 年以物联网为标题的年度互联网报告。然而，ITU 的报告对物联网缺乏一个清晰的定义。

2. 物联网的定义　虽然目前国内对物联网也还没有一个统一的标准定义，但从物联网本质上看，物联网是现代信息技术发展到一定阶段后出现的一种聚合性应用与技术提升，将各种感知技术、现代网络技术和人工智能与自动化技术聚合与集成应用，使人与物智慧对话，创造一个智慧的世界。物联网技术被称为是信息产业的第三次革命性创新。物联网的本质概括起来主要体现在 3 个方面：一是互联网特征，即对需要联网的物一定要能够实现互联互通的互联网络；二是识别与通信特征，即纳入物联网的“物”一定要具备自动识别与物物通信的功能；三是智能化特征，即网络系统应具有自动化、自我反馈与智能控制的特点。

3. 物联网基本概念　物联网就是物与物相连的互联网。这有两层意思：第一，物联网的核心和基础仍然是互联网，是在互联网基础上延伸和扩展的网络；第二，用户端可延伸和扩展到任何物体与物体之间，并可进行信息交换和通信。因此，物联网的定义是：通过射频识别（RFID）、红外感应器、全球定位系统、激光扫描器、气体感应器等信息传感设备，按约定的协议，将物体与互联网连接起来，以进行信息交换和通信，从而实现对物体的智能化识别、定位、跟踪、监控和管理的一种网络。

4. 物联网技术架构　从技术架构上来看，物联网可分为 3 层：感知层、网络层和应用层，如图 2-32 所示。

感知层由传感器以及传感器网关构成，包括各种传感器、二维码标签、RFID 标签和读写器、摄像头、GPS 等感知终端。感知层的作用相当于人的眼耳鼻喉和皮肤等神经末梢，它是物联网获得识别物体、采集信息的来源，其主要功能是识别物体，采集信息。

网络层由各种私有网络、互联网、有线和无线通信网、网络管理系统和云计算平台等组成，相当于人的神经中枢和大脑，负责传递和处理感知层获取的信息。

应用层是物联网和用户（包括人、组织和其他系统）的接口，它与行业需求结合，实现物联网的智能应用。

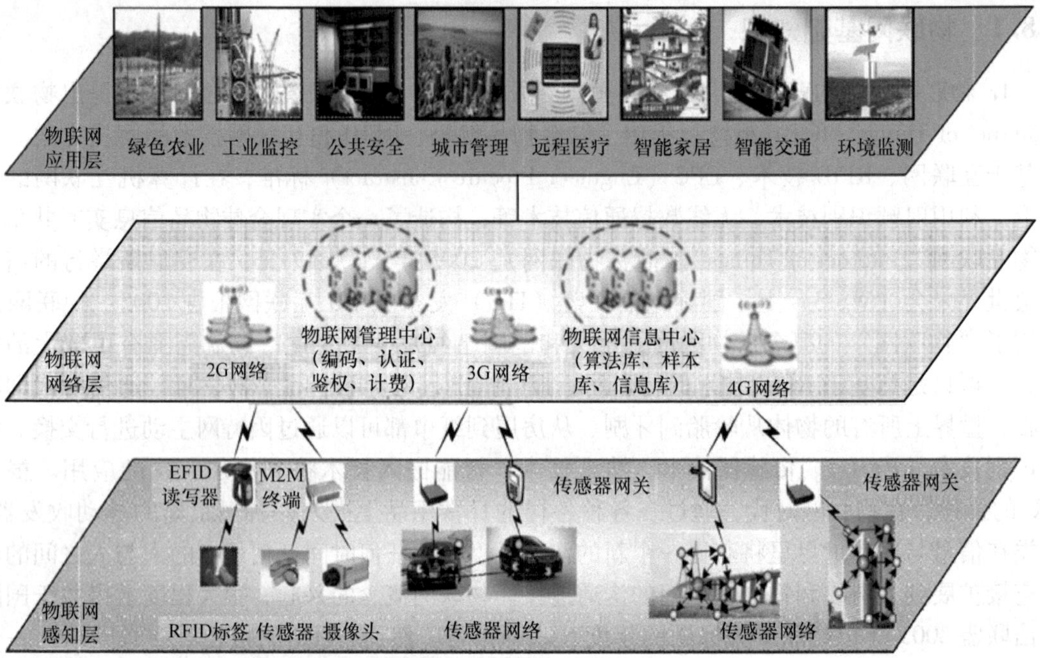

图 2-32　物联网 3 层结构图

物联网的行业特性主要体现在应用领域，目前绿色农业、工业监控、公共安全、城市管理、远程医疗、智能家居、智能交通和环境监测等各个行业均有物联网应用的尝试。

5. 物联网的基本应用模式　物联网用途广泛，遍及智能交通、环境保护、政府工作、公共安全、平安家居、智能消防、工业监测、环境监测、老人护理、个人健康、花卉栽培、水系监测、食品溯源、敌情侦查和情报收集等各个领域。根据其实质用途，物联网可以归结为 3 种基本应用模式：

一是对象的智能标签。通过二维码、RFID 等技术标志特定的对象，用于区分对象个体，例如在生活中我们使用的各种智能卡和条码标签，其基本用途就是用来获得对象的识别信息；此外，通过智能标签还可以用于获得对象物品所包含的扩展信息，如智能卡上的金额余额，二维码中所包含的网址和名称等。

二是环境监控和对象跟踪。利用多种类型的传感器和分布广泛的传感器网络，实现对某个对象的实时状态的获取和特定对象行为的监控。如使用分布在市区的各个噪声探头监测噪声污染；通过二氧化碳传感器监控大气中二氧化碳的浓度；通过 GPS 标签跟踪车辆位置，通过交通路口的摄像头捕捉实时交通流量等。

三是对象的智能控制。物联网基于云计算平台和智能网络，可以依据传感器网络用获取的数据进行决策，改变对象的行为，或进行控制和反馈。例如根据光线的强弱调整路灯的亮度，根据车辆的流量自动调整红绿灯的时间间隔等。

6. 物联网在中国的发展　2008 年后，为了促进科技发展，寻找经济新的增长点，各国政府开始重视下一代的技术规划，将目光放在了物联网上。在中国，同年 11 月在北京大学举行的第二届中国移动政务研讨会“知识社会与创新 2.0”提出移动技术、物联网技术的发展代表着新一代信息技术的形成，并带动了经济社会形态、创新形态的变革，推动了面向知识社会的以用户体验为核心的下一代创新（创新 2.0）形态的形成，创新与发展更加关注用户、注重以人为本。而创新 2.0 形态的形成又进一步推动新一代信息技术的健康发展。2009 年 2 月 24 日在 2009IBM 论坛上，IBM 大中华区首席执行官钱大群公布了名为“智慧的地球”的最新策略。此概念一经提出，即得到美国各界的高度关注，IT 产业下一阶段的任务是把新一代 IT 技术充分运用在各行各业之中，具体地说，就是把感应器嵌入和装备到电网、铁路、桥梁、隧道、公路、建筑、供水系统、大坝、油气管道等各种物体中，并且被普遍连接，形成物联网。

2.8.2　物联网与计算机高新技术的结合

1. 云计算与海计算

1）云计算为众多用户提供了一种新的高效率计算模式，兼有互联网服务的便利、廉价和大型机的能力。它的目的是将资源集中于互联网上的数据中心，由这种云中心提供应用层、平台层和基础设施层的集中服务，以解决传统 IT 系统零散性带来的低效率问题。云计算是信息化发展进程中的一个阶段，强调信息资源的聚集、优化、动态分配和回收，旨在节约信息化成本、降低能耗、减轻用户信息化的负担，提高数据中心的效率。云计算出现的初衷是解决特定大规模数据处理问题，因此它被业界认为是支撑物联网“后端”的最佳选择，云计算为物联网提供后端处理能力与应用平台。云计算的“云”就是存在于互联网的服务器集群上的服务器资源，包括硬件资源（如服务器、存储器和处理器等）和软件资源（如应用软件、集成开发环境等）。本地终端只需要通过互联网发送一条请求信息，“云端”就会有成千上万的计算机为你提供需要的资源，并把结果反馈给发送请求的终端。每个提供云计算服务的公司，其服务器资源分布在相对集中的世界上少量几个地方，对资源基本采用集中式的存放管理，而资源的分配调度采用分布式和虚拟化技术。云计算强调终端功能的弱化，通过功能强大的“云端”给需要各种服务的终端提供支持。如同用电用水一样，我们可以随时随地获取计算、存储等信息服务。云计算是互联网发展带来的一种新型计算和服务模式，它是通过分布式计算和虚拟化技术建设数据中心或超级计算机，以租赁或免费方式向技术开发者或企业客户提供数据存储、分析以及科学计算等服务。广义上讲，云计算是指厂商通过建立网络服务集群，向多种客户提供硬件租赁、数据存储、计算分析和在线服务等不同类型的服务。

2）海计算通过在物理世界的物体中融入计算与通信设备以及智能算法，让物—物之间能够互连，在事先无法预知的场景中进行判断，实现物—物之间的交互作用。海计算一方面通过强化融入在各物体中的信息装置，实现物体与信息装置的紧密融合，有效地获取物质世界信息；另一方面通过强化海量的独立个体之间的局部即时交互和分布式智能，使物体具备自组织、自计算、自反馈的海计算功能。海计算的本质是物—物之间的智能交流，实现物—物之间的交互。云计算是服务器端的计算模式，而海计算代表终端的大千世界，海计算是物理世界各物体之间的计算模式。

2. 物联网与云计算和海计算的结合　物联网涉及全球的物体（包括人）规模，以及其应用需求和感知层数据的特性，决定了物联网的架构需要“云”和“海”相结合。一方面，在局部应用场景中，感知数据存储在局部现场，智能前端在协同感知的基础上，通过实时交互共同完成事件判断、决策等处理，及时对事件做出反应。另一方面，云计算的“云”的后端提供面向全球的存储和处理服务。物联网的各种前端把处理的中间或最后结果存储到云的后端。前端在本地处理过程中，在必要时需要后端的存储信息和处理能力的支持，及时发送服务请求获得云的后端支持。这具有良好的扩展性，既满足前端实时交互，又满足全球物体的互联互动。物联网发展潜力无限，但物联网的实现并不仅仅是技术方面的问题，建设物联网的过程涉及若干规划、管理、协调、合作等方面的问题，还涉及标准和安全保护等方面的问题，这需要一系列相应的配套政策和规范的制定和完善。尽管目前物联网的应用和研究取得了长足的进步，并得到国家层面的高度重视，但就目前的技术水平而言还面临众多挑战。此外，物联网在不同行业中的应用各不相同，因此应将行业知识与物联网技术充分集成和融合，使物联网更好地为人们的生产生活服务。

习题与思考题

2-1　简述计算机网络的定义和分类。

2-2　什么是数字通信？什么是数据通信？在数据通信中采用模拟传输和数字传输各有什么优缺点？

2-3　为什么要进行调制和解调？调制的方法有哪些？

2-4　试指出对网络协议的分层处理方法的优缺点。

2-5　无线局域网采用的拓扑结构有几种？特点是什么？

2-6　简述无线电波传输介质对传输的影响。

2-7　简述蓝牙的主要技术特点。

2-8　简要介绍 GSM 的主要业务。

2-9　GPRS 的特点有哪些？

2-10　无线传感器网络的优势是什么？

2-11　无线传感器网络协议与 TCP/IP 的异同是什么？

2-12　物联网构建的基础平台是什么？

2-13　物联网的主要应用领域有哪些？

第3章　测控系统中常用的网络通信技术

在工业控制领域，通信和网络技术一直带领着自动化系统向前发展，先是集中控制向集散控制的转变，而后用现场总线替代模拟总线，最终使信息技术融入控制系统中促成综合自动化控制系统的产生。至今，通信和网络技术已经成为了自动化系统不可缺少的一部分，是测量、控制和管理之间信息连接的纽带，是测量、控制和管理一体化的关键技术。

通信和网络技术主要对测量、控制和管理一体化技术起到以下的作用：

1）在现场级，现场总线为智能仪表之间以及上级监控级提供了开放的全数字化的数据交换手段，改变了长期用模拟信号连接现场仪表带来的种种弊端。

2）在监控级，利用局域网技术实现了实时的集中监控，采用远程通信和广域网技术还可实现远程监控。

3）在管理级，通信和网络技术使管理软件和管理者及时获得工业数据作为决策的依据，并能迅速执行生产调整，进而使企业作为一个整体协调运作，达到企业效益最优化的目标。

作为通信与网络技术在工业控制领域的一个特殊应用，工业控制网络和商业化网络有联系也有区别，那么，工业控制中的通信网络有何要求和特点？怎么看待 DCS 系统中的通信技术、现场总线中的通信技术、信息化控制系统中的网络技术？这些问题都是本章需要探讨的。

3.1　测控系统网络通信技术特点

工业控制网络不同于一般的计算机通信网络，它传递信息是以引起物质或能量的运动为最终目的，因此其通信网络特别强调实时性、可靠性、稳定性。

3.1.1　实时性

实时性是控制系统一项十分重要的性能指标。对于普通局域网而言，一般认为网络资源利用率高，特别是信道利用率高的存取控制方式就是比较好的方法。工业控制网络则有些不同，工业控制网络对实时性要求比较高，对响应时间的要求有时比普通局域网快几百倍，这时只好牺牲部分信道利用率以保证实时性。一般办公自动化使用的局域网响应时间要求为 2 ~6s，而工业计算机通信网络的响应时间要求为 0.01 ~0.6s，最高优先级的介质存取时间则不超过 10ms。

要保证整个通信子网的实时性必须满足 3 个时间约束条件：

1）每个通信子站每次取得通信权的时间设定上限值，若超过此值，无论本次通信任务是否完成，均应立即释放通信权。

2）保证在某一固定的时间周期内，通信子网上的每一个站都有机会取得通信权，以防个别站因长时间取不到通信权而使其实时性太差甚至丧失实时性。

3）对于紧急任务，当实时性要求临时变得很高时，应当给以优先服务。对实时性要求较高的站，也应当给予较高的优先权。

3.1.2 可靠性

可靠性是通信网络的另一个重要指标，一般工业控制网络的可靠性用以下几种因素衡量：

1）故障的影响最小。在通信网络内或挂在通信网络上的任一装置的任何部分的独立故障，除故障装置所直接涉及的那个功能之外，不应引起整个系统或任何其他功能的故障。

2）具有内部状态和差错报告能力。

3）在通常发生的故障纠正后，通信网络能够自动恢复。

4）能够支持任何站的加载、启动、停止、再加载和复位。

在进行工业控制网络的选择与设计时，应当对综合通信负荷（数据量及数据传输速度）的大小、网络内部状态和差错自诊断及报告能力、通信网络自动恢复能力、每一层网络对通信的不同要求、系统整体可靠性、工程成本等指标，全面进行评价，以便选择适合各层通信要求的网络结构。

3.1.3 稳定性

稳定性指在恶劣的工业环境中能正常工作。工业现场的干扰频繁发生，一般有4类干扰，它们是

（1）电源干扰　由电源系统传入网络的上升时间约1μs、下降时间为50μs和峰值为2.6kV的脉冲。

（2）雷击干扰　雷击时，接近传输线任意一点的干扰脉冲，基本上是在10μs时间内电压就可上升到5kV，或者在20μs时间内就可下降到2.5kV的脉冲，俗称10/20μs脉冲。

（3）电磁干扰　在10~30kHz范围内2V/m的电磁场干扰以及在30MHz~1GHz范围内的5V/m的电磁场干扰。

（4）地电位差干扰　当传输介质外露于恶劣的工厂环境中时（如发电厂），在频率低于10MHz的情况下，地电位差的典型值达1kV（峰-峰值）。

为了克服恶劣的工业环境和达到控制系统的可靠性和实时性要求，工业控制需要在各方面进行严格的设计。

3.2 测控系统中常用串行通信方法

3.2.1 RS-232接口

RS-232串行通信接口是计算机系统中最常见的标准接口，最常用的是PC与MODEM（见图3-1b），PC与鼠标之间通过RS-232C接口连接（见图3-1a），不仅如此，利用RS-232C接口还可以连接多种设备，它是连接数据通信设备（DCE）与数据终端设备（DTE）之间的串行通信标准总线。

1. RS-232C的引脚功能　由于RS-232C接口最典型的应用是计算机与MODEM的连接，

现就针对 PC 通过 RS-232C 接口与 MODEM 进行连接的具体实例进行讲解。标准的 RS-232C 接口有 25 条线，如图 3-1b 所示，下面逐一进行介绍。

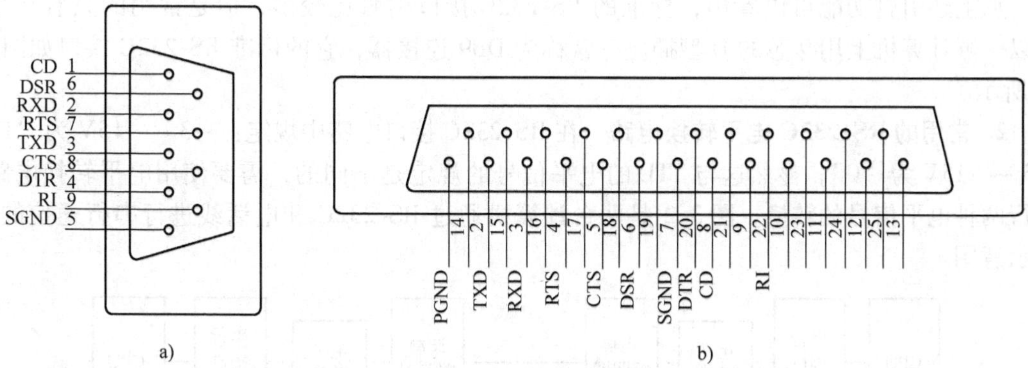

图 3-1　RS-232 引脚图

（1）数据线

引脚 2（TXD）：主信道数据发送端。

引脚 3（RXD）：主信道数据接收端。

引脚 7（SGND）：数据地。

引脚 14：辅信道数据发送端。

引脚 15：辅信道数据接收端。

（2）状态和控制线

引脚 4（RTS）：请求发送。当 PC（或其他 DTE）要求发送数据时，向 MODEM（或其他 DCE）发出该信号。

引脚 5（CTS）：允许发送。当 MODEM（或其他 DCE）收到 RTS，而它自身也准备好了，则向 MODEM（或其他 DCE）发出该信号。

引脚 20（DTR）：数据终端准备好。当 PC（或其他 DTE）准备完毕，要求接收数据时，向 MODEM（或其他 DCE）发出该信号。

引脚 6（DSR）：当 MODEM（或其他 DCE）收到 DTR，而它自身也准备好了，则向 MODEM（或其他 DCE）发出该信号。

引脚 22（RI）：当 MODEM（或其他 DCE）收到电话线路的振铃信号，则向 PC（或其他 DTE）发出该信号。

引脚 8（CD）：当 MODEM（或其他 DCE）收到电话线路的载波信号，则向 PC（或其他 DTE）发出该信号。

引脚 21（SD）：当 MODEM（或其他 DCE）收到的信号误码率很高，则向 PC（或其他 DTE）发出该信号。

（3）定时信号线

定时信号线都是方波信号，用来支持同步串行通信。

引脚 25：发送信号定时（DCE 发出的）。

引脚 24：发送信号定时（DTE 发出的）。

引脚 17：接收信号定时（DCE 发出，DTE 接收）。

（4）其他信号线

引脚 1（PGND）：保护地，通常该引脚与机壳相连。

引脚 23：数据速率选择，用来在双速同步设备中，选择其中的一个速率。

从上述引脚功能可以看出，标准的 RS-232C 接口引脚比较多，但是常用的只有 9 个，所以一般计算机上用 9 芯的 D 型插座，常称为 DB9 连接器，它的标准 RS-232C 接口如图 3-1a 所示。

2. 常用的 RS-232C 电平转换电路 在 RS-232C 接口电路中规定：-3 ~ -15V 为“1”、+3 ~ +15V 为“0”，显然这与 TTL 的电平信号的规定是不同的，需要使用电平转换电路，进行两种电平信号的转换。图 3-2 是两台计算机通过 RS-232C 和电话线进行串行通信的连接示意图。

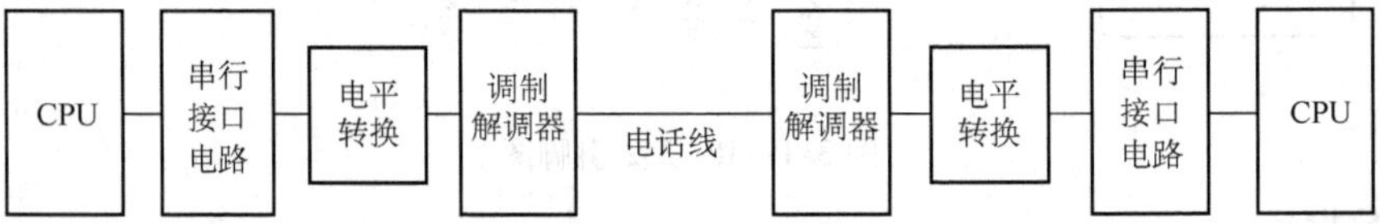

图 3-2 两台计算机通过电话线的互连

常用的电平转换电路是 MC1488 和 MC1489，MC1488 用于把 TTL 电平转换成 RS-232C 电平，MC1489 用于把 RS-232C 电平转换成 TTL 电平，如图 3-3 所示。

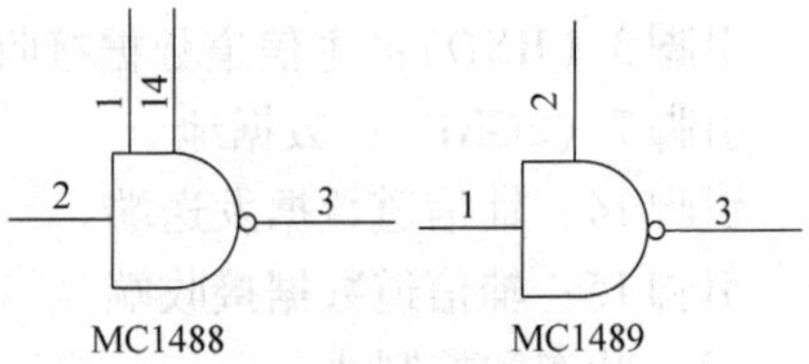

图 3-3 电平转换电路

由于 MC1488 需要使用 +12V 和 -12V 电源，而有的电路中缺少这两种电源信号。所以，另外有一些电路仅使用单一的 +5V 电源，通过内部自升压电路，提供较高的正负电源，这种电路通常都需要外接电容。MAX232 就是其中之一，如图 3-4 所示。

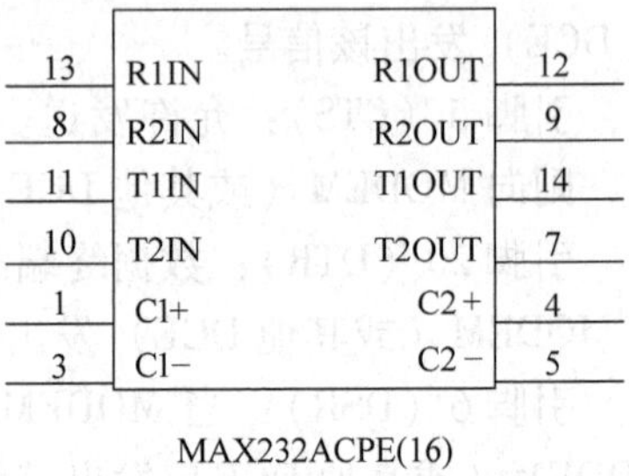

图 3-4 MAX232

类似的电平转换电路还有很多，在设计时可以进行选用。RS-232C 是采用单端发送、单端接收的。即：发送方的 TXD 端与接受方的 RXD 端相连，发送方和接收方的地线是连接在一起且与大地相连，如图 3-5 所示。

在发送时要发送“1”信号，就输出一个相对于地线为 -3 ~ -15V 的信号，在发送时要发送“0”信号，就输出一个相对于地线为 +3 ~ +15V 的信号；在接收时收到一个相对于地线为 -3 ~ -15V 的信号就判断为“1”信号，收到一个

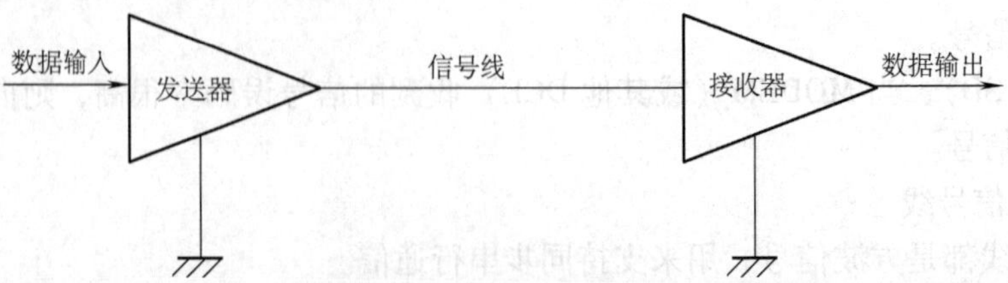

图 3-5 RS-232 数据传送

相对于地线为 +3 ~ +15V 的信号就判断为“0”信号。如果线路受到干扰信号的作用，信号“1”或信号“0”就会偏离原来的电压范围。由于地线与大地相连，所以地线受到的干扰信号作用就被屏蔽掉了，于是发送的信号“1”就可能误判断为“0”，发送的信号“0”也可

能误判断为“1”。因此 RS-232C 不能用于有较强干扰信号的场合，传送速度也不高，一般传送的距离要限制在 15m 以内。由于一条线路中只能有一个发送器和一个接收器，通常在双向全双工通信情况下，采用 3 根线连接，对于 DB9（9 针）连接器来讲，采用“2 号引脚和 3 号引脚对调，5 号引脚直连”的连接方法。

3.2.2　RS-422/RS-485 接口

1. RS-423A 接口　为了克服 RS-232C 接口抗干扰能力差的不足，RS-423A 接口采用了单端发送、双端接收的传送方式，如图 3-6 所示。

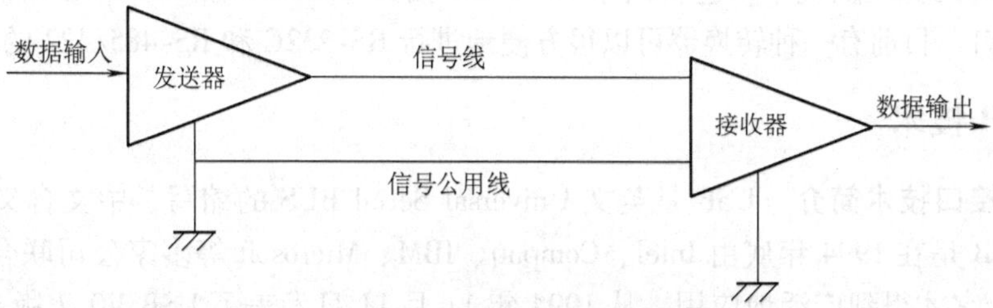

图 3-6　RS-423A 数据传送

它是利用差分接收器替代 RS-232C 的单端接收器，如果线路受到干扰信号的作用，信号“1”或信号“0”就会偏离原来的电压范围。例如：原来信号是 V_0，地线电压是零，线路上收到干扰信号是 V_1，实际的信号就变成 V_0+V_1，由于地线也会受到干扰信号的作用，所以地线上的电压变成 V_1，两者之差还是 V_0。RS-423A 很好地克服了 RS-232C 抗干扰能力差的不足，可以比 RS-232C 传送得更远、更快。当传送速度小于 100kbit/s 时，它可以传送 90m，当传送速度小于 1kbit/s 时，它可以传送 1200m。

RS-423A 接口规定：信号“1”是 +4 ~ +6V，信号“0”是 −4 ~ −6V。一条线路中最多可以有 10 个接收器，但是只能有一个单端发送器。

2. RS-422A 接口　RS-422A 接口采用双端发送双端接收的传送方式，如图 3-7 所示。

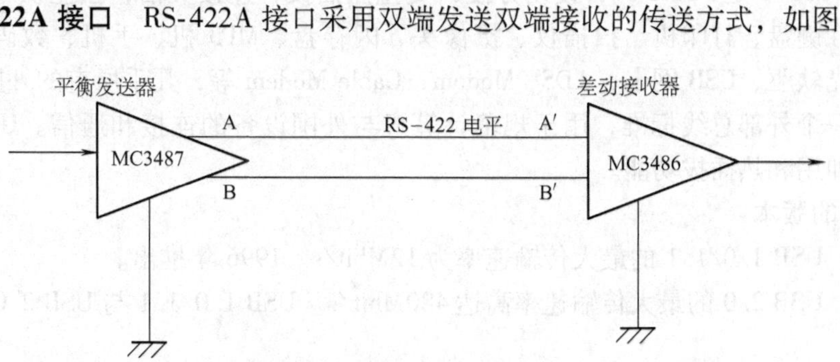

图 3-7　RS-422A 数据传送

RS-422A 的发送器输出有两条线（AA′线和 BB′线），发送器把逻辑电平转换成电位差，当 AA′线比 BB′线低 2V，表示信号“1”，当 AA′线比 BB′线高 2V，表示信号“0”，它的抗干扰能力比 RS-423A 更强。当传送速度小于 90kbit/s 时，它可以传送 1200m，当传送距离小于 15m 时，它传送的速率可以达到 10Mbit/s。

在 RS-422A 接口线路中，一条线路中最多可以有 10 个接收器，但是只能有一个发送器。通常在双向全双工通信情况下，共需要两对通信线，1 对发，1 对收。

3. RS-485 接口 RS-485 接口也是采用双端发送双端接收的传送方式。它与 RS-422A 接口是兼容的，是 RS-422A 的简化，但是它的线路中可以有多个发送器，每个发送器可以驱动多个负载设备，在传送的两端都要配备平衡电阻。利用 RS-485 接口，可以在传输中实现多个发送器和多个接收器共用一条线路（1 对），组成一个 485 网络，虽然只能实现半双工的双向通信，但这足以满足大多数工业控制网络的要求。

RS-485 接口最大的优点是抗干扰能力强、传送速度快，传送距离远。当传送速度小于 100kbit/s 时，它可以传送 1200m，当传送距离小于 15m 时，它传送的速率可以达到 10Mbit/s。

一般在 PC 的标准配置中，包含两个 RS-232C 接口（COM1 和 COM2），而没有 RS-422A 或 RS-485 接口。目前有一种转换器可以很方便地进行 RS-232C 和 RS-485/422 的转换。

3.2.3 USB 技术

1. USB 接口技术简介 USB 是英文 Universal Serial BUS 的缩写，中文含义是“通用串行总线”。USB 是在 1994 年底由 Intel、Compaq、IBM、Microsoft 等多家公司联合提出的，不过直到近期，它才得到广泛地应用。从 1994 年 11 月 11 日发表了 USB V0.7 版本以后，USB 版本经历了多年的发展，到现在已经发展为 2.0 版本，成为目前计算机中的标准扩展接口。目前主板中主要是采用 USB1.1 和 USB2.0，各 USB 版本间能很好的兼容。USB 用一个 4 针插头作为标准插头，采用菊花链形式可以把所有的外设连接起来，最多可以连接 127 个外围设备，并且不会损失带宽。USB 需要主机硬件、操作系统和外设三个方面的支持才能工作。目前的主板一般都采用支持 USB 功能的控制芯片组，主板上也安装有 USB 接口插座，而且除了背板的插座之外，主板上还预留有 USB 插针，可以通过连线接到机箱前面作为前置 USB 接口以方便使用。而且 USB 接口还可以通过专门的 USB 连机线实现双机互连，并可以通过 HUB 扩展出更多的接口。USB 具有传输速度快（USB1.1 是 12Mbit/s，USB2.0 是 480Mbit/s，USB3.0 是 5Gbit/s），使用方便，支持热插拔，连接灵活，独立供电等优点，可以连接鼠标、键盘、打印机、扫描仪、摄像头、闪存盘、MP3 机、手机、数码相机、移动硬盘、外置光软驱、USB 网卡、ADSL Modem、Cable Modem 等，几乎所有的外围设备。

USB 是一个外部总线标准，用于规范计算机与外围设备的连接和通信。USB 接口支持设备的即插即用和热插拔功能。

2. USB 的版本

第一代：USB 1.0/1.1 的最大传输速率为 12Mbit/s。1996 年推出。

第二代：USB 2.0 的最大传输速率高达 480Mbit/s。USB 1.0/1.1 与 USB 2.0 的接口是相互兼容的。

第三代：USB 3.0 最大传输速率 5Gbit/s，向下兼容 USB 1.0/1.1/2.0。

3. USB 的应用 随着计算机硬件飞速发展，外围设备日益增多，键盘、鼠标、调制解调器、打印机、扫描仪早已为人所共知，数码相机、MP3 随身听接踵而至，这么多的设备，如何接入个人计算机？USB 就是基于这个目的产生的。USB 是一个使计算机周边设备连接标准化、单一化的接口，其规格是由 Intel、NEC、Compaq、DEC、IBM、Microsoft、Northern Telecom 联合制定的。

USB1.1 标准接口传输速率为 12Mbit/s，但是一个 USB 设备最多只可以得到 6Mbit/s 的传输频宽。因此若要外接光驱，至多能接 6 倍速光驱，无法再高。而若要即时播放 MPEG-1 的 VCD 影片，至少要 1.5Mbit/s 的传输频宽，这点 USB 办得到，但是要完成数据量大 4 倍的 MPEG-2 的 DVD 影片播放，USB 可能就很吃力了，若再加上 AC-3 音频数据，USB 设备就很难实现即时播放。

一个 USB 接口理论上可以支持 127 个装置，但是目前还无法达到这个数字。其实，对于一台计算机，所接的周边外设很少有超过 10 个的，因此这个数字是足够我们使用的。

USB 还有一个显著优点就是支持热插拔，也就是说在开机的情况下，你也可以安全地连接或断开 USB 设备，达到真正的即插即用。

目前 USB 设备虽已被广泛应用，但比较普遍的却是 USB1.1 接口，它的传输速度仅为 12Mbit/s。举个例子说，当你用 USB1.1 的扫描仪扫一张大小为 40MB 的图片，需要 1min 之久。这样的速度，让用户觉得非常不方便，如果有好几张图片要扫描的话，就得要有很好的耐心来等待了。

用户的需求，是促进科技发展的动力，厂商也同样认识到了这个瓶颈。这时，COMPAq、Hewlett Packard、Intel、Lucent、Microsoft、NEC 和 PHILIPs 这 7 家厂商联合制定了 USB 2.0 接口标准。USB 2.0 将设备之间的数据传输速度增加到了 480Mbit/s，比 USB 1.1 标准快 40 倍左右，速度的提高对于用户的最大好处就是意味着用户可以使用到更高效的外围设备，而且具有多种速度的周边设备都可以被连接到 USB 2.0 的线路上，而且无需担心数据传输时发生瓶颈效应。

USB2.0 兼容 USB1.1，也就是说 USB1.1 设备可以和 USB2.0 设备通用，但是这时 USB2.0 设备只能工作在全速状态下（12Mbit/s）。USB2.0 有高速、全速和低速三种工作速度，高速是 480Mbit/s，全速是 12Mbit/s，低速是 1.5Mbit/s。其中全速和低速是为兼容 USB1.1 和 USB1.0 而设计的，因此选购 USB 产品时不能只听商家宣传 USB2.0，还要搞清楚是高速、全速还是低速设备。USB 总线是一种单向总线，主控制器在 PC 上，USB 设备不能主动与 PC 通信。为解决 USB 设备互相通信问题，有关厂商又开发了 USB OTG 标准，允许嵌入式系统通过 USB 接口互相通信，从而甩掉了 PC。

新的 USB2.0 规范对 USB 标准重新做了定义，将原先的 USB 1.1 改成了 USB 2.0 Full Speed（全速版），同时将原有的 USB 2.0 改成了 USB 2.0-High-Speed（高速版），并同时公布了新的标志。不言而喻，高速版的 USB 2.0 速度当然超过全速版的 USB 2.0。

4. USB 与 IEEE1394　IEEE1394 接口是由 Apple 和 TI 公司开创的高速串行接口标准，Apple 称之为 FireWire（火线），Sony 称之为 i. Link，TexasInstruments 称之为 Lynx，中文译名为火线接口（firewire）。尽管各自厂商注册的商标名称不同，但实质是一项技术，即 IEEE1394。同 USB 一样，IEEE1394 也支持外设热插拔，可为外设提供电源，省去了外设自带的电源，能连接多个不同设备，支持同步和异步数据传输。两点间传输距离为 100m。

1）USB 与 IEEE1394 的相同点：

两者都是一种通用外接设备接口；

两者都可以快速传输大量数据；

两者都能连接多个不同设备；

两者都支持热插拔；

两者都可以不用外部电源。

2）USB 与 IEEE1394 的不同点：

两者的传输速率不同。USB 的传输速率与 IEEE1394 的速率比起来真是小巫见大巫了。USB 的传输速率现在只有 480Mbit/s，只能连接键盘、鼠标与扬声器（亦称麦克风）等低速设备，而 IEEE1394 可以使用 3.2Gbit/s，可以用来连接数码相机、扫描仪和信息家电等需要高速率的设备。

两者的结构不同。USB 在连接时必须至少有一台计算机，并且需要 HUB 来实现互连，整个网络中最多可连接 127 台设备。IEEE1394 并不需要计算机来控制所有设备，也不需要 HUB，IEEE1394 可以用网桥连接多个 IEEE1394 网络，也就是说在用 IEEE1394 连接 63 台设备组成一个 IEEE1394 网络之后，还可以进一步用网桥将其与其他的 IEEE1394 网络连接起来，达到无限制连接。

两者的智能化不同。IEEE1394 网络可以在其设备进行增减时自动重设网络。USB 是以 HUB 来判断连接设备的增减。

两者的应用程度不同。现在 USB 已经被广泛应用于各个方面，几乎每台 PC 主板都设置了 USB 接口，USB2.0 也会进一步加大 USB 应用的范围。IEEE1394 现在只被应用于音频、视频等多媒体方面。

5. USB 的不同接口与数据线　随着各种数码设备的大量普及，特别是 MP3 和数码相机的普及，我们周围的 USB 设备渐渐多了起来。然而这些设备虽然都是采用了 USB 接口，但是这些设备的数据线并不完全相同。这些数据线在连接 PC 的一端都是相同的，但是在连接设备端的时候，通常出于体积的考虑而采用了各种不同的接口。

绝大部分数码产品连接线的接头除了连在 PC 上的都一样，另外一头也都是遵循着标准的规格。

（1）USB A 型口　USB 是一种统一的传输规范，但是接口有许多种，最常见的就是咱们计算机上用的那种扁平的，这叫做 A 型口，里面有 4 根连线，根据谁插接谁分为公母接口，一般线上带的是公口，如图 3-8 所示，机器上带的是母口。

（2）Mini B 型 5Pin 接口　这种接口是在数码产品上最常见的接口。由于数码产品体积所限，所以通常用的是 Mini B 型接口，如图 3-9 所示。但是 Mini B 型接口也有许多种类。

图 3-8　典型的 USB A 型公口

图 3-9　Mini B 型 5Pin 接口的实物图片

这种接口由于防误插性能出众，体积也比较小巧，所以正在赢得越来越多的厂商青睐，现在这种接口广泛出现在读卡器、MP3、数码相机以及移动硬盘上。

（3）Mini B 型 4Pin 接口　除了前面我们看到的最常见的 Mini B 型 5Pin 的接口以外，Mini B 型还有很多种别的接口，如图 3-10 所示的 Mini B 型 4Pin 接口。

这种接口常见于以下品牌的数码产品：奥林巴斯的 C 系列和 E 系列、柯达的大部分数码相机、三星的 MP3 产品、SONY 的 DSC 系列、康柏的 IPAQ 系列产品等。

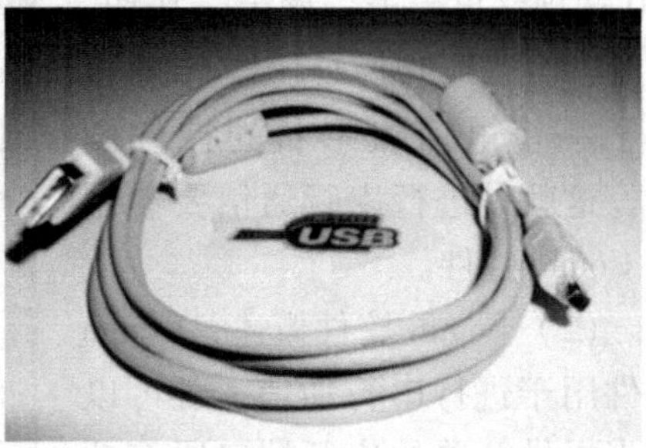
图 3-10　Mini B 型 4Pin 的接口的转接线

6. USB 3.0 简介　英特尔公司（Intel）和业界领先的公司一起携手组建了 USB 3.0 推广组，旨在开发速度超过当今 10 倍的超高效 USB 互联技术。该技术是由英特尔（Intel），以及惠普（HP）、NEC、NXP 半导体以及德州仪器（Texas Instruments）等公司共同开发的，应用领域包括个人计算机、消费及移动类产品的快速同步即时传输。随着数字媒体的日益普及以及传输文件的不断增大——甚至超过 25GB，快速同步即时传输已经成为必要的性能需求。

USB 3.0 具有向下兼容标准，并兼具传统 USB 技术的易用性和即插即用功能。该技术的目标是推出比目前传输水平快 10 倍以上的产品，采用与有线 USB 相同的架构。除对 USB 3.0 规格进行优化以实现更低的能耗和更高的协议效率之外，USB 3.0 的端口和线缆能够实现向下兼容，以及支持未来的光纤传输。

英特尔技术战略师 Jeff Ravencraft 说过，“从逻辑上说，USB3.0 将成为下一代最普及的个人计算机有线互联方式，数字时代需要高速和可靠的互联来实现日常生活中庞大数据量的传输。USB 3.0 可以很好地应对这一挑战，并继续提供用户已习惯并继续期待的 USB 易用性体验。”

英特尔公司成立 USB 3.0 推广组之初就希望 USB 设计学会（USB-IF）可以作为 USB 3.0 规格的行业协会。完整的 USB 3.0 规格已于 2008 年推出，USB 3.0 初步将采用离散硅的形式。

USB 3.0 推广组，包括惠普、英特尔、NEC、NXP 半导体以及德州仪器，致力于保护已有 USB 设备驱动器基础设施和投资、USB 的外观以及方便使用的特性，同时继续发扬 USB 这种卓越技术的功能。

3.2.4　串行通信应用举例

Visual Basic（简称 VB）是一般程序设计人员在 Windows 环境下最常用的编程语言，在 VB 中除了可以调用 API 函数，完成串行通信的任务之外，更常用、更简便的是使用 Visual Basic 提供的 Communications 控件（以下简 Comm 控件），来完成各种串行通信的任务。

1. Visual Basic 的 Communications 控件

（1）Comm 控件的添加　Comm 控件并不是 VB 的基本控件，刚进入 VB 环境时，在控件工具箱上是找不到 Comm 控件的。要使用它必须另行添加，添加的方法如下：

用鼠标右击 VB 的控件工具箱，这时会显示一个弹出式菜单，选择其中的“部件”菜单项，就会出现一个部件对话框，如图 3-11 所示。

选择 Microsoft Comm Control 6.0 选项，再单击“确定”按钮。这时，在 VB 的控件工具箱中出现了一个电话机形状的控件图标，这就是进行串行通信要使用的 Comm 控件。

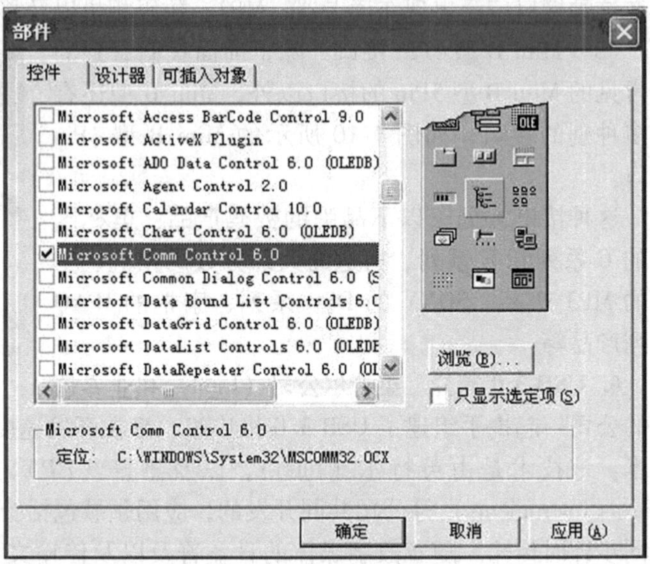

图 3-11 装入 MSComm 控件

（2）Comm 控件概述 Comm 控件用于进行串行通信，既可以用来提供简单的串行端口通信功能，也可以用来创建功能完备的、事件驱动的高级通信工具。

Comm 控件提供了一系列标准通信命令的使用界面。使用它可以建立与串行端口的连接，通过串行端口连接到其他通信设备（例如调制解调器）、发出命令、交换数据，以及监视和响应串行连接中发生的事件和错误。利用它可以进行诸如拨打电话号码、监视串行端口的输入数据乃至创建功能完备的终端程序等。

（3）Comm 控件的重要属性

1）CommPort：设置或返回通信端口号，当把这个属性设置成 1，表示利用 COM1（串行口 1）端口进行串行通信。在程序运行时也可以读取该属性，用来了解串行端口的使用情况。

2）Settings：用字符串的形式设置或返回串行通信的帧格式，例如：把 Settings 设置为“9600，n，8，1”，表示采用的串行通信速率是 9600bit/s、无奇偶校验、数据位是 8 位，1 位是停止位。

3）PortOpen：设置通信端口的状态，打开和关闭端口。在开始进行串行通信前，要把它设置为 True，表示打开通信端口；通信结束后，要把它设置成 False，表示关闭通信端口。

4）Input：从输入缓冲区读取数据，并删除输入缓冲区中的字符。当串行端口接收到数据后，就把它放入输入缓冲区，在程序中利用 Input 属性可以读取这些数据。

5）InBuffeCount：设置接收缓冲区中的字符数。可以把 InBuffeCount 属性设置为 0 来清除接收缓冲区。

6）InputLen：设置或返回 Input 属性从接收缓冲区读取的字符数。

7）Output：向发送缓冲区传送数据。

8）InputMode：设置或返回 Input 属性取回的数据的类型。0：（默认）数据通过 Input 属性以文本形式取回；1：数据通过 Input 属性以二进制形式取回。

9）Sthreshold：设置或返回发送缓冲区中允许的最小字符数。当该属性是 0（默认值）时，数据发送不会产生 OnCount 事件；当该属性是 1 时，每发送一个字符都会产生 OnComm 事件。

Rthreshold 设置或返回要接收的字符数。当该属性是 0（默认值）时，数据接收不会产生 OnComm 事件；当该属性是 1 时，每接收一个字符都会产生 OnComm 事件。

10）Commvent：返回最近的通信事件或错误，它通常可能是这样一些取值：

ComEventBreak	1001	接收到一个中断信号。
ComEventFrame	1004	帧错误。
CornEventRxOver	1008	接收缓冲区溢出。
ComEventRxParity	1009	奇偶校验错误。
ComEvSend	1	在传输缓冲区中有少于 Sthreshold 要求数目的字符。
ComEvReceive	2	收到 Rthreshold 字符。该事件持续产生，直到用 Input 属性从接收缓冲区中删除数据。
ComEvCTS	3	CTS 线的状态发生变化。
ComEvDSR	4	DSR 线的状态从 1 到 0 变化。
ComEvCD	5	载波信号发生变化。
ComEvEOF	7	收到文件结束（ASCII 字符为 1AH）字符。

（4）Comm 控件的事件　Comm 控件只有一个事件，即 OnComm 事件。当发生接收错误、因收到数据使得接收缓冲区的字符大于规定值或者因发送数据使得发送缓冲区中的字符数少于规定数或者从 MODEM 传递来的各信号线发生变化等都会产生 OnComm 事件。所以当发生 OnComm 事件后，在其处理程序中，首先要检查 Comm 控件的 CommEvent 属性，然后根据不同的情况分别进行处理。

2. 简单的串行通信程序　该程序是 VB 中的一个示范程序，它首先定义了一个字符串 Instring，用于保存串口接收到的数据；然后设置使用串口 COM1，接着设置串口的基本工作方式（9600bit/s，无奇偶校验，8 位数据，一个停止位）；把 Comm 控件的 InputLen 属性设为 0，表明读取接收缓冲区时是把整个缓冲区全部读取；打开串行口；接着发送命令给 MODEM；预期应该从串口 COM1 收到“OK”字符响应，用 Do...Loop 循环等待数据的返回，当收到“OK”响应后，把它送到 Instring 字符串中；最后关闭串行口。

```
Private Sub Form Load ( )
’保存输入子串的缓冲区
Dim Instring As String
’使用 COM1
MSComm1. CommPort = 1
’9600bit/s，无奇偶校验，8 位数据，一个停止位
MSComm1. Settings = “9600，N，8，1”
’当输入占用时，告诉控件读入整个缓冲区
MSComm1. InputLen1 = 0
’打开端口。
MSComm1. PortOpen = Ture
’将 attention 命令送到调制解调器
MSComm1. Output = “AT” + Chr $ （13）
```

```
’等待数据返回到串行端口
Do
DoEvents
Loop Until. MSComm1. InBufferCount > = 2
’从串行端口读“OK”响应
lnstring _ MScomm1. Input
’关闭串行端口
MSComm1. PortOpen = False
End Sub
```

3. 较完备的串行通信程序　假如串口的 TXD 和 RXD 短接，把“狐狸”电文进行自发自收。在收、发时都利用 OnComm 事件进行。

首先在窗体上放置 1 个 Comm 控件、1 个文本框、1 个标签和两个按钮，改变它们的 Caption、Text 属性，将它们变成如图 3-12 所示的样子。

另外把 Text1 控件的 MultiLine 属性设置为 True（这样可以自动分行显示字符）。

在窗体模块的声明部分说明一个名为“FOX”的字符串，用于放置“狐狸”电文。

在窗体的 Load 事件中放置如下代码：

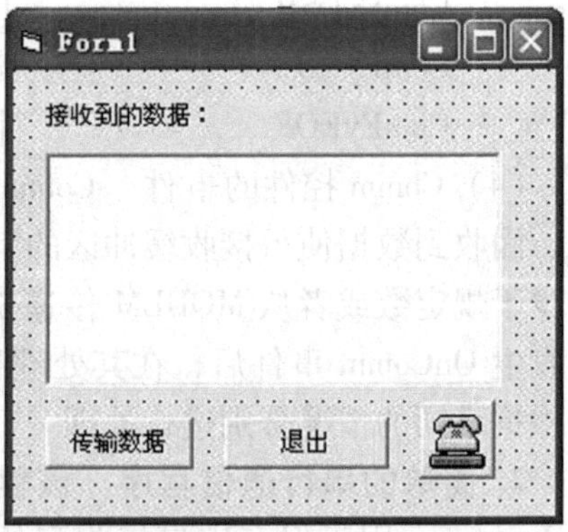

图 3-12　串行通信程序外观

```
Private Sub FormLoad ( )
’把“狐狸”电文的内容赋给 FOX 字符串
fox = “THE QUICK BROWN FOX JU MPS
OVER LAZY DOG”
’把“狐狸”电文的长度赋给变量 m-i-Len
m-i-Len = LenB ( StrConv ( fox, vbFromUnicode ) )
’使用辅串口（即 COM2）
MSComm1. CommPort = 2
’数据传送格式是：传送速率是 9600bit/s、无奇偶校验、8 位数据位、1 位终止位
MSComm1. settings = “9600, N, 8, 1”
’读接收缓冲区时，每次读取 m-i-Len 个字符
MSComm1. InputLen = m-i-Len
’当接收到 m-i-Len 个字符引发 OnComm 事件
MSComm1. RThreshold = m-i-Len
’发送不引发 OnComm 事件
MSComm1. SThreshold = 0
’打开串行口
MSComm1. PortOpen = True
End Sub
```

在“传输数据”按钮的点击事件中放置如下代码：

```
Private Sub Command1_Click ()
' 把"狐狸"电文发送出去
MSComm1.Output = fox
End Sub
```

在 MSCOMM 控件的 OnComm 事件中放置如下代码：

```
Private Sub MSComm1_OnComm ()
' 检查 MSComm1 的控件 CommEvent 属性，用来判断是什么引发了 OnComm 事件
Select Case MSComm1.CommEvent
' 如果是接收到规定的字符数，就在文本框中显示出来
Case comEvReceive
Text1.Text = MSComm1.Input
' 如果是收到中断信号，就用对话框显示"线路中断"信息
Case comEventBreak
MsgBox "线路中断!", vbExclamation, "ERROR!"
' 如果收到的数据格式错误、接收缓冲区溢出、接收的数据奇偶校验错都用对话框
' 显示"数据接收发生错误!"信息
Case comEventFrame, comEventAnover, comEventRxParity
MsgBox "数据接收发生错误!" vbExclamation, "ERROR!"
End Select
End Sub
' 在"退出"按钮的点击事件中放置如下代码：
Private Sub Command2_Click ()
' 关闭串口
MSComm1.PortOpen = False
' 退出
End
End Sub
```

3.3 现场总线技术

计算机控制系统是现代工业的象征之一，而现场总线与计算机控制系统是不可分离的。由于与现场总线相连接的现场变送器、执行仪表等现场自控仪表与设备内部都具有微处理器，都可装入控制计算模块，只需通过现场的变送器、执行机构之间的连接，便可组成控制系统。因此，现场总线系统将基本控制功能已完全下放到现场。而通过网关，现场总线可以与计算机局域网相连。计算机通过局域网与挂在现场总线上的现场设备进行通信，大大提高了数据的利用率。同时，计算机对现场设备的调度可实现异地远程自动控制，并组成高性能的控制系统，共同完成复杂的控制任务。因此，与计算机控制系统的结合，必将促进现场总线技术的进一步发展。现场总线技术的发展促使了现场总线控制系统 FCS 的诞生，而且其趋势是在不远的将来，逐步替代现在的集散控制系统 DCS。

现场总线技术与传统测控仪表技术上的区别是：现场总线将专用微处理器置入测量控制仪表中，使这些测控仪表各自都具有数字计算、逻辑判断和数字通信能力，采用多种规格的传输导线作为总线介质，把多个测量控制仪表连接成网络系统，并按其规范约定的通信协议，在位于现场的多个微机化测量控制设备之间以及现场仪表与远程监控计算机之间，实现数据传输、信息交换、远程登陆、远程访问，形成满足各种实际需要的自动控制系统。它把系统中各个单个分散的测量控制设备变成网络节点，以现场总线为纽带，把它们连接成可以相互沟通信息、共同完成自控任务的网络系统与控制系统。它给自动化领域带来的变化，就像众多分散的计算机被 Internet 连接在一起，使各个计算机的功能、作用发生重大的变化；现场总线强调自控系统与设备之间的通信能力，并将它们连接成网络系统，加入到信息网络的行列。因此可以说现场总线技术的到来是控制技术的又一个新时代的开始。

3.3.1 现场总线的定义

不同的文章对应现场总线与现场总线控制系统的定义有不同的说法。例如：①现场总线一词广义上是指控制系统与现场检测仪表、执行装置进行双数字通信的串行总线系统；②一般认为现场总线是用于现场仪表与控制室主机系统之间的一种开放的、全数字化、双向、多站的通信系统；③基于智能化仪表及现场总线的控制系统 FCS；④现场总线（Field Bus）是一种数字化的串行双向通信系统。根据国际电工委员会 IEC1158 定义：安装在制造或过程区域的现场装置与控制室内的自动控制装置之间的数字式、串行、多点通信的数据总线称为现场总线。

3.3.2 现场总线与 RS-232、RS-485 的本质区别

以往 PC 与智能设备通信多借助 RS-232、RS-485、以太网等方式，主要取决于设备的接口规范。但 RS-232、RS-485 只能代表通信的物理介质层和链路层，如果要实现数据的双向访问，就必须自己编写通信应用程序，但这种程序多数都不能符合 ISO/OSI 的规范，只能实现较单一的功能，适用于单一设备类型，程序不具备通用性。在 RS-232 或 RS-485 设备连成的设备网中，如果设备数量超过两台，就必须使用 RS-485 做通信介质。RS-485 网的设备间要想互通信息只有通过“主（master）”设备中转才能实现，这个主设备通常是 PC，而这种设备网中只允许存在一个主设备，其余全部是从（slave）设备。而现场总线技术以 ISO/OSI 模型为基础，隐去 OSI 第 3、4、5 层，具有完整的软件支持系统，能够解决总线控制、冲突检测、链路维护等问题。现场总线设备自动成网，无主/从设备之分或允许多主存在。在同一个层次上不同厂家的产品可以互换，设备之间具有互操作性。

3.3.3 基金会现场总线

基金会现场总线（Foundation Field Bus，FF）是在过程自动化领域得到广泛支持和具有良好发展前景的技术。其前身是以美国 Fisher Rosemount 公司为首，联合 Foxboro、横河、ABB、西门子等 80 家公司制订的 ISP 协议，以及以 Honeywell 公司为首，联合欧洲等地的 150 家公司制订的 WorldFIP 协议。屈于用户的压力，这两大集团于 1994 年 9 月合并，成立了现场总线基金会，致力于开发出国际上统一的现场总线协议。它以 ISO 开放系统互连模型为基础，取其物理层、数据链路层、应用层为 FF 通信模型的相应层次，并在应用层上增

加了用户层。用户层主要针对自动化测控应用的需要，定义了信息存取的统一规则，采用设备描述语言，规定了通用的功能块集。由于这些公司是该领域自控设备的主要供应商，对工业底层网络的功能需求了解透彻，也具备足以左右该领域现场自控设备发展方向的能力，因而由它们组成的基金会所颁布的现场总线规范具有一定的权威性。

基金会现场总线分低速 HI 和高速 HZ 两种通信速率。

1）HI 的传输速率为 31.25kbit/s，通信距离可达 1900m，支持总线供电。

2）HZ 的传输速率分为 1Mbit/s 和 2.5Mbit/s 两种，其通信距离分别为 750m 和 500m。物理传输介质可支持双绞线、光缆和无线发射，协议符合 IEC 158 标准。其物理媒介的传输信号采用曼彻斯特编码。

基金会现场总线的主要技术内容包括：FF 通信协议，用于完成开放互连模型中第 2 层至第 7 层通信协议的通信栈（Communication Stack），用于描述设备特征、参数、属性及操作接口的 DDL 设备描述语言、设备描述字典，用于实现测量、控制、工程量转换等应用功能的功能块，实现系统组态、调度、管理等功能的系统软件技术以及构筑集成自动化系统、网络系统的系统集成技术等。

现场总线的全分布式自动化系统则把控制功能完全下放到现场，仅由现场仪表即可构成完整的控制功能。由于基金会现场总线的现场变送、执行仪表内部都具有微处理器，现场设备内部可以装入控制计算模块，只需通过处于现场的变送、执行器之间连接便可组成控制系统，这个意义上的全分布无疑将增强系统的可靠性和系统组织的灵活性。当然，这种控制系统还可以与别的系统或特定的计算机进行信息交换，构成各种高性能的控制系统。

1）基金会现场总线系统是为适应自动化系统，特别是过程自动化系统在功能、环境与技术方面的需要而专门设计的，它可以工作在生产的现场环境下，能适应本质安全防爆的要求，还可通过传输数据的总线为现场设备提供工作电源。

2）基金会现场总线的系统是开放的，可由不同制造商生产的测量、控制设备构成。这些设备在产品开发期间通过一致性测试，确保产品与协议规范的一致性。当把不同制造商的产品连接于同一网络系统时，作为网络节点的各设备间可实现互操作，同时还允许不同厂商生产的相同功能设备之间进行相互替换。

3）基金会现场总线的最大特色就在于它不仅仅是一种总线，而且是一个网络系统，它作为新型自动化系统区别于以前各种自动化系统的特征就在于它所具有的开放型数字通信能力，它使自动化系统具备网络化特征。而它作为一种通信网络，有别于其他网络系统的特征在于位于工业生产现场，其网络通信是围绕完成各种自动化任务进行的。

3.3.4　ProfiBus 总线

ProfiBus 是德国标准 DIN19245 和欧洲标准 EN50170 的现场总线标准，由 ProfiBus-DP、ProfiBus-FMS、ProfiBus-PA 组成 BUS。DP 型用于分散外设间的高速数据传输，适合于加工自动化领域的应用。FMS 意为现场信息规范，ProfiBus-FMS 适用于纺织、楼宇自动化、可编程序控制器、低压开关等。而 PA 型则是用于过程自动化的总线类型，它遵从 IEC1158-2 标准。该项技术是由西门子公司为主的十几家德国公司、研究所共同推出的。它采用了 OSI 模型的物理层、数据链路层，FMS 还采用了应用层，传输速率为 9.6kbit/s ~ 12Mbit/s，最大传输距离在 12Mbit/s 时为 100m，1.5Mbit/s 时为 400m，可用中继器延长至 10km。其传输介质可以是双绞线，也可以是光缆，最多可挂接127个站点，可实现总线供电与本质安全防爆。

3.3.5　控制器局域网总线CAN

CAN（Control Area Network）即控制器局域网络。它是一种有效支持分布式控制或实时控制的串行通信网络。CAN最初是由德国的BOSCH公司为汽车监测、控制系统而设计的。现代高级汽车越来越多地采用电子装置控制，如发动机的定时、注油控制、加速、刹车控制（ASC）及复杂的抗锁定刹车系统（ABS）等。由于这些控制需检测及交换大量数据，采用硬接信号线的方式不但烦琐、昂贵，而且难以解决问题，采用CAN总线上述问题得到很好地解决。据资料介绍，世界上一些著名的汽车制造厂商，如BENZ（奔驰）、BMW（宝马）、PORSCHE（保时捷）、ROLLS-ROYCE（劳斯莱斯）和JAGUAR（美洲豹）等都采用CAN总线来实现汽车内部控制系统与各检测和执行机构间的数据通信。

由于CAN总线本身的特点，其应用范围目前已不再局限于汽车行业，而向过程工业、机械工业、纺织机械、农用机械、机器人、数控机床、医疗器械及传感器等领域发展。CAN已经形成国际标准，并已被公认为几种最有前途的现场总线之一。

CAN属于总线式串行通信网络，由于其采用了许多新技术及独特的设计，与一般的通信总线相比，CAN总线的数据通信具有突出的可靠性、实时性和灵活性。其特点可概括如下：

1）CAN为多主方式工作，网络上任一节点均可在任意时刻主动地向网络上其他节点发送信息，而不分主从，通信方式灵活，无需站地址等节点信息。利用这一特点，可方便地构成多机备份。

2）CAN网络上的节点信息分成不同层次的优先级，可满足不同的实时要求，高优先级的数据最多可在134ms内得到传输。

3）CAN采用非破坏性总线仲裁技术，当多个节点同时向总线发送信息时，优先级较低的节点会主动地退出发送，而最高优先级的节点可不受影响地继续传输数据，从而大大节省了总线冲突仲裁时间。尤其是在网络负载很重的情况下也不会出现网络瘫痪情况。

4）CAN只许通过报文滤波，可实现点对点、一点对多点及全局广播传输方式，无需专门的“调度”。

5）CAN的直接通信距离是10km（速率5kbit/s以下），通信速率最高可达1Mbit/s。

6）CAN上的节点数取决于总线驱动电路，最多可达110个。

7）CAN采用短帧结构。每一帧的有效字节数为8个，传输时间短，受干扰概率低，具有极好的检错效果。

8）CAN的每帧信息都有CRC校验及其他检错措施，保证了数据出错率极低。

9）CAN的通信介质可为双绞线、同轴电缆或光纤，选择灵活。

10）CAN节点在错误严重的情况下具有自动关闭输出功能，以便总线上其他节点的操作不受影响。

3.3.6　ControlNet总线

ControlNet是IEC61158现场总线标准的子集。ControlNet是由美国罗克韦尔公司于1997年推出的面向控制层的实时性现场总线。1997年7月，Rockwell等22家企业联合发起成立了 ControlNet International（CI）组织。CI 主要负责全世界范围内推广发展 ControlNet 技术，提供测试软件及独立的合格性测试。出版发行 ControlNet 技术说明书和产品目录以及组织设计和使用 ControlNet 的培训等工作。

1. 应用领域　随着国际自动化系统网络技术的不断进步，ControlNet International 到目前为止，成员公司已扩展到 50 多个，其中不乏世界知名的大公司，如 ABB Roboties、Honeywell Inc、Toshiba International。ControlNet 可广泛应用于交通运输、汽车制造、冶金、矿山、电力、食品、造纸、水泥、石油化工、娱乐及其他各个领域的工厂自动化和过程自动化。

2. 技术特点

1）CtrolNet 是高速的控制和 I/O 网络，具有增强的 I/O 性能和点对点通信能力，支持多主方式，可以从任何一个节点访问整个网络。

2）对于离散和连续过程控制应用场合，均具有确定性和可重复性。

3）先进的生产者/消费者网络模型，最大限度的优化了带宽的利用率，并可构成多主、主/从、对等的通信结构；媒体访问算法确保了控制信息传送时间的准确性。

4）具有灵活的安装选择，可使用各种标准的低价同轴电缆，也可使用具有强抗干扰性和本征安全性的光纤，并支持媒体冗余方式。

3. 通信模式　ControlNet 在单根电缆上支持两种信息传输：一种是对时间有苛刻要求的控制信息和 I/O 数据，ControlNet 授予它们最高优先权，保证其不受其他信息的干扰，二是无时间苛求的信息和程序上/下载，它们被授予较低的优先权，在保证第一种信息传输的条件下进行传递。用户具有对这两种信息的控制能力，可选择控制信息和 I/O 数据的刷新速率，并确知数据的传输时刻。

ControlNet 技术采用了一种通信模式，以生产者/消费者模式取代了传统的源/目的模式。它不仅支持传统的点对点通信，而且允许同时向多个设备传递信息。生产者/消费者模式使用时间片算法保证各节点实现同步，从而提高了带宽利用率。

用一种形象的方式来描述两者的区别，一个班有 30 个学生，现在需要把当前的确切时间告知某些同学，在源/目的模式中时间被告知每个人，其中有的同学可选择听，另一些则选择不听，在信息传输过程中，时间已发生变化，因此时间在告知第一个同学以后就变得不准确了。而在生产者/客户模式中，时间被同时告知室内所有的同学，有的同学可选择听，其他的可选择不听。这样就不会出现信息失真的现象，室内人数的增减也不会影响通信时间和效率。因而保证了高效率和高确定性。

ControlNet 使用的同轴电缆全部距离能够长达 6km，可寻址节点最多为 99 个，两节点间最长距离最长可达 1000m，48 个节点距离可达 250m；采用光纤和中继器后，通信距离可达几十千米，支持大多数介质结构，网络结构可采用总线型、树形、星形等结构或组合结构。使用时，用户可根据需要扩展物理长度，增加节点数量，提高安全性能。

3.3.7　现场总线的应用

1. 研华控制器局域网（CAN）的应用　研华 CAN 产品在某城市金融开发区供热工程中完成对两台锅炉的微机监控系统。该系统是一个分布式控制系统，整个系统由工控机和研华 ADAM5000/CAN 数据采集站组成，工控机与数据采集站之间通过 CAN 总线通信。在这个系统中，有模拟量输入参数 203 个（一号炉 98 个，二号炉 105 个），数字量输入参数 42 个

（一号炉 19 个，二号炉 23 个），模拟量输出参数 38 个（一号炉 15 个，M 号炉 23 个），控制回路 24 个（一号炉 10 个，M 号炉 14 个），数显输出 10 个。用 ADAM 550/CAN 基板 12 块（即有 12 个站），ADAM 5017 模块 12 块，ADAM5018 模块 12 块，ADAM5051 模块 4 块，ADAM5024 模块 11 块，ADAM5060 模块 2 块。此过程控制站在 18ms 内对现场所有数据完成一次扫描，过程站与 ADAM 50001CAN 站之间以 CAN 总线通信，各回路控制周期最短为 3s。这套系统的设计，保证了采样控制精度，满足了客户需求并取得良好的社会效益。由于系统采用研华 ADAM 5000 系列产品，比 DCS 系统节省投资约 40 万，经济效益显著。

2. Profibus 现场总线的应用举例　在宁波—台州—温州高速公路的大溪——湖雾岭隧道中，成功地采用 Profibus 现场总线技术，用于交通流量检测控制系统、隧道通风检测控制系统和隧道照明检测控制系统，如图 3-13 所示。下面着重介绍 Profibus 现场总线在交通流量检测控制系统中的应用。

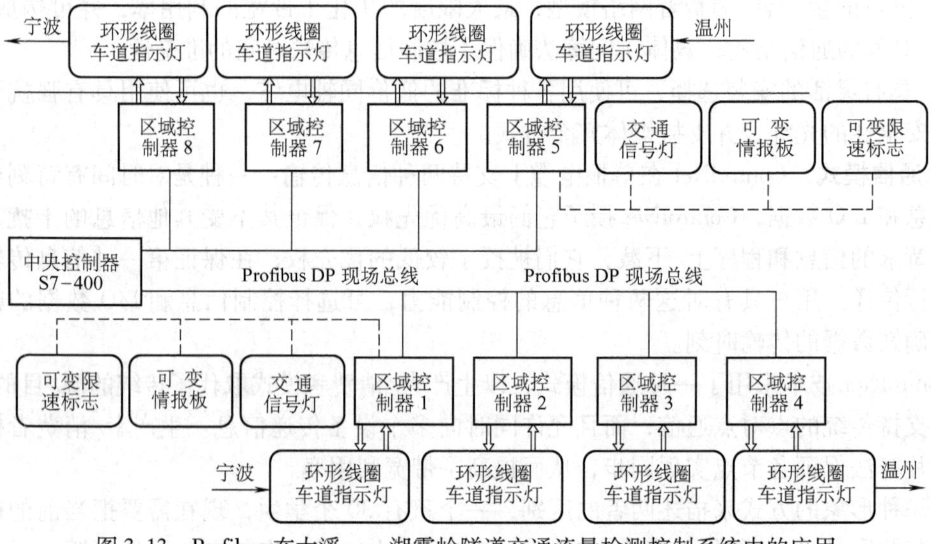

图 3-13　Profibus 在大溪——湖雾岭隧道交通流量检测控制系统中的应用

为保证大溪——湖雾岭隧道行车的安全与畅通，最大限度地减少交通事故的发生，防止造成二次事故；需要在隧道区设置交通检测控制与诱导设施。该项设施按功能划分，可分为交通检测控制与有线广播两大部分。从先进性、可靠性、经济性等诸方面考虑出发，隧道的弱电检测控制系统采用德国西门子（SIEMENS）公司的全集成自动化技术，使用 SIEMENS S7 系列可编程序控制器 S7-400 完成现场数据采集、控制，通过 SIEMENS Profibus 现场总线与中央控制系统的 SIEMENS S7-400 相连接，使用 SIEMENS Step 7 软件进行所有可编程序控制器的集中管理、组态、维护；利用法国 ARC 公司的 PCVUE32 人机界面图形控制软件进行人机交互，实现整个隧道机电系统的控制、协调和管理。在隧道左右线入口处外面各设置一块可变限速标志、一块可变情报板和一组 4 色信号灯，而车道指示器及车辆检测器环形线圈则在洞口和隧道内每隔 500m 左右处设置一组。由于大溪—湖雾岭隧道长达 4000 余米，所以将隧道的左右线各分为 5 个控制区域，由 8 台 SIEMENS S7-300 交通区域控制器进行分工协调控制。协调管理各交通区域控制器的控制计算机设在管理区的主控室内。该子系统还包括电力和通信电缆、配线箱盒及安装架、杆等相关附属设备。

交通检测控制与诱导设施主要由管理室内的控制台、交通检测控制计算机、车道指示器、车辆检测器、信号灯、车道指示器、可变限速标志、可变情报板、交通区域控制器、中央控制器、有线广播及其他辅助设备组成。交通检测控制系统具有系统检测、执行设备分散、控制功能要求的系统连锁性能强和其他系统的衔接功能多的特点。交通检测设施与诱导设施的控制结合弱电系统总体控制方案采用8台 SIEMENS S7-300 控制器进行分区域控制，通过 Profibus 现场总线和中央控制系统相连，达到总体的控制、协调和连锁目的。

考虑到交通检测设施与诱导设施的分散性非常强的特点，该控制方案充分利用了 SIEMENS Profibus 现场总线的优异设计，将整个控制系统合理的分散到各个控制区域，既满足了交通检测设施和诱导设施分散控制的需求，又可以灵活可靠地实现交通控制系统与其他弱电系统的连锁控制。同时，因为 Profibus 现场总线将所有的控制点的接线就地化，大大减少了系统的线材需要量，显著减轻了调试、检修、维护人员的负担。

交通检测控制与诱导设施信息在中央控制器 SIEMENS S7-400 中和其他系统信息汇聚成一个整体，根据系统整体情况，实现交通检测控制系统自身及其他系统的连锁、协调、控制功能。

交通检测与诱导控制系统在不断监测隧道内车辆、交通状况的情况下，根据系统预定控制方案进行隧道交通的控制和对车辆的诱导控制，交通检测与诱导控制系统可以完成如下功能：

1）左、右线隧道组成一条冗余的环形光缆 Profibus 现场总线连接各区域控制器。

2）使用光缆 OLM/S3、OLM/S4、Profibus 现场总线无需通过中继器就可达到 2850m 的传输距离。

3）本方案通过在每个区域控制器上设置 Profibus 现场总线光缆 OLM 模块，构筑了整个系统的环形 Profibus 现场总线，完全能够满足现场传输的要求。

4）Profibus 现场总线在此应用情况下可以达到 5Mbit/s 的传输速率。

5）通过冗余的环形光缆总线，为现场控制器和中央控制管理系统构筑了一个可靠性高的数据高速公路，即使在火灾、灾难、鼠害等极端情况下，也可保证整个系统的完整性和可靠性。

6）使用 Profibus 现场总线具有传输速率高、传输距离远、可靠性高、响应速度快等优点。

3.4 工业以太网

3.4.1 工业以太网的定义

当今时代，网络就是控制的理念已经越来越被用户所接受，传统的基于 RS-485 或者 CAN 等总线协议的各种集散控制系统，由于其固有的缺陷，正在被基于 TCP/IP 协议的工业以太网所取代，工业以太网总线和我们现在使用的局域网是一致的，它采用统一的 TCP/IP 协议，避免不同协议间不能通信的困扰。它可以直接和局域网的计算机互连而不要额外的硬件设备，它方便数据在局域网的共享，它可以用 IE 浏览器访问终端数据，而不要专门的软件，它可以和现有的基于局域网的 ERP（Enterprise Resource Planning）数据库管理系统实现无缝连接，它特别适合远程控制，配合电话交换网和 GSM，GPRS 无线电话网实现远程数据采集，它采用统一的网线，减少了布线成本和难度，避免多种总线并存。工业以太网总线正因为有诸多的优点，在国内外逐步得到了迅速的普及，现在已经有大量的配套产品在使用中。如工业以太网 HUB，工业以太网防火墙，工业以太网关，以太网转 RS-232/RS-485 设备，以太网 A/D 模块，以太网 D/A 模块，以太网 AI 模块，以太网 AO 模块，以太网 DI 模块，以太网 DO 模块及复合功能模块。

3.4.2　以太网与现场总线的整合

由于以太网已取得的成绩和来自 Internet 的诱惑，“以太网 + TCP/IP” 的网络构架在工业网络中成为新的研究热点。

要在工业控制网络中成功应用以太网，急需解决的是如何与现场总线结合的问题。解决问题的途径之一是所谓的一网通方法，也就是在现场级、控制级和管理级均采用以太网加 TCP/IP 的方式，实现统一的互连，有人已在这方面做了大量的工作，但是由于以太网固有的特性，应用于现场总线具有一些难以解决的难题，如供电、安全防爆和网络安全性等，在某些方面还需要其他现场总线技术的支持。

另一个方案就是整合现场总线与以太网协议，该方案实际可行，因而各现场总线组织在整合的方法上展开了激烈的竞争。

1. 现场总线与以太网整合的协议　目前正在开发与以太网和 TCP/IP 结合的现场总线技术有：

1）Modbus 推出 Modbus/TCP。

2）分布式自动化接口 IDA（Interface for Distributed Automation）

3）现场总线基金会推出 HSE（High Speed Ethernet）。

4）Profibus 推出 ProfiNet。

5）WorldFIP 推出 WorldFIP TCP/IP。

下面对其中典型的协议作简单的介绍。

（1）Modbus/TCP　Modbus/TCP 是 Schneider Automation 公司 1999 年公布的，该协议是把 Modbus 总线协议捆绑在 TCP 协议上形成的。TCP 和 Modbus 在工业界得到了广泛的应用，因此易于实施，能够实现互连。但它也存在很大缺陷，Modbus 不支持诸如基于对象的通信模型等一些正在被广泛采用的网络新技术，用户在使用的时候不得不手工配置一些参数，比如信息数据类型、寄存器号等。

（2）IDA　认识到 Modbus/TCP 协议存在的严重功能缺陷，Schneider Automation 公司在 ISA EXPO/2000 上宣布它将支持 IDA（分布式自动化接口）。Jetter、Kuka Roboter、Lenze、phoenix Contect、Sick 等公司也支持 IDA。

IDA 的核心是 Publisher/Subscriber 发布方/定购方模型，这个模型不同于（Source Destination）模型。在发布方/定购方的模型中，数据发送方不必明确指明接收方的地址，发布方只发送基于某一主题的一个事件，预定这个主题的接收方将接收事件。

它不需要提供地址帧、确认帧等额外的信息，因此消耗很少的网络资源，而且还能够提供严格的时间同步。IDA 采用开放的 Internet 协议，包括 HTTP 和 XML 语言，XML 语言用于定义普通对象的基本组成块的数据结构等。IDA 主要用于移动控制、机器人控制等实时性要求较高的场合，它能够满足大多数工业控制的需要。

（3）现场总线基金会的 HSE 现场总线基金会在 1998 年后期将快速以太网作为它的 HZ 网的基本协议，形成了高速以太网（HSE）协议。HSE 是一个比较先进的解决方案，它提供了发布方/定购方、对象等模型，被认为是能够应用到现场设备级的协议，主要用在过程控制领域。HSE 受到了 Fisher /Rosemount、Foxbro 以及 Honeywell 等一些国际著名公司的支持。

（4）ControlNet International 组织的 Ethernet/IP 这里 IP 的意思不是 Internet 协议，而是指工业协议。该协议将 ControlNet 和 DeviceNet 的控制和信息协议的应用层移植到 TCP。如同 IDA 和 HSE，它也采用基于对象的方法设计工业控制设备，提供（Producer/Consumer）（制造者/消费者）模型，类似于 IDE 和 HSE 的 Publisher/Subscriber 模型。协议提供暗示和明示两种信息。暗示信息用于规则地重复传递数据的场合，诸如 I/O 模块和 PLC 之间的数据传递；明示信息用于一次性数据传递的场合，比如配置和诊断命令。该协议主要用于零件制造业。Rockwell Automation、OMRON、CutlerHammer 等公司支持这个协议。

（5）Profibus Interation 组织的 ProfiNet ProfiNet 采用微软公司的分布式部件对象模型（DCOM）。DCOM 只能由微软 Windows 平台支持，不提供工业协议的支持（比如 Publisher/subscriber 模型），而且 DCOM 需要很大的存储和过程处理开销，很难应用于现场设备。

2. 现场总线与以太网整合的方法 概括起来，以太网与现场总线整合的方案分 3 种：包裹法、网关和代理服务器法、重建法。

（1）包裹法 典型代表是 CIP、HSE 和 Modbus-TCP/IP。包裹法就是将几乎保持原样的现场总线报文作为用户数据嵌入 TCP/UDP 的数据帧，然后在以太网上发送。其优点是不需要花时间开发新的规范，有利于向下兼容，不同现场总线的数据可以同时传输，缺点是报文的效率低，更适合传送长数据。例如 CIP 就是将 ControlNet、DeviceNet 和 Ethernet/IP 报文加上表示是哪一种现场总线的报文头作为用户数据进行传送的，由于以太网的最短报文字节数比较多，而现场总线的报文经常很短，因此降低了报文效率。InterBus 采用反向包裹法，它是将 TCP/IP 数据帧嵌入 InterBus 报文。由于 InterBus 报文短，TCP/IP 数据帧被拆开传送。这样做的优点是 InterBus 设备可以不受影响地用在现场，正常运行时的现场总线短报文信息的传输效率大大提高，需要拆开传送的长报文主要用于传送程序和组态信息，这种传送出现的概率稍低而且对实时性的要求也低。

（2）网关和代理服务器法 网关和代理服务器法是传统的跨协议转换方法，在现场总线领域中的典型代表是 ProfiNet。网关和代理服务器法就是通过网关或代理服务器进行以太网与现场总线的信息转换，优点是已经在用的现场总线设备可以不受限制地用下去，缺点是不同现场总线同时使用时系统组态很复杂，实时性受到一定影响。

（3）重建法 重建法就是抛弃已有现场总线，为 Ethernet 设计的实时通信用户层，从而建立以 Ethernet 为基础的全新现场总线，典型代表是 IDA。

3.4.3 常见工业以太网设备

1. 工业以太网集线器 相信绝大多数人都熟悉集线器。很多人使用这种简易设备去连接各种基于以太网的设备，如个人计算机，可编程控制器等。集线器接收到来自某一端口的消息，再将消息广播到其他所有的端口。对来自任一端口的每一条消息，集线器都会把他传递到其他的各个端口。在消息传递方面，集线器是低速低效的，可能会出现消息冲突。然而，集线器的使用非常简单——实际上可以即插即用。集线器没有任何华而不实的功能，也没有冗余功能。

2. 工业以太网非管理型交换机 集线器的发展产生了一种叫非管理型交换机的设备。它能实现消息从一个端口到另一个端口的路由功能，相对集线器更加智能化。非管理型交换机能自动探测每台网络设备的网络速度。另外，它具有一种称为“MAC 地址表”的功能，能识别和记忆网络中的设备。换言之，如果端口 2 收到一条带有特定识别码的消息，此后交换机就会将所有具有那种特定识别码的消息发送到端口 2。这种智能避免了消息冲突，提高了传输性能，相对集线器是一次巨大的改进。然而，非管理型交换机不能实现任何形式的通信检测和冗余配置功能。

3. 工业以太网管理型交换机 工业以太网连接设备发展的下一代产品是管理型交换机。相对集线器和非管理型交换机，管理型交换机拥有更多更复杂的功能，价格也高出许多，通常是一台非管理型交换机的 3 ~4 倍。管理型交换机提供了更多的功能，通常可以通过基于网络的接口实现完全配置。它可以自动与网络设备交互，用户也可以手动配置每个端口的网速和流量控制。一些老设备可能无法使用自动交互功能，因此手动配置功能是必不可缺的。

绝大多数管理型交换机通常也提供一些高级功能，如用于远程监视和配置的 SNMP（简单网络管理协议），用于诊断的端口映射，用于网络设备组成的 VLAN（虚拟局域网），用于确保优先级消息通过的优先级排列功能等。利用管理型交换机，可以组建冗余网络。使用环形拓扑结构，管理型交换机可以组成环形网络。每台管理型交换机能自动判断最优传输路径和备用路径，当优先路径中断时自动启动备用路径。

4. 工业以太网管理型冗余交换机 高级的管理型冗余交换机提供了一些特殊的功能，特别是针对有稳定性、安全性方面严格要求的冗余系统进行了设计上的优化。构建冗余网络的主要方式主要有以下几种：STP（Spanning Tree Protocol，生成树协议）、RSTP（Rapid Spaning Tree Protocol，快速生成树协议）、环网冗余 RapidRingTM 以及 Trunking。

3.5 透明传输技术

3.5.1 透明传输基本概念与发展趋势

所谓的透明传输是指信息和数据在底层的传输对用户而言是不可见的一种数据传输方式。关于透明传输是一个广泛的概念，本书主要讨论近几年在工业领域快速发展的 RS-232/RS-485 与互联网络之间的传输方式。

虚拟串口通过修改操作系统的底层驱动，添加除了存在物理串口以外的串口，其操作同物理串口一致，但是数据不通过物理串口转发，而是由驱动程序直接接管，通过其他的通信方式转发。

由于近年来通信技术的迅猛发展，工业测控领域的技术和相关产品更新速度相对较慢，大量的现场设备不可能全部升级更换，所以近年来用于不同通信协议转换的透明传输技术和产品也越来越普及，发展趋势也是简单易用，不需要了解技术细节。

3.5.2 透明串口技术

透明串口是指在通信设备的两端采用 RS-232/RS-485 方式传输，而在中间采用其他的通信网络，譬如互联网 \ USB \ CAN 等传输方式，用户在上位机可以直接通过虚拟串口直接操作，原有的通信协议以及程序不需要修改可以直接使用。图 3-14 所示为 RS-485 网络升级为互联网络示意图。

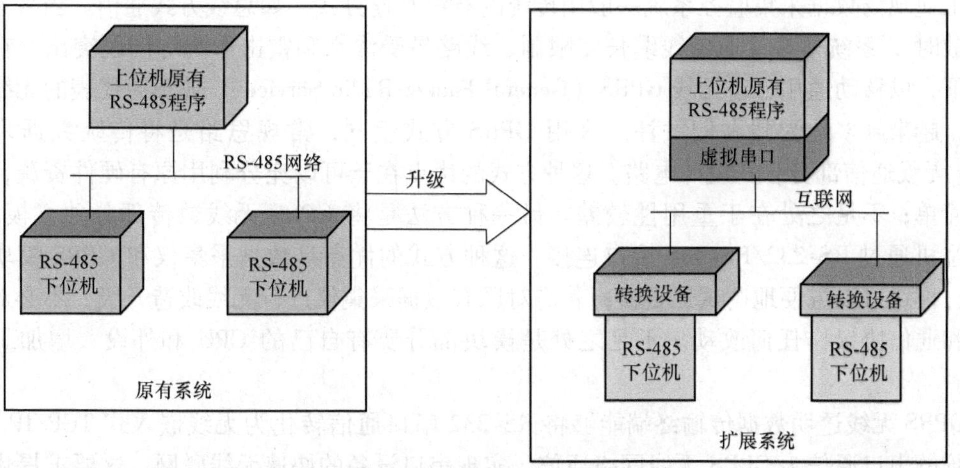

图 3-14　RS-485 网络升级为互联网络示意图

接口特性：网络接口符合 TCP/IP 标准协议，串口符合 EIA RS-232/RS-485/RS-422 协议。

电气接口：网络接口为 RJ45 插座，串口接口为 DB9 接口。

工作方式：TCP Server 模式，TCP Client 模式，UDP 模式，虚拟串口模式。

3.5.3　以太网同计算机串口之间的透明传输技术

串口服务器是为 RS-232 终端到 TCP/IP 之间完成数据转换的通信接口协议转换器。提供 RS-232 终端与 TCP/IP 网络之间的数据双向透明传输，提供串口转 TCP/IP 功能的解决方案。可以让 RS-232 串口设备立即连接网络。串口服务器按照工作方式分为：

1. 客户端方式　在该工作方式下，终端服务器作为 TCP 客户端，转换器上电时主动向平台程序请求连接，该方式比较适合于多个转换器同时向一个平台程序建立连接。

2. 服务器方式　在该工作方式下，终端服务器作为 TCP 服务器端，转换器在指定的 TCP 端口上监听平台程序的连接请求，该方式比较适合于一个转换器与多个平台程序建立连接（一个转换器不能同时与多个平台程序建立连接）。

串口服务器按照通信模式分为：

（1）使用虚拟串口通信模式：该模式下，一个或者多个转换器与一台计算机建立连接，实现数据的双向透明传输。由电脑上的虚拟串口软件管理下面的转换器，可以实现一个虚拟串口对应多个转换器，N 个虚拟串口对应 M 个转换器（$N \leq M$）。该模式适用于串口设备由电脑控制的 RS-485 总线或者 RS-232 设备连接。

（2）点对点通信模式　该模式下，转换器成对的使用，一个作为服务器端，一个作为客户端，两者之间建立连接，实现数据的双向透明传输。该模式适用于将两个串口设备之间的总线连接改造为 TCP/IP 网络连接。

（3）基于网络通信模式　该模式下，电脑上的应用程序基于 SOCKET 协议编写了通信程序，在转换器设置上直接选择支持 SOCKET 协议即可。

3.5.4　GPRS 同计算机串口之间的透明传输技术

工业现场数据采集监控系统一般用传统的有线互连方式，如总线方式通信。当采集点位置分散时，系统规模受通信线缆长度限制、线路易受渗水和雷击影响等问题突出。在这种情况下，以移动通用分组无线 GPRS（General Packet Radio Service）业务为代表的无线组网技术，越来越多地受到人们关注。采用 GPRS 方式组网，常规思路是将传统数据采集和 GPRS 无线通信部分合并设计电路。这种方式的优点在于可以充分利用原有硬件资源，系统设计简单；不足之处在于重用性较差。另一种方法是将 GPRS 无线数传部分独立模块化，与下位机通过 RS-232/RS-485 接口连接。这种方式的优点是数据采集仪和 GPRS 模块相互独立，模块可以方便地调试、更换；若需对原有数据采集仪进行无线改造升级，不必对原有设备和通信协议作任何改动。不足之处是模块部分要有自己的 CPU 和外设，增加了硬件成本。

GPRS 无线透明数据传输终端能够将 RS-232 串口通信转化为无线嵌入式 TCP/IP 通信，变传统的串口通信为 GPRS 无线网络通信，实现串口设备的快速无线联网。这要求提供协议转换和数据的透明传输。具体说就是用户不用知道复杂的 GPRS 通信原理和 TCP/IP 协议，不用更改原有的程序即可实现原有串口设备的无线网络连接，节省宝贵的时间和已有投资。

GPRS 无线数据透明传输终端是基于 GPRS 远程无线数据传输的应用，它充分利用 GPRS 网络技术瞬间上网、永远在线、快速传输、按流量计费等各种优势，为远程的数据采集、数据传输在国民经济各种领域的应用提供一个实时、快捷、经济和便利的解决方案。

GPRS 无线数据透明传输终端连接着无线数据系统的客户端，可以分布安装在任何适合无线射频信号发送和有网络信号覆盖的环境和地点，实时传递被监控设备的数据，通过 GPRS 网络，跨越无线通信网络和 Internet 两个不同类型的网络，与管理中心系统建立连接，方便地实现上行和下行双向的数据信息传递。

这个功能对用户而言，就是用户不需知道复杂的协议，只需将要传输的数据交给 GPRS 终端就能实现数据的无线传输。这个功能主要是通过串口实现，现场监控设备或仪表通过其自身的串口将采集的数据发送给 GPRS 无线数据透明传输终端，终端 CPU 的一个串口（串口 0）接收发送过来的数据，并将这些数据进行封装打包：终端 CPU 的另一个串口（串口 1）与 GPRS 模块相连，通过 AT 命令建立无线方式的 PPP 链路和 TCP 连接，注册到管理中心系统，传递终端 CPU 串口 0 接收的数据，接收管理中心的指令并做出相应的反应。

GPRS 无线数据透明传输终端作为整个通信网络系统中的一个环节，必将牵涉到与之通信的仪表及上位机服务器的联网方式，组网方式的不同决定了终端软硬件设计的不同。根据上位机服务器（数据中心）使用 IP 地址不同，其组网方案有：

1. 方案一　上位机服务器（数据中心）使用固定 IP 地址或向中国移动申请数据专线。

GPRS 设备使用固定 IP 接入示意图如图 3-15 所示。GPRS 无线数据透明传输终端通过 RS-232 或 RS-485 串口与数据采集设备相连，数据采集设备将要传输的数据传送给终端，然后终端自动拨号登录 GPRS 网络，获得移动子网 IP 地址后，主动与接入 Internet 的上位机服务器（数据中心）建立 Socket 连接并保持。在 Sockct 连接成功之后，GPRS 终端将自身的 ID 号以及子网 IP 地址通过 TCP/IP 协议发送至上位机服务器。这样就实现了基于 GPRS 的无线数据传输。这种方案具有组网简单、易开发等优点，其缺点与不足主要有两方面：其一是上位机服务器（数据中心）必须拥有固定 IP 地址，或公网 IP 地址或移动子网 IP 地址，即数据专线，因此构建 GPRS 网络的成本比较高；其二是为了确保数据中心与 GPRS 无线数据透明传输终端之间的通信畅通，GPRS 终端需不断发送链路维护数据包，用于检测链路并保证 GPRS 终端实时在线，由于 GPRS 是按照数据流量收费，因此运营成本较高。

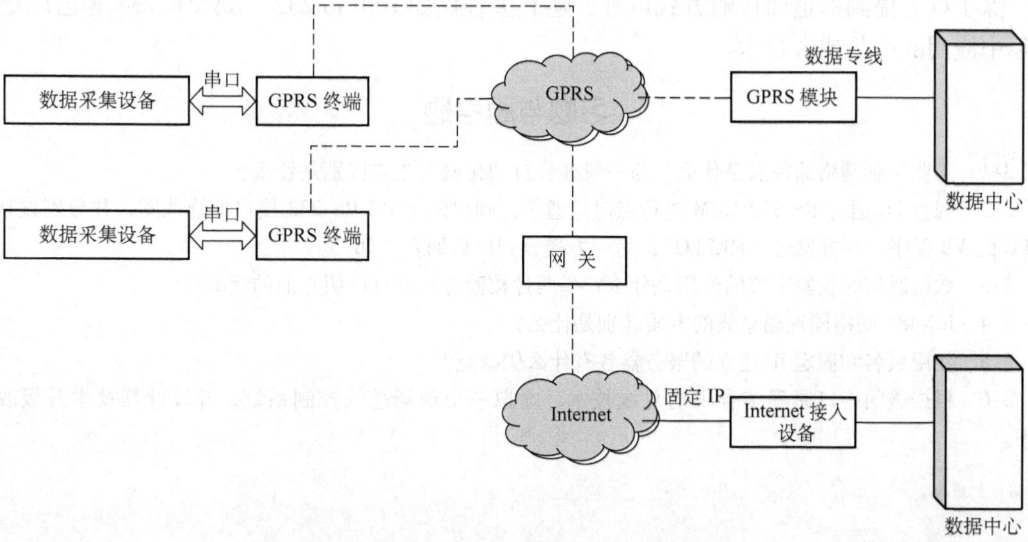

图 3-15　GPRS 设备使用固定 IP 接入示意图

2. 方案二　上位机服务器（数据中心）使用域名。在这种方案下，GPRS 无线数据透明传输终端通过使用域名解析（DNS）的方法获取上位机服务器（数据中心）的 IP 地址，从而与之建立连接并互相传输数据，如图 3-16 所示。这种方案的优点是上位机服务器（数据中心）不需要拥有固定的 IP 地址，而是通过域名解析服务提供商获取域名，GPRS 无线数据透明传输终端通过域名解析获得上位机服务器（数据中心）的 IP 地址。该方案的缺点是虽然降低了使用固定 IP 地址的成本，但是由于采用域名解析服务，提高了用户的使用成本。

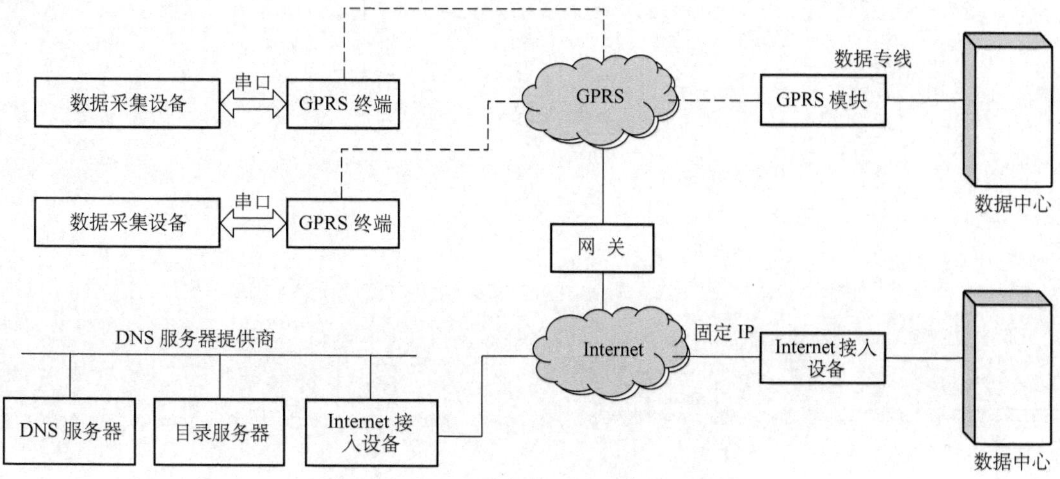

图 3-16　GPRS 设备使用域名接入示意图

3.5.5　其他透明传输技术

基于短信的透明传输方式在5年前比较流行，数据接收和发送的双方都有一个短信收发器，通过该收发器转发透明的串口信息，优点同GPRS方式一样安装灵活方便，缺点是限于一条短信内容不超过140B，所以每次通信的流量小，个别时候短信延迟大。

除了以上提到的透明传输方式以外，还有多种例如USB to 232、CAN to 232等已广泛在实际中应用的产品或者技术。

习题与思考题

3-1　工业控制网络的特点是什么？与一般办公自动化网的主要区别是什么？

3-2　两台PC通过RS-232 COM进行点对点通信，画出两个PC RS-232接口的连线图，并分别设计两台PC的VB程序，一方发送“HELLO”；另一方接收到以后回发“OK”。

3-3　数据通信时校验字节的作用是什么？举两种校验方式并且说明它们的优缺点。

3-4　RS-485网络同现场总线的本质区别是什么？

3-5　使用域名和固定IP建立的服务器各有什么优缺点？

3-6　根据透明串口原理结合现场总线技术，虚拟一个现场总线控制系统，并设计其技术升级改造方案。

第4章 网络化先进控制系统

4.1 集散控制系统（DCS）

4.1.1 DCS系统概述

集散控制系统是以计算机为基础的集中分散型综合控制系统的简称。由于它在发展初期是以分散控制为主要特色的，因此，国外一般称其为分散控制系统（Distributed Control System），即DCS。在国内习惯称之为集散控制系统（DCS）。

集散控制系统是20世纪70年代中期发展起来的一种新型控制系统。它是计算机技术、控制技术、通信技术、图形显示CRT技术相结合的产物，是完成过程控制和过程管理的现代化设备。它弥补了常规过程控制仪表组成的过程控制系统的不足之处。

集散控制系统在冶金、纺织、电力、石油、化工、原子能、水处理等工业生产过程自动化中得到了广泛的应用。作为过程控制发展的新技术，集散控制系统正得到越来越多用户的赞誉。

1. DCS的体系结构 集散控制系统的体系结构通常分为3级。第一级为分散过程控制级；第二级为集中操作监控级；第三级为综合信息管理级。各级之间由通信网络连接，级内各装置之间由本级的通信网络进行通信联系。其典型的集散控制系统的体系结构如图4-1所示。

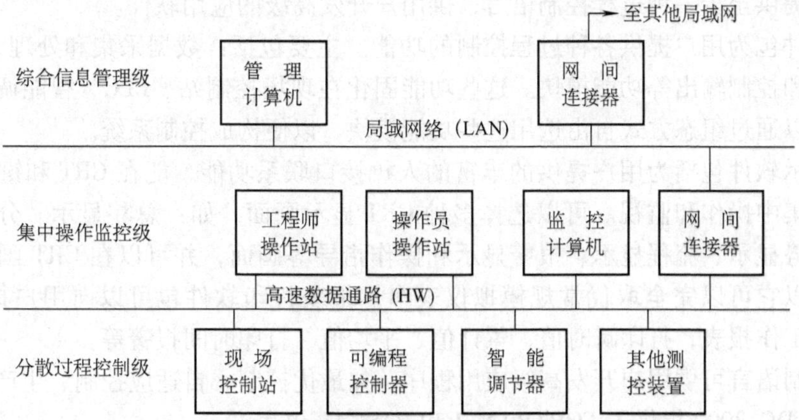

图4-1 集散控制系统的体系结构

（1）分散过程控制级 此级是直接面向生产过程的，是DCS的基础。它直接完成生产过程的数据采集、反馈控制、顺序控制等功能。分散过程控制级的输入信息是直接面向传感器的信号，如热电偶、热电阻、变送器（温度、压力、液位）及开关量等信号。此级为输出驱动生产过程的执行机构。构成这一级的主要装置有：现场控制站（工业控制机）；可编程序控制器（PLC）；智能调节器；其他测控装置。

（2）集中操作监控级　这一级以操作监视为主要任务，兼有部分管理功能。该级是面向操作员和控制系统工程师的，因此配有技术手段齐备、功能强大的计算机系统及各类外部装置，特别是 CRT 显示器和键盘，同时需要较大存储容量的硬盘或软盘支持；另外还需要功能强大的软件支持，确保工程师和操作员对系统进行组态、监视和操作，对生产过程实行高级控制策略、故障诊断、质量评估。其具体组成包括：监控计算机；工程师显示操作站；操作员显示操作站。

（3）综合信息管理级　这一级由管理计算机、办公自动化系统、工厂自动化服务系统构成，从而实现整个企业的综合信息管理。综合信息管理主要包括生产管理和经营管理。

（4）通信网络系统　DCS 各级之间的信息传输主要依靠通信网络技术来支持。根据各级的不同要求，通信网络又分成低速、中速、高速通信网络。低速网络面向分散过程控制级；中速网络面向集中操作监控级；高速网络面向高速通信网络管理级。

2. DCS 的特点　对一个规模庞大、结构复杂、功能全面的现代化生产过程控制系统，首先按系统结构进行垂直方向分解成分散过程控制级、集中操作监控级、综合信息管理级，各级相互独立又相互联系；然后对每一级按功能在水平方向分成若干个子块，与一般的计算机控制系统相比，DCS 具有以下几个特点：

（1）硬件积木化　DCS 采用积木化硬件组装式结构。由于硬件采用这种积木化组装结构，使得系统配置灵活，可以方便地构成多级控制系统。如果要扩大或缩小系统的规模，只需按要求在系统中增加或拆除部分单元，而系统不会受到任何影响。这样的组合方式，有利于企业分批投资，逐步形成一个在功能和结构上由简单到复杂、从低级到高级的现代化管理系统。

（2）软件模块化　DCS 为用户提供了丰富的功能软件，用户只需按要求选用即可，大大减少了用户的开发工作量。功能软件主要包括控制软件包、操作显示软件包和报表打印软件包等，并提供至少一种过程控制语言，供用户开发高级的应用软件。

控制软件包为用户提供各种过程控制的功能。主要包括：数据采集和处理、控制算法、常用运算式和控制输出等功能模块。这些功能固化在现场控制站、PLC、智能调节器等装置中。用户可以通过组态方式自由选用这些功能模块，以便构成控制系统。

操作显示软件包括为用户提供的丰富的人机接口联系功能，能在 CRT 和键盘组成的操作站上进行集中操作和监视。可以选择多种 CRT 显示画面，如：总貌显示、分组显示、回路显示、趋势显示、流程显示、报警显示和操作指导等画面，并可以在 CRT 画面上进行各种操作，所以它可以完全取代常规模拟仪表盘。报表打印软件包可以向用户提供每小时、班、日、月工作报表，打印瞬时值、累计值、平均值、打印时间报警等。

过程控制语言可供用户开发高级应用程序，如最优控制、自适应控制、生产和经营管理等。例如：TDC-3000 提供了 FORTRAN77 和 PASCAL 语言。

（3）控制系统组态　DCS 设计了使用方便的面向问题的语言 POL（Problem Oriented Language），为用户提供了数十种常用的运算和控制模块。控制工程师只需按照系统的控制方案，从中任意选择模块，并以填表的方式来定义这些软功能模块，进行控制系统的组态。系统的控制组态一般是在操作站上进行的。填表组态方式极大地提高了系统设计的效率，解除了用户使用计算机必须编程序的困扰，这也是 DCS 能够得到广泛应用的原因之一。

（4）通信网络的应用　通信网络是分散型控制系统的神经中枢。它将物理上分散配置的多台计算机有机地连接起来，实现了相互协调、资源共享的集中管理。通过高速数据通信线，将现场控制站、局部操作站、监控计算机、中央操作站、管理计算机连接起来，构成多级控制系统。

DCS 一般采用同轴电缆或光纤作为通信介质，也使用双绞线，通信距离可按用户要求从十几米到十几公里，通信速率为 1 ~ 10Mbit/s。由于通信距离长和速度快，可满足大型企业的数据通信，实现实时控制和管理的要求。

（5）可靠性高　DCS 的高可靠性体现在系统结构、冗余技术、自诊断功能、抗干扰措施和高性能的元件等几个方面。

4.1.2　现场控制站

现场控制站目前采用较多的是 PC 总线工业控制机或 STD 总线工业控制机。这里主要围绕 PC 总线工业控制机作为现场控制站加以介绍。

1. 现场控制站的结构　PC 总线工业控制机利用了 IBM PC 的一系列优点，因此它可以很方便地构成现场控制站。现场控制站由以下 5 个部分组成。

（1）机箱（柜）　现场控制站的机箱（柜）内部均装有多层机架，以供安装电源及各种部件之用。机柜常配有密封门、冷却扇和过滤器等，有时还配有温控开关。当机柜内温度超过正常范围时，产生报警信号。

（2）电源　高效、无干扰、稳定的供电系统是现场控制站工作的重要保证。现场控制站内各功能模块所需直流电源一般有 +5V，±15V（或 ±12V），+24V 等。对主机供电的电源一般均要求与现场检测仪表或执行机构供电的电源之间在电气上互相隔离，以减少相互干扰。

（3）工业控制机　工业控制机是现场控制站的核心。它包括 CPU、存储器、输入/输出通道等，主要进行信号采集、控制计算和控制输出等。它大多数都采用 32 位微处理器，配有浮点运算协处理器，以便扩展更为复杂的控制算法，如自整定、模糊控制和预测控制等；只读存储器 ROM 用来固化控制管理的监控器程序、自诊断程序和标准算法程序等；随机存储器 RAM 用来保存现场信息与运算结果等；输入/输出通道由模拟量输入通道、模拟量输出通道、开关量输入通道、开关量输出通道组成。模拟量信号一般采用 4 ~ 20mA 标准信号或 0 ~ 5V，0 ~ 10V 电压信号；模拟量输出信号采用 4 ~ 20mA，0 ~ 10mA 电流信号或 1 ~ 5V 电压信号。

（4）通信控制单元　通信控制单元实现分散过程控制级与集中操作监控级的数据通信。

（5）手动/自动显示操作单元　手动/自动显示操作单元是作为后备安全措施，可以显示测量值、给定值、自动阀位输出值、手动阀位输出值，并具有硬手动操作功能，可直接调整输出阈值。

2. 现场控制站的功能　现场控制站的功能主要有以下 6 点：

（1）数据采集功能　对过程参数，包括各类热电偶信号、热电阻信号、压力、液位、流量等信号进行数据采集、变换、处理、显示、存储、趋势曲线显示、事故报警等。

（2）反馈控制功能　反馈控制功能包括接受现场的测量信号，进而求出给定值与测量值的偏差，并对偏差进行 PID 控制运算，最后求出新的控制量，并将此控制量转换成电流送至执行机构。

（3）顺序控制功能　它通过来自过程状态输入/输出信号和反馈控制功能等状态信号，按预先设定的顺序和条件，对控制的各阶段进行逐次控制。

（4）信号报警功能　对过程参数设定上限值和下限值，若超过上限值和下限值则分别进行上限和下限报警；对非法的开关量状态进行报警；对出现的事故进行报警。信号报警以声音、光或 CRT 屏幕显示颜色变化表示。

（5）打印报表功能　包括定时打印报表、随机打印过程参数、事故报表自动记录打印等。

（6）数据通信功能　完成分散过程控制级与集中操作监控级之间的数据交换。

4.1.3　操作员站及工程师站

1. 操作员站　操作员站由工业微型计算机或工作站、工业键盘、光标控制设备（鼠标或轨迹球）、大屏幕 CRT、操作控制台等硬件设备和软件组成，是系统与操作人员之间的接口。操作人员通过操作站了解生产过程的运行情况，包括各种过程参数的当前值、系统是否有异常情况等。在 CRT 上还可以显示系统总貌、分组和单元等的数据、模拟图、趋势图，以及各种操作、报警信息等。

操作人员通过操作员站还可以对现场进行直接的调节与控制，如对控制回路进行在线调整；启动或终止某个回路；手工调节某个回路或控制某个现场设备的动作。操作员站还具有历史数据的处理功能，可以方便地形成运行报表和历史趋势曲线。

2. 工程师站　工程师站一般由通用微型计算机工作站构成，是对系统进行离线配置、组态和在线监督、控制以及维护的人机接口。

（1）系统离线配置和组态功能　系统组态前，是一个硬、软件的集合体，只有在根据设计要求正确地完成了组态工作后，才成为适合于某个生产过程的控制系统。工程师站提供如下系统配置和组态功能：

1）硬件配置：定义各现场控制站的站号，进行控制站内 I/O 配置，如定义各 I/O 信号性质、型号调理类型等。

2）数据库组态：定义系统数据库的各种参数。系统数据库包括实时数据库和历史数据库。实时数据库组态主要包括定义各过程参数的名称、工程量转换系数、上下限值、线性化处理、报警特性及报警条件等；历史数据库组态主要定义进入历史数据库的数据及保存周期等。

3）回路组态：定义各控制回路的控制算法、调节周期、调节参数和有关系数等。回路组态常用语言为功能块语言。

4）系统画面和过程操作画面：系统画面包括系统的结构、通信网络、各组成设备运行状态等；过程操作画面包括用户过程画面、概貌画面、仪表面板画面、检测和控制点画面、趋势画面以及各种画面编号一览表、报警与事件一览表等。

（2）系统监控功能　工程师站还具有系统运行状态的监控功能，包括对各现场控制站的运行状态、各操作站的运行情况、网络通信情况等的监控，以便发生异常时，能及时采取措施进行维护或调整，不致对生产过程产生失控或造成损失。

另外，工程师站还具有在线修改功能，如：上下限值的改变、控制参数的调整等。

4.1.4　DCS 系统网络

集散控制系统由三大部分组成。根据分散过程控制装置、集中操作管理装置和通信系统的不同，集散控制系统的网络结构也不同。现以 HS2000 系统为例说明集散控制系统网络的构成。

HS2000 是我国国内研制的一套分层分布式综合控制系统。它通过多层数据网络将各种不同的设备连接在一起，实现各部分信息共享和协调工作，从而完成综合控制与管理功能。

图 4-2 为 HS2000 集散控制系统的总体结构。HS2000 系统为三层网络结构，不同的网络适应不同层次和规模的控制与管理任务，这种分层结构提高了系统的整体可靠性和灵活性。各层网络的功能如下：

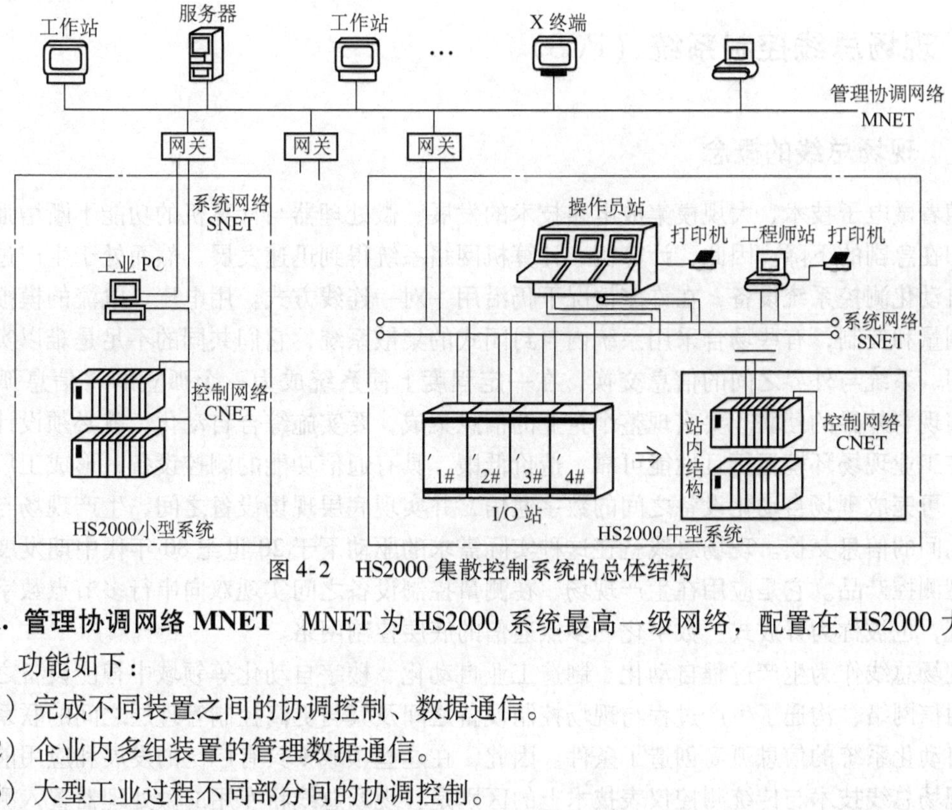

图 4-2　HS2000 集散控制系统的总体结构

1. 管理协调网络 MNET　MNET 为 HS2000 系统最高一级网络，配置在 HS2000 大型系统中，功能如下：

1）完成不同装置之间的协调控制、数据通信。

2）企业内多组装置的管理数据通信。

3）大型工业过程不同部分间的协调控制。

4）开放式标准局域网，采用 TCP/IP、Ethernet 等网络协议以及 Novell 网络结构。

5）通信介质为光纤或同轴电缆。

6）通信速率大于 10Mbit/s，通信距离可达 20km。

2. 系统网络 SNET　SNET 是连接系统中操作员站、I/O 站和工程师站的干网，配置在 HS2000 中型系统中，功能如下：

1）I/O 现场控制站向操作员站传递数据。

2）I/O 现场控制站间的数据通信。

3）操作员站和工程师站向现场控制站传递组态数据或控制命令。

4）采用工业令牌总线协议，符合 IEEE802. 4 标准。

5）传输速率为 25Mbit/s，传输最大距离为 6.5km。

6）传输介质为同轴电缆或光缆。

7）网络最大节点数为 32 个。

3. 控制网络 CNET HS2000 系统 I/O 站组件之间及组件内部各模板之间采用网络通信，其优点表现如下：

1）各 I/O 模板之间相对独立，功能进一步分散。

2）有利于提高系统配置的灵活性。

HS2000 系统控制网络 CNET 用于 I/O 站组件的数据通信，采用 CANBUS（控制局域总线）。SNET 支持多结构，提供优先级控制，具有很强的错误识别和处理能力，支持点对点和广播发送功能，传输速率小于 1Mbit/s。

4.2 现场总线控制系统（FCS）

4.2.1 现场总线的概念

随着微电子技术、大规模集成电路技术的发展，微处理器与计算机的功能不断增强，而价格却在急剧的下降。因此，计算机、计算机网络系统得到迅速发展，然而处于生产过程底层的自动化测控系统设备，在许多情况下仍沿用一对一连线方式。用电压、电流的模拟信号进行测量和控制，有些场合采用系统内自封闭式的集散系统，它们共同的不足是难以实现设备之间、系统与外界之间的信息交换，在一定程度上使系统成为一个孤立的“信息孤岛”，不能实现与外界的互联。要实现整个企业的信息集成，要实施综合自动化，就必须设计出一种能在工业现场环境运行且性能可靠、造价低廉、具有通信功能的测控设备，形成工厂底层网络，可完成现场自动化设备之间的数字通信，并实现底层现场设备之间、生产现场与外部设备之间的信息交换。现场总线就在这种实际需求的驱动下于 20 世纪 80 年代中期发展起来的新型测控产品。它是应用在生产现场、在测量控制设备之间实现双向串行多节点数字通信的系统，也被称为开放式、数字化、多点通信的底层控制网络。

现场总线作为生产过程自动化、制造工业自动化、楼宇自动化等领域中智能设备之间的互联通信网络，沟通了生产过程与现场控制设备之间及其与更高控制管理层之间的联系，为消除自动化系统的信息孤岛创造了条件。因此，在这些领域中具有广泛的发展和应用前景。

现场总线技术与传统测控仪表技术上的区别是：现场总线将专用的微处理器置入测量控制仪表中，使这些测控仪表各自都具有数字计算、逻辑判断和数字通信能力；采用多种规格的传输导线作为总线介质，把多个测量控制仪表连接成网络系统，并按公开、规范的通信协议；在位于现场的多个微机化测量控制设备之间以及现场仪表与远程监控计算机之间，实现数据传输、信息交换、远程登录、远程访问，形成满足各种实际需要的自动控制系统。它把系统中各个单个分散的测量控制设备编程网络节点，以现场总线为纽带，把它们连接成可以相互沟通信息、共同完成自控任务的网络系统与控制系统。它给自动化领域带来的变化，就像众多分散的计算机被 Internet 网络连接在一起，使各个计算机的功能、作用发生重大的变化一样，现场总线强调自控系统与设备之间的通信能力，并将它们连成网络系统，加入到信息网络的行列。因此可以说现场总线技术的到来是控制技术的又一个新时代的开始。

现场总线控制系统既是一个开放通信网络，又是一种全分布控制系统。它作为智能设备的联系纽带，把挂接在总线上作为网络节点的智能设备连接为网络系统，并进一步构成自动化系统。实现控制、远程参数修改及控制一体化的综合自动化功能。这是一项以智能传感器、计算机、网络控制和数字通信为主要内容的综合技术。

由于现场总线适应了工业控制系统以先分散化、网络化、再智能化的发展为方向。从它的诞生之日起，便成为全球工业自动化技术的热点，受到全世界的普遍关注。现场总线的出现，致使目前生产自动化仪表，集散控制系统（DCS）、可编程序控制器（PLC）在产品的体系结构、功能结构方面发生了较大的变革。传统的模拟仪表将逐步被具备数字通信功能的智能化数字仪表所代替，并出现了一批具有检测、运算、控制功能于一身的多变量变送器；出现了具有故障信息反馈的执行器。它从根本上改变了现有设备的维护管理方法。

传统控制系统与现场总线控制系统的区别如图 4-3 和图 4-4 所示。

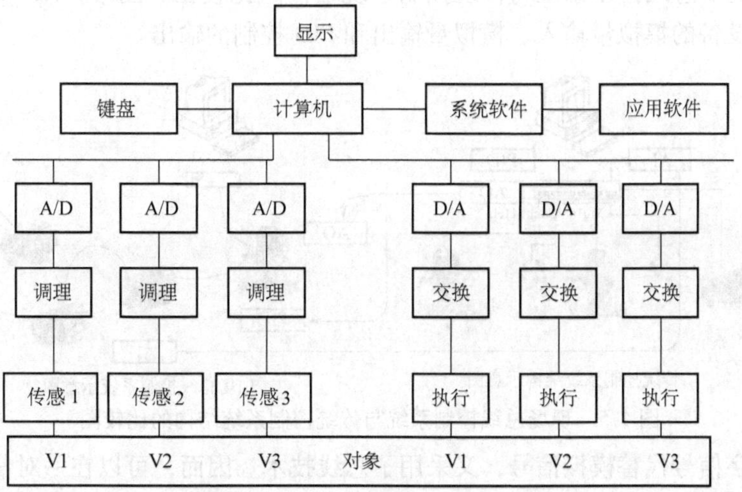

图 4-3　传统控制系统设备关系图

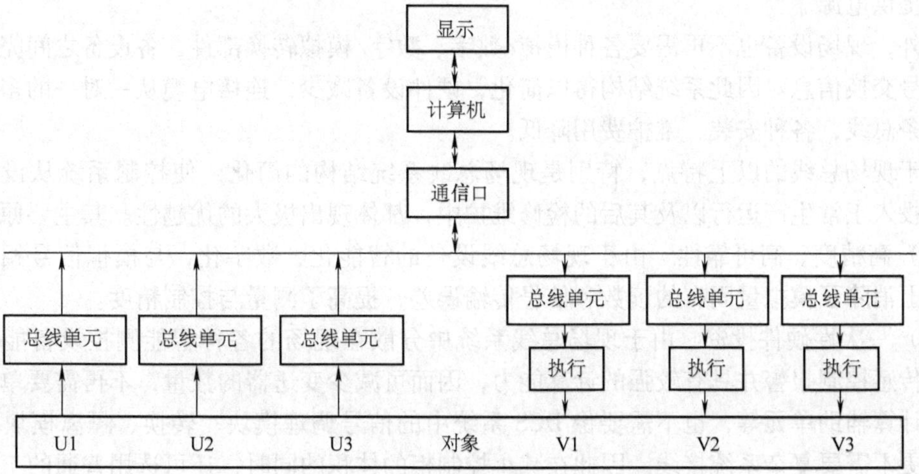

图 4-4　现场总线控制系统设备关系图

4.2.2 现场总线的结构和技术特点

1. 现场总线系统的结构 现场总线系统打破了传统控制系统的结构形式。传统模拟控制系统采用一对一的设备连线，按控制回路分别进行连接。使得位于现场的测量变送器与控制室的控制器之间，控制器与现场的执行器、开关、电动机等执行设备之间均采用一对一的物理连接，这就使得系统在布线、安装、调试等环节需要很多的硬件支出，调试工作复杂，调试周期长，成本增加。现场总线型智能设备的应用，可将原 DCS 系统中处于控制室的控制模块、各种输入输出模块置入测控现场，充分利用现场总线设备所具有的数字通信能力，安装于现场的测量变送器直接与阀门等执行机构进行信号传输，因而控制系统可以脱离控制室内的主计算机而工作，直接在现场总线完成测量与控制信号的传递，彻底实现了系统的分散控制。

图 4-5 为现场总线控制系统与传统控制系统结构的比较图。图中，AI、AO 和 PID 分别代表针对现场设备的模拟量输入、模拟量输出和 PID 控制的输出。

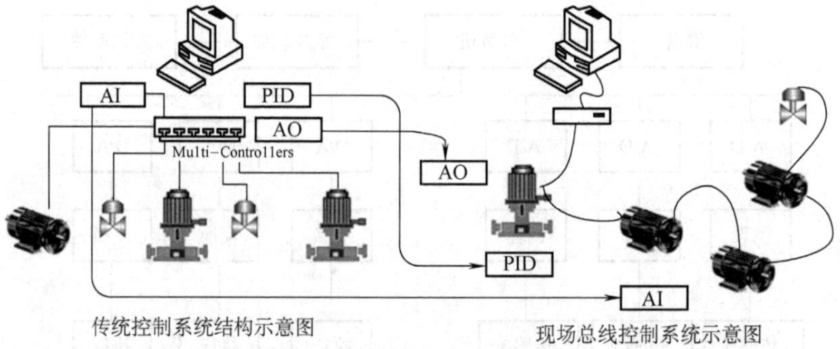

图 4-5　现场总线控制系统与传统控制系统结构的比较图

由于用数字信号代替模拟信号，又采用了总线技术。因而，可以在一对信号传输线上实现多个信号同时传输，各种信号共用一组总线完成信息的交换（包括各种测量与控制参数值、设备工作状态参数、设备或系统的故障信息等），在进行信号传输的同时又可为各个现场设备提供电源。

此外，现场设备也不再需要各种模拟/数字、数字/模拟转换部件，各设备之间完全使用数字信号交换信息。因此系统结构得以简化，硬件设备减少，连接电缆从一对一的多条减为仅仅一条总线，各种安装、维护费用降低。

由于现场总线的以上特点，特别是现场总线系统结构的简化，使控制系统从设计、安装、到投入正常生产运行以及其后的检修维护中，都体现出极大的优越性。其主要原因有：

（1）高精度、高可靠性　由于现场总线设备的智能化、数字化，与模拟信号相比，它从根本上消除了模拟量固有的读数和信号传输误差，提高了测量与控制精度。

（2）一次性硬件投资　由于现场总线系统中分散在现场的各种智能测控设备能直接执行多种传感控制报警并具有较强的计算能力，因而可减少变送器的数量，不再需要单独的调节器、计算辅助单元等，也不需要像 DCS 系统中的信号调理模块、转换、隔离模块等功能单元，更不需要复杂系统接线，因此在减小控制柜的体积的同时，还可选用普通的工业控制计算机，从而节省了系统硬件投资。

(3) 工程现场安装费　用现场总线组成的测控系统，其接线十分简单，用一对双绞线或一条电缆作为系统的传输总线，多个设备挂接在总线上，因而电缆、桥架的用量将大大减少，布线系统、现场校线编号的工作量大为减少。

此外，现场控制设备的增加、拆除工作非常容易，无需增设新的电缆，在原有的总线电缆上挂接新设备即可。这样，既节省了一次性投资，又减少了由于系统修改而带来的设计、修改、安装工作量。

(4) 日常维护费用　由于现场总线测控设备具有故障自诊断与故障处理，也可通过总线而将有关的诊断、维护信息送往主控制室，用户可以在远离现场的场所（甚至可以在异地）进行设备运行情况的查询、诊断和维护，因此可以早期分析故障原因并迅速排除，缩短了因维护而必需的停工时间。

另外，由于系统设备结构的简化，操作简单而日常维护工作量减少。

同时，由于系统设备的结构变化，设备、连线的减少，仪表内部功能加强，减少了信号的往返传输次数，系统具有更高的可靠性。

由于设备标准化、功能模块化，系统还具有设计简单、方便重构等优点。

2. 现场总线的技术特点　现场总线是新型自动化系统，又是低带宽的底层控制网络，且位于生产控制和网络结构的底层，可与因特网（Internet）、企业内部网（Intranet）相连。作为网络系统，其最显著的特征是具有开放统一的通信协议。

现场总线与工厂现场设备直接相连接，一方面将现场测量控制设备互连为通信网络，实现不同网段、不同现场通信设备间的信息共享；同时又将现场运行的各种信息传送到远离现场的控制室，并进一步实现与操作终端、上层控制管理网络的连接和信息共享。在将现场设备的运行参数、状态以及故障信息等送往控制室的同时，又将各种控制、维护、组态命令，乃至现场设备的工作电源等送往各相关的现场设备，增强了生产过程现场级控制设备之间及其与更高控制管理层次之间的联系。由于现场总线完成现场参数的检测与测量控制任务，因而它具有信息传输的实时性强，可靠性高等特点，传输速率一般在几 kbit/s 至 10Mbit/s 之间。

现场总线系统在技术上有以下特点：

(1) 全数字化　现场总线设备是一种完全数字化的测控装置，具有较强的计算和通信能力。

(2) 开放性　开放是指系统对某种标准的一致、公开和对该标准的共同遵守程度，现场总线是开放性的，它的标准是公开的，因此它可以和任何厂商生产的遵守统一标准的系统、设备相连，进行信号传递和通信。这一特性对系统功能的增加和系统维护是极为方便的。

(3) 智能化　由于现场总线设备具有内置高性能的微处理器，因此它具有测量、变送、信号调理、运算、控制功能的一种底层智能设备，可完成自动控制系统功能，且具有逻辑辨别能力。

(4) 互换性　不同厂商生产的设备，只要其遵守的是一个协议标准，则设备具有可互换性，可以相互替换，这意味着用户可以不必对所有厂家的产品做备件，从而减少用户备件费用的开支。

(5) 风险分散性　现场总线是一种新的全分散型控制系统的体系结构。从根本上改变了集中式数字控制系统和现有的 DCS 集中、分散相结合的集散控制系统体系结构，减轻了主计算机的负担和风险，现场单元具有更高的智能特性，因此，简化了系统结构，提高了可靠性。

此外，现场总线对现场环境的适应性优于其他系统。它工作在生产现场前端，作为工厂网络底层的现场总线，是专为现场环境而设计的。可支持双绞线、同轴电缆、光缆、射频、红外线、电力线等传输介质，具有较强的抗干扰能力，能采用两线制实现供电与通信，可满足本质安全防爆要求等。

现场总线网络集成自动化系统应该是开放的，可以由不同的设备制造厂商提供的遵从相同通信协议的各种测量控制设备共同组成。由于历史原因，各大制造商都推出了自己的通信协议的现场总线设备，在几大现场总线协议尚未完全统一之前，有可能在一个企业内部，在现场级形成不同通信协议的多个网段，这些网段间可以通过网桥连接而相互通信息。通过以太网或光纤通信网与高速网段上的服务器、数据库、打印机等交换数据。

4.2.3　现场总线的基本设备

人们把现场总线的节点设备称为现场设备或现场仪表，节点设备的名称及功能随所应用的企业而定。不同的现场总线标准构成的FCS，具体的设备可能不同，但是在FCS最基本的框架下，基本设备是相似的。现场总线智能化设备以现场总线技术为基础，以微处理器为核心，以数字化通信为传输方式，并根据实际情况内置各种控制算法模块，从而完成数据采集、回路控制功能。如图4-6所示，以现场总线基金会（FF）的FCS为例，用于过程自动化构成FCS的基本设备如下：

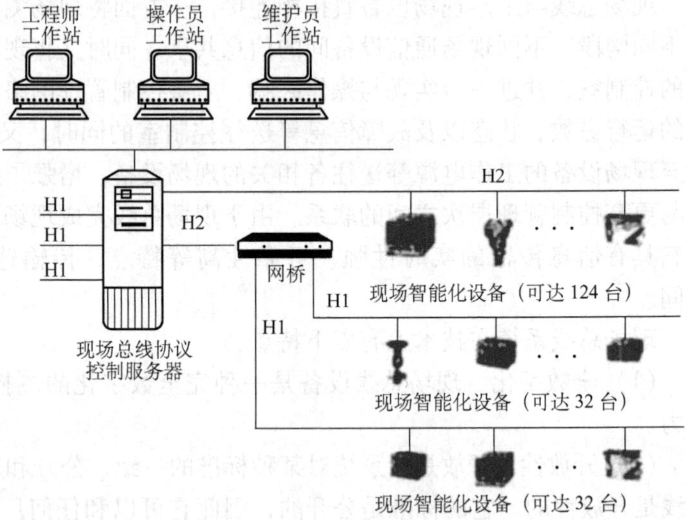

图4-6　FF现场总线控制系统结构

（1）变送器　常用的有温度、压力、流量、物位和物性分析变送器5大类，每类又有多个品种。FCS中的变送器已经超越传统的变送器，它既有检测、变换和补偿功能，又具有PID算法及控制功能。

（2）执行器　常用的执行器有电动、气动两大类，每类又有多个品种。执行器的基本功能使信号驱动和执行，还内含调节阀输出特征补偿、PID控制和运算等功能。另外有阀门特性自校验和自诊断功能。

（3）服务器和网桥　对于FF现场总线而言，服务器下接H1和H2，上接局域网LAN；网桥上接H2，下接H1。

（4）辅助设备　H1/气压、H1/电流和电流/H1转换器、安全栅、总线电源、便携式编程器等等。

（5）监控设备　工程师站供现场总线组态，操作员站供工艺操作与监视，计算机调用与优化控制和建模。

4.2.4　现场总线的未来趋势

现场信号的数字化为实现复杂的控测应用提供了条件。但不同厂商所提供的设备之间的通信标准不统一，严格束缚了工厂底层网络的发展。从用户到设备制造商都强烈要求形成统一的标准，组成开放互联网络，以便用户将不同厂商提供的自动化设备互连成测控系统。开放意味着标准是公开的，统一意味着不同厂商共同遵守着同一个技术标准，设备可互联为一致通信系统。从这个意义上说，现场总线就是工厂自动化领域的开放互联系统。开发这项技术的先决条件就是首先必须制定相应的统一标准。近几年现场总线的标准制定有了一定的进步。

1984 年，美国仪表协会（ISA）下属的标准与实施工作组开始制定现场总线标准；1985 年，国际电工委员会决定由 Proway Working Group 负责现场总线体系结构与标准的研究制定工作；1986 年，德国开始制定过程现场总线（Process Fieldbus）标准，简称为 PROFIBUS，由此拉开了现场总线标准制定及其产品开发的序幕。

1992 年，由 Siemens，Rosemount，ABB，Foxboro 等 80 家公司联合，成立了 ISP（Interoperable System Protocol）组织，着手于在 PROFIBUS 的基础上制定现场总线标准。1993 年，以Honeywell，Bailey 等公司为首，成立了 WorldFIP（Factory Instru mentation Protocol）组织，有 120 多个公司加盟该组织，并以法国标准 FIP 为基础制定现场总线标准。此时各大公司均已清醒的认识到，现场总线应该有一个统一的国际标准，只有如此，现场总线技术才能得到长远的发展。但总线标准的制定过程并非一帆风顺，由于行业与地域发展历史等原因，加之各公司和企业集团受自身商业利益的驱使，致使总线的标准化工作进展缓慢。

1994 年，ISP 和 WorldFIP 北美部分合并，成立了现场总线基金会（Field Bus Foundation，FF），推动了现场总线标准的制定和产品开发，于 1996 年第一季度颁布了低速总线 HI 标准，安装了示范系统，将不同厂商的符合 FF 规范的仪表互连为控制系统和通信网络，使 HI 低速总线开始进入实用阶段。

与此同时，在不同行业还陆续派生出一些有影响的总线标准。他们大都在公司标准的基础上逐渐形成并得到其他厂商、公司、用户与国际组织的一致支持。如德国的 Bosch 公司推出 CAN（Control Area Network），美国 Echelon 公司推出的 LonWorks 等。大千世界，众多行业，需求各异，加上要考虑到已有的各种总线产品的投资效益和各公司的商业利益，预计在今后一段时间内，会出现几种现场总线标准共存、统一生产现场有几种异构网络互联通信的局面。但发展共同遵从的统一的标准规范，真正形成开放互联系统，是大有发展趋势的。

4.2.5　以现场总线为基础的控制系统

作为控制系统，现场总线控制系统在控制方案的选择上与普通控制系统基本相同。

下面将以锅炉汽包水位的三冲量系统为例，介绍现场总线控制系统在设计、安装、运行方面的特色，以及如何一步步实现现场总线控制系统。图 4-7 所示的汽包水位的三冲量控制系统是经常被采用的经典控制方案。他把与水位控制相关的 3 个主要因素，即水位、给水流量、蒸汽流量，都引入到控制系统作为控制计算机的依据，可以取得较好的控制效果。这里采用的是有两个控制器按串联方式构成的控制系统。

在控制系统选定之后还须从以下两个方面考虑现场总线控制系统设计中的问题。

1. 根据控制方面的需要选择必须的智能仪表　一个经典的三冲量水位控制系统需要一个液位变送器、蒸汽流量和给水流量两个流量变送器、一个给水调节阀。现场总线控制系统同样也需要这些变送器、执行器。对一般模拟仪表控制系统来说，由于汽包水位、蒸汽流量、给水流量的测量信号本身波动频繁，故需要阻尼器对测量信号进行处理。按工厂常规采用的孔板加差压变送器测量流量的方法，要使测量信号与流量成线性关系，需加开方器，此外，还需要形成串级控制的主、副两个调节器、加法器等；而现场总线系统中实现阻尼、开方、加减、PID 计算等功能完全靠嵌入在现场变送器或执行器中的功能软件实现，这样可减少硬件投资，节省安装工时与线缆。

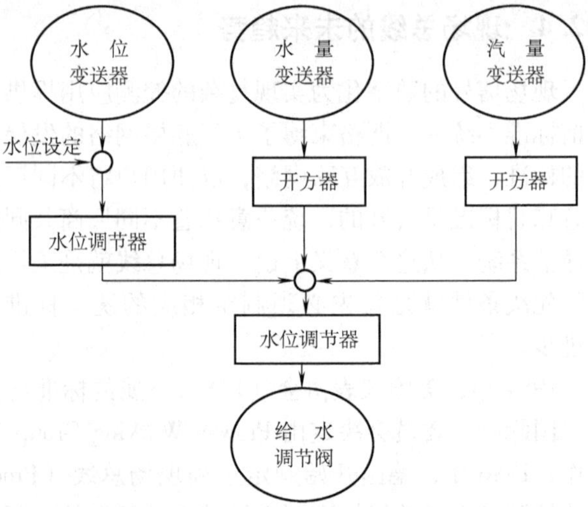

图 4-7　锅炉汽包液位的三冲量系统方案

2. 选择计算机与网络配件　为满足现场总线智能设备组态、运行、操作的需求，一般还需要选择一台或多台能与现场总线网络连接的计算机。随着工业 PC 在控制领域的日趋普及，许多不同通信协议的现场总线控制系统都采用安插在 PC 总线插槽中的 PC 现场总线接口板，把工业 PC 基于现场总线网段连接为能完成组态、运行、操作等功能的完整的控制与网络系统。现场总线接口板可有几个现场总线通道，能把几条现场总线网段集成在一起，再加上电源、终端器、缆线等，成为现场总线系统的基本硬件。图 4-8a 为现场总线基本硬件构成图。图中两台配置相同的工业 PC 主要是为系统的安全冗余而设置的。图中所表示的现场总线 PCI 接口卡具有 4 个通道，每个 PCI 接口卡可与 4 条总线网段连接。

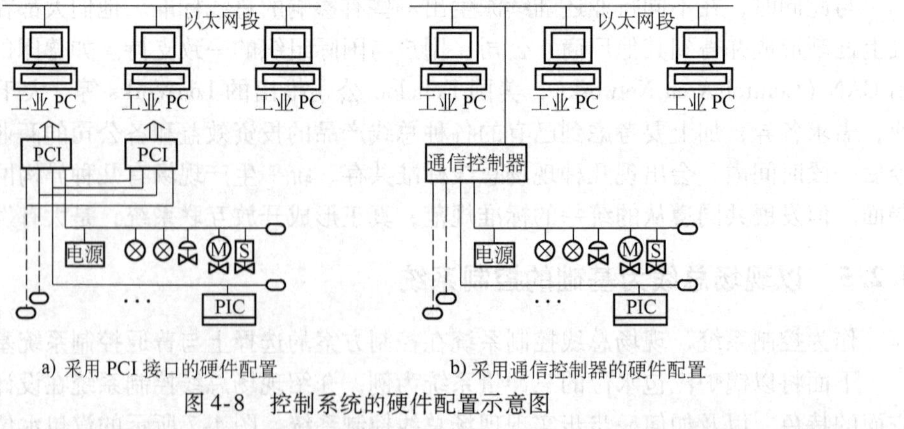

a) 采用 PCI 接口的硬件配置　　b) 采用通信控制器的硬件配置

图 4-8　控制系统的硬件配置示意图

另一种流行的硬件配置办法是设计某种通信控制器，其一侧与现场总线网段连接，另一侧按通常采用的 PC 联网方式，如通过以太网方式，采用 TCP/IP 通信协议、网络 BIOS 协议，完成现场总线网段与 PC 之间的信息交换。图 4-8b 表示了这种控制系统的硬件配置。

为优化通信，减少信号的往返传递，应尽可能将同一控制系统中信号相关的现场设备就近安排在同一总线段上。除了上面提到的水位、流量变送器和给水调节阀外，由于锅炉控制系统中还有用于连锁系统开关量控制的PLC，也需要与现场变送器等交换信息，因此可采用PLC与现场总线网段接口，使PLC成为现场总线网段的节点成员。

另外，现场总线网段作为工厂底层网络，还要考虑到它与工厂其他层次网段间的连接和数据交换。

4.3　FCS与DCS的分析比较

FCS系统利用现场总线技术，针对现存的DCS的某些不足，改进控制系统的结构，提高了性能和通用性。传统DCS的主要问题是开放性差、功能分散性差，需要用大量的电缆传递模拟信号等。但是，DCS发展了二三十年，已经在许多领域成熟应用，其强大的功能和可靠性已经得到验证和承认，并且已经占有了相当大的市场。与DCS相比，FCS具有技术上的优势，但是还处于发展和成熟之中，许多问题还有待解决。当今工业控制领域，DCS和FCS共存的情况还将维持一段较长的时间。

在技术上，FCS与DCS相比，具有以下几点优势：

1）FCS的信号传输实现了全数字化，从最底层的传感器和执行器就采用现场总线网络，逐层向上直至最高层均为通信网络互连。

2）FCS的系统结构是全分散式，FCS废弃了DCS的输入/输出单元和控制站，由现场设备或现场仪表取而代之，即把DCS控制站的功能化整为零，分散地分配给现场仪表，实现彻底的分散控制。

3）FCS的现场设备具有互操作性，不同厂商的现场设备既可互连也可互换，并可以统一组态，彻底改变传统DCS控制层的封闭性和专用性。

4）FCS的通信网络为开放式互连网络，既可与同层网络互连，也可与不同层网络互连，用户可极其方便地共享网络数据库。

5）FCS的技术和标准实现了全开放、专利许可要求，可供任何人使用，从总线标准、产品检验到信息发布全是公开的，面向世界任何一个制造商和用户。

另一方面，由于FCS是一种新技术，目前真正意义上的现场总线的统一国际标准尚不具备，因此FCS与成熟的DCS相比，还存在下列的一些不足。

1）由于现场总线标准本身尚在发展中，从而给产品的开发和测试带来难度。这在一定程度上造成产品开发商多、生产商少、产品单一而且价格昂贵。

2）虽然IEC（International Electro Technical Commission，国际电工委员会）已经确定了8种总线作为标准，但是仍然让设备生产商和用户无所适从，只有当真正意义上的现场总线的标准确立以后，FCS才可以走向成熟。

3）现阶段，在某些场合中FCS还无法提供DCS已有的控制功能。由于软硬件水平的限制，其功能模块中的功能还不是很强，品种也不够齐全；用现场仪表还只能组成一般的控制回路如单回路、串级、比例控制等；对于复杂的、先进的控制算法还无法在仪表中实现，对于单回路内有多输入、多输出的情况缺乏较好的解决方案。

4）目前FCS成功应用于各行业的实例不多，难以评估实际应用效果。而DCS已经长期稳定可靠地运行于许多工业现场，其市场优势是FCS无法比拟的。

总的来说，FCS 的这些劣势使得其在实施推广过程中经常遇到问题，但是 FCS 在技术上的优势已经得到大家的承认，FCS 还是今后最有前途的控制系统。

由于以上这些原因，FCS 取代 DCS 将是一个逐渐的过程。在这一过程中，会出现一些过度型的系统结构，如在 DCS 中以 FCS 取代 DCS 中的某些子系统。用户将现场总线设备连接到独立的现场总线网络服务器，服务器配有 DCS 中连接操作站的上层网络接口，与操作站直接通信。在 DCS 的软件系统中可增添相应的通信与管理软件。这样不需要对原有控制系统作结构上的重大变动。

习题与思考题

4-1　简述 DCS 控制系统的组成特点。

4-2　工程师工作站的主要功能是什么？它在 DCS 控制系统中的地位是什么？

4-3　上网查找几种典型的 DCS 控制系统，并了解它们的特点。

4-4　FCS 系统都采用了哪些网络化技术？

4-5　FCS 系统共分几级？它们都有哪些特点？

4-6　FCS 系统最典型的系统实例是什么？

4-7　FCS 与 DCS 的区别是什么？

第 5 章　典型网络化工控产品应用技术

5.1　嵌入式控制器 BL2000

5.1.1　BL2000 概述

BL2000 是 Wildcat 公司生产的一个功能强大的开放的实时嵌入式系统，其 Rabbit Core RCM 2000 模块内含 Rabbit 2000 微处理器、大容量 Flash 及 SRAM、内置以太网接口，可直接通过网络实时监控；具备 RS-232/RS-485 接口，可与各种串行设备快速进行网络连接；内置 A/D、D/A 转换器，可快速有效地实现 A/D、D/A 转换。

所有的 BL2000 系列模块可以使用恰当的辅助硬件通过以太网/互联网进行编程和调试。带有 10Base-T 以太网接口的系统可以直接通过局域网或互联网进行控制和监视，能够对远端设备开放接口，能够提供网页服务，还能够发送 e-mail。BL2000 系列对于大系统来说作为一个具有网络功能的服务处理器也是非常理想的。BL2000 系列的编程可使用工业级的 Z-World 中的 Dynamic C Premier 软件进行系统开发。

Wildcat 公司为 OEM（Original Equipment/Entrusted Manufacture，这里指基于成型的关键技术开发产品）设计者提供了低成本、高性能的单板计算机以实现以太网接入。这些紧凑式板卡具有许多嵌入式控制和监视的应用优点，电路板尺寸为 3.43in × 4.15in（1in = 25.4mm），非常适合系统集成。BL2000 单板系统的实物图如图5-1所示。

图 5-1　BL2000 单板系统的实物图

5.1.2　BL2000 系统的特点

BL2000 单板系统在设计当初就充分考虑了使用的方便性、透明性，无论是采集模拟信号还是采集数字信号都可直接实现，现将 BL2000 系统的特点介绍如下：

1）具有 RJ-45 插口的 10Base-T 以太网接口。

2）简便的连通性。

3）快速的 22.1MHz 时钟。

4）多达 28 个数字量 I/O 通道。

5）可方便实现 12 位 A/D 和 D/A 转换，具有 4 个串口。

6）内含 128KB 的 SRAM 和 256KB 的 Flash（可扩展的）。

7）BL2000 单板电路中具有在板继电器。

8）带有后备电池的时间/日期时钟。

5.1.3　BL2000 子系统

BL2000 具有 4 种版本，其中两种具有以太网接口，另外两种没有以太网接口。所有 BL2000 的结构中都具有 28 个数据信号的 I/O（包含 5 个或 7 个双功能模拟、数字输入），3 个 RS-232/RS-485 串行接口，RABBIT2000 CPU（22.1MHz，128KB 的 SRAM 及 256KB 的 Flash（可扩展）），在单板系统上还有一个单刀双掷继电器，7 个定时器，一个带有备用电池的时间/日期时钟。

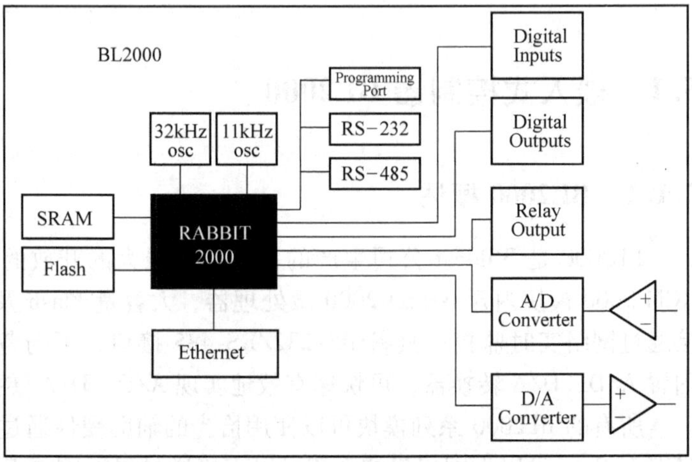

图 5-2　BL2000 的结构示意图

对于最常见的应用，BL2000 和 BL2020 模块包含 4 通道 12 位 A/D 输入，5 通道双功能输入，以及 2 通道 12 位 D/A 输出。对于不需要高精度模拟数据采集的情况可以选用 BL2010 及 BL2030，它们具有 4 通道 10 位 A/D 输入，7 通道双功能输入，没有 D/A 输出。双功能输入是由软件设置的，可配置成模拟输入或带域值的开关量输入。BL2000 的结构示意图如图 5-2 所示。

BL2000 的引脚结构图如图 5-3 所示。

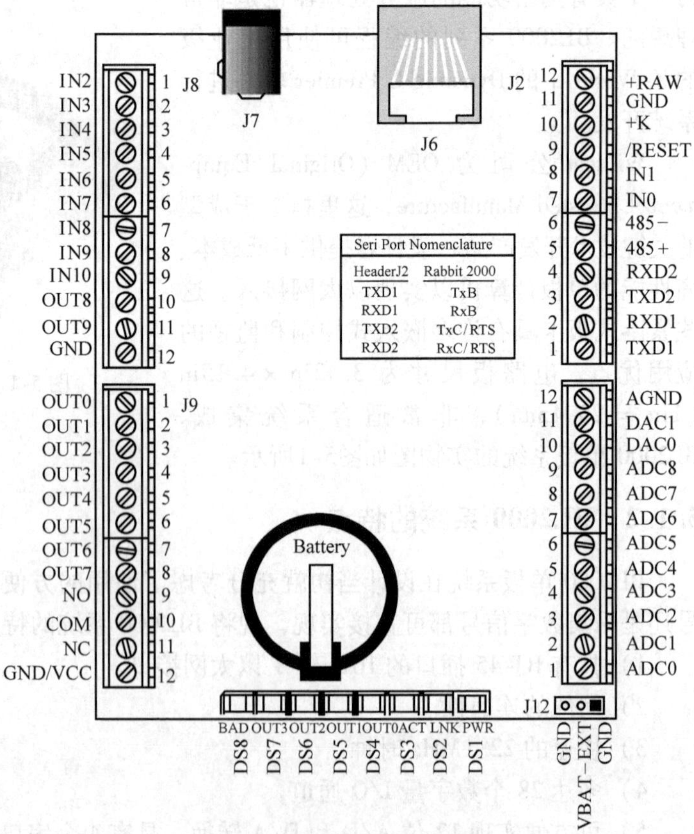

图 5-3　BL2000 的引脚结构图

5.1.4　BL2000 的性能指标

BL2000 的性能指标如表5-1 所示，表中就 BL2000 系统、BL2010 系统、BL2020 系统和 BL2030 系统的各项性能指标作了详细的分类，从中可以看出

表 5-1　BL2000 的性能指标

	BL2000	BL2010	BL2020	BL2030
微处理器	Rabbit2000@ 22. 1MHz			
SRAM	128KB			
Flash	256KB			
以太网口	10Base-T，RJ-45，具有链接和通信状态指示灯		无	
开关量输入	11 路：带保护，直流耐压电压达到 ±36V			
开关量输出	10 路：最大每通道可输出 200mA@ DC40V			
模拟量输入	通道数：4 路 输入阻抗：1MΩ 分辨率：12 位 信号范围：±10V（可修改） 采样速率：4. 0kHz	通道数：4 路 输入阻抗：1MΩ 分辨率：10 位 信号范围：±10V（可修改） 采样速率：4. 0kHz	通道数：4 路 输入阻抗：1MΩ 分辨率：12 位 信号范围：±10V（可修改） 采样速率：4. 0kHz	通道数：4 路 输入阻抗：1MΩ 分辨率：10 位 信号范围：±10V（可修改） 采样速率：4. 0kHz
模拟量输出	通道数：2 路 分辨率：12 位 信号范围：DC0 ~4V 转换速率：12kHz	无	通道数：2 路 分辨率：12 位 信号范围：DC0 ~4V 转换速率：12kHz	无
双功能模拟量或数字量输入	通道数：5 路 分辨率：12 位 信号范围：DC0 ~48V（可修改）	通道数：7 路 分辨率：10 位 信号范围：DC0 ~48V（可修改）	通道数：5 路 分辨率：12 位 信号范围：DC0 ~48V（可修改）	通道数：7 路 分辨率：10 位 信号范围：DC0 ~48V（可修改）
继电器输出	单刀双掷，最大输出 1A@ DC30V 或 0. 3A @ AC120V 与开关量输出通道 0 公用一个输出			
存储器 I/O	无			
串口	1 个 RS-485 端口；2 个 3 线的或 1 个 5 线的 RS-232 端口；编程端口			
连接器	以太网：RJ-45； 电源插口/串口/I/O 端口：螺钉压接端子； 编程接口：2×5 双列直插引脚		电源插口/串口/I/O 端口：螺钉压接端子；编程接口：2×5 双列直插引脚	
显示灯	共有 8 个指示灯：电源、运行状态、以太网 LNK、ACT、开关量输出通道 0 ~3 状态指示灯		共有 6 个指示灯：电源、运行状态、开关量输出通道 0 ~3 状态指示灯	
定时器	共 5 个 4 个：8 位定时器 1 个：带有 2 个匹配寄存器的 10 位定时器（5 个定时器成对级联）			
实时时钟	有			
看门狗/监视程序	有			
后备电池	可更换的 3V 硬币型锂电池，用于保持实时时钟和 SRAM			
供电电压	DC9 ~40V 或 AC24V ±10%，在板具有稳压电路			
功率	低于 1. 5W 的标准功率			
环境	−40 ~70℃，5% ~95% 湿度，不结露			
板卡尺寸	板子：87mm×105mm×21mm　带外壳：124mm×142mm×28mm			

各系统之间的不同点和相同点。总的来说，BL2000 系列是一款低成本、高性能的集成一体化单板控制器，适合使用在设备控制，生产线过程监控等方面。具有极高的 I/O 密度，体积小巧，具有独立采集、测控能力、方便组网等功能。

BL2000 的软硬件功能能够充分地满足测控系统的需要。例如 22.1MHz Rabbit2000 微处理器就能够很好地满足测控系统对 A/D 采样快速的要求，I/O 端口的数目也可以很好地满足对多控制点实行控制的要求。

5.2 Dynamic C 语言

5.2.1 Dynamic C 语言概述

BL2000 的开发软件是在专用的集成开发环境（Integrated Development Environment，IDE）Dynamic C（动态 C）下编译、调试通过。动态 C 语言接近于但不同于传统的 C 语言，是基于 Windows 及 Linux 平台的 Rabbit 应用软件的完整开发系统，它作为应用程序运行于 IBM-PC 兼容机上，是 Z-World 公司为基于 Rabbit 微处理器的嵌入式系统而设计的专门的 C 编译系统。动态 C 包含了很多底层的 I/O 驱动函数库，大大减轻了软件开发的工作量。它具有实时多任务内核，提供 Socket 级（使用 Windows95/98/NT 中的 API 函数）的 TCP/IP 编程，支持多种网络协议。应用动态 C 进行软件开发，无需仿真器和编程器，开发成本大大降低。另外，由于动态 C 直接对存储器进行编译，函数及库都可以实现以动态方式进行编译与连接，因此具有了极大的速度优势。

1. Dynamic C 语言的特点

1）集编辑、编译、连接、下载、调试等功能为一体。

它的文本编辑器具有 Windows 风格的下拉式菜单，大部分常用命令都有相应的快捷键方式，应用程序可以在源代码和机器码层次交互地执行和调试。

2）支持汇编语言，C 语言可以与汇编程序混合在一起进行编译。

3）具有很强的调试能力，可以使用 printf 命令观察表达式的值，支持单步执行、断点操作以及其他高级调试特性。

4）提供了 C 语言的扩展以支持实际的嵌入式系统开发，支持协作式和抢先式的多任务进程。

5）提供了许多函数库源代码。这些库支持实时编程和硬件层次的 I/O，并提供了标准的字符串函数和数学函数。

6）直接对存储器进行编译，并在编译用户程序时，加入了基本输入输出系统，且函数和库都是动态地编译、连接、下载的。

7）作为应用程序运行于 PC 上，可以在无预安装程序的情况下冷启动基于 Rabbit 微处理器的目标系统。目标系统的闪存可以是空白的，也可以存有数据。冷启动能力允许将闪存焊接于目标系统板上，因此消除了插口、启动模式和 PROM 编程设备。

2. Dynamic C 的几点创新

1）函数链（Function chaining）：动态 C 特有的概念，允许特殊的代码段嵌入到一个或多个程序中。当一个已命名的函数链执行时，所有属于该函数链的代码段都将被执行。函数链可使软件执行初始化操作，进行数据恢复或其他任务。

2）协语句（Costatements）：允许在单一程序中模拟并运行进程，每一进程主动让出 CPU 的控制权以实现协作式多任务，每一协语句都有一个与其相对应的协数据（CoData）类型的结构体。

3）协函数（Cofunction）：像协语句一样，协函数允许在单一程序中模拟协作式多任务进程。但与协语句不同的是，协函数能够实现参数的传递，并能返回计算值，而不是一个结构。

4）Slice 语句：能够实现单一程序中的抢先式多任务进程以满足实时性要求较高的情况。

5）Interrupt 关键字：关键字 Interrupt 使编程者可以用 C 语言编写中断服务程序，从而使软件设计变得更简单。

6）Dynamic C 具有一系列的特性允许编程者最大限度的利用扩展存储器。

3. Dynamic C 设计规范

利用 Dynamic C 语言开发基于 Rabbit 的嵌入式系统，设计者应该遵循一定的设计规范：

1）使用标准的编程电缆：标准的 10 针编程电缆连接 Rabbit 处理器串口 A 和 PC 串口，以使 PC 能够对目标系统进行复位和冷启动。

2）至少扩展 32KB 静态 RAM：在可能的情况下，大容量的 RAM 能够加快软件开发速度，因为在 RAM 中进行程序的下载和调试速度更快。

3）用标准的闪存：不在列表内的闪存也可以使用，但需要修改 BIOS。若系统设计了在每次上电时通过外围设备重载程序，也可以不使用闪存。

4）用 32.768kHz 频率的振荡器驱动备用电池时钟：后备电池也是可选的，但该时钟信号在冷启动时是用来产生 2400bit/s 的波特率。

5）用 614kHz 或 1.8432MHz 倍频的振荡器驱动主处理器时钟。

5.2.2　Dynamic C 的设置

Dynamic C 的开发环境如图 5-4 所示，对于 Dynamic C 的开发环境来说没有项目工程的

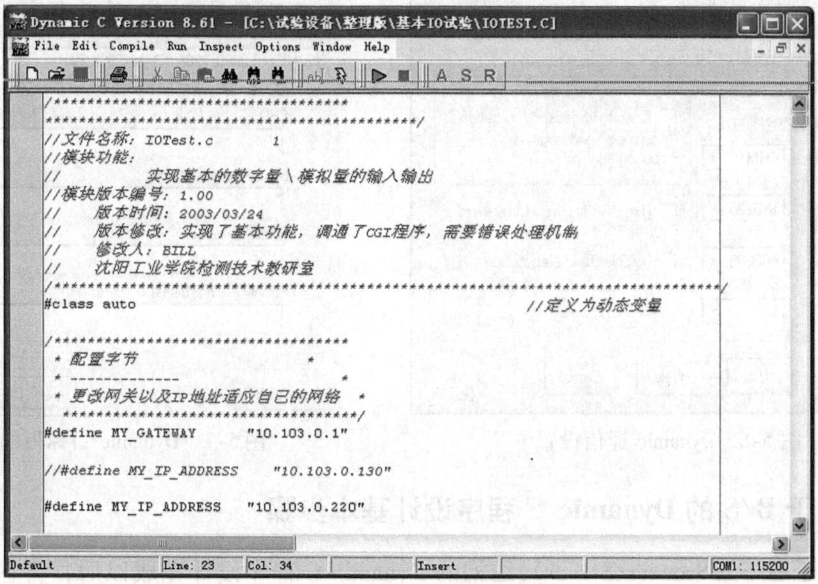

图 5-4　Dynamic C 的开发环境

概念，开发和编译都是针对当前被激活的源文件，但是需要修改一些必要的设置才能正确地完成编程和调试。

（1）设置［Options］→［Compiler］选项　如图 5-5 所示需要更改下面两个选项，使得程序保存在 Flash 中，以便在掉电后不丢失，默认的情况是保存在 RAM 中。

（2）设置［Options］→［Communications］选项　通信设置如图 5-6 所示，需要把处理其验证的选项取消掉，否则连接不上。

（3）设置［Options］→［Configure］选项　图 5-7 所示根据用户实际使用的主板选择相应的处理器，这里选了 BL2000。

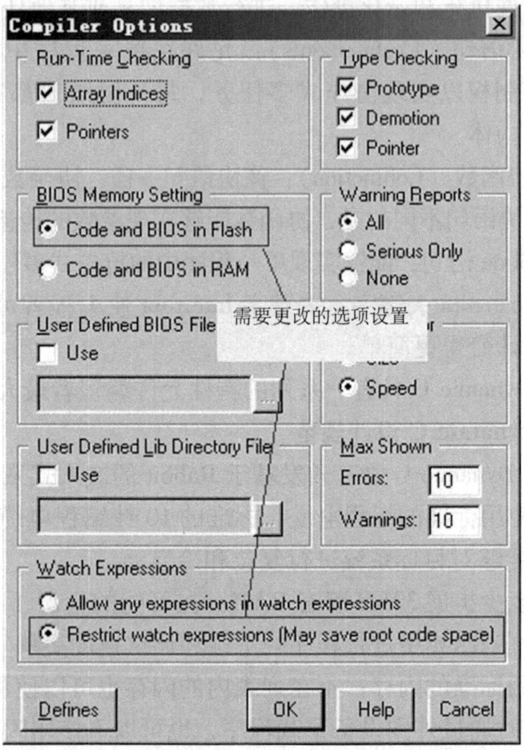

图 5-5　Dynamic 编译设置

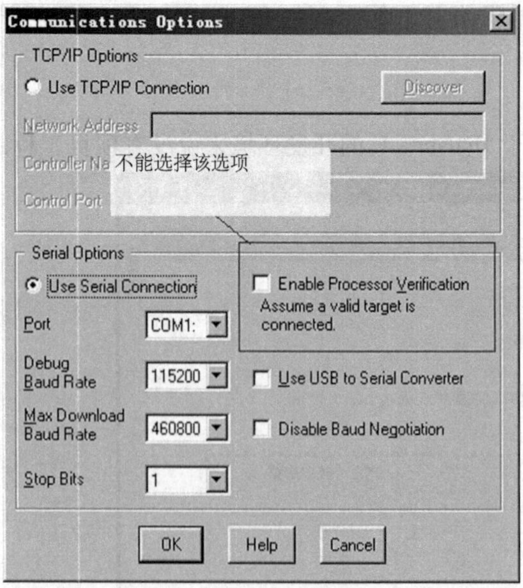

图 5-6　Dynamic 通信设置

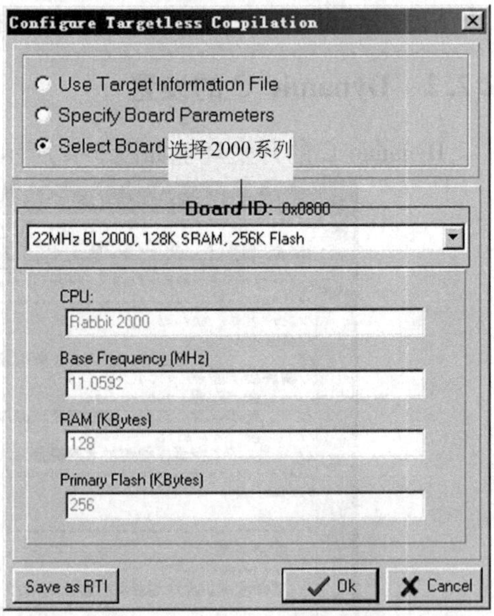

图 5-7　Dynamic 目标板的选择

5.2.3　基于 B/S 的 Dynamic C 程序设计基本步骤

对于基于 B/S（Browser/Server）结构的 Dynamic C 程序设计完成以后，将在 BL2000 上

建立一个 Web 服务器，用户可以通过浏览器访问 BL2000，如图 5-8 所示，通过操作者与网页的交互，可以在网页上显示 BL2000 上的数字量输入和模拟量输入、可以控制 BL2000 上的数字量输出和模拟量输出。

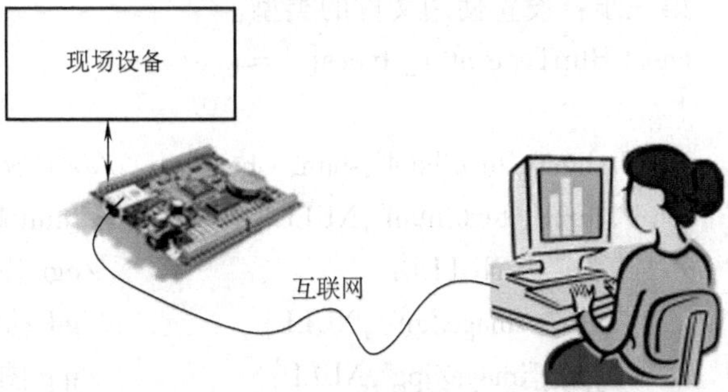

图 5-8　基于 B/S 结构的 Dynamic 程序

对于一个初级用户来讲 Dynamic C 程序设计是一个比较复杂的工作，为了简化程序的设计过程，初学者首先应该根据以下的步骤实现简单的访问和控制，更加复杂的设计过程，请参考 Dynamic 设计手册。

对于一个初级用户来说需要学会以下 5 个步骤：

第一步：完成输入输出，能够同外部的现场设备实现检测和控制。

第二步：学会基本的网络编程。

第三步：学会多任务处理过程。

第四步：学会简单的 CGI 程序设计。

第五步：将网页和用户编写的 C 程序连接起来。

5.2.4　嵌入式基本输入输出程序的编写方法

使用 Dynamic C 完成系统的输入和输出非常简单，按照 C 语言的基本编程方法，适当调用相应的函数即可以完成功能，常见的输入输出函数如表 5-2 所示。

表 5-2　常用输入输出函数

功　能	相关函数	使用说明
初始化	Void brdInit ()；	无参数直接调用
数字量输出	Void digOut (unsigned int, unsigned int)	第一个参数表示通道，第二个参数 1—开，0—关
数字量输入	unsigned int digIn (unsigned int)	第一个参数表示通道，返回值 1—开，0—关
模拟量输入	unsigned int anaInVolts (unsigned int)	第一个参数表示通道，返回值表示 AD 值 (0～4095)
模拟量输出	Void anaOutVolts (unsigned int, unsigned int)	第一个参数表示通道，第二个参数 DA 值 (0～4095)

5.2.5　编写简单的 TCP/IP 程序

学会基于网络的程序编写非常重要，掌握使用 TCP/IP 协议完成对 BL2000 系统中网络通信地址的设定方法，掌握使用 Socket 函数建立通信功能的方法，对于掌握好 BL2000 系统中的程序编写方法非常关键，具体步骤共需要 5 步，以下是具体的内容：

第一步：需要包含以下两个库（使用静态连接该库）。

```
# use "dcrtcp. lib"
# use"http. lib"
```

第二步：将需要的网页文件装入到下位机。

```
# ximport "F:\网络测控/bl2000/pages/IOTest. SHTML"  index _ html
```

第三步：设置使用文件的类型。

```
const HttpType http _ types[ ] =
{
    {". shtml","text/html",shtml _ handler}, //ssi(Server Side Include)类似于 ASP 的网页技术
    {". html","text/html",NULL},          //html 静态网页
    {". cgi","",NULL},                     //cgi 公共网关文件
    {". gif ","image/gif ",NULL},          //gif 动画文件
    {". jpg","image/jpg",NULL}             //jpg 图片文件
};
```

第四步：定义使用的 IP 地址以及使用的网关。

```
#define MY _ GATEWAY        "172.168.0.1"      //本机的网关地址
#define MY _ IP _ ADDRESS   "172.168.0.180"    //本机的 IP 地址
#define MY _ NETMASK        "255.255.192.0"    //本机的子网掩码
```

第五步:利用函数完成通信功能。

```
sock _ init( );              //初始化 socket
http _ init( );              //初始化 HTTP 服务器
tcp _ reserveport(80);       //初始化监听的端口 HTTP80
while(1)
{
    http _ handler( );       //处理用户连接，需要不断地重复调用
}
```

5.2.6　嵌入式系统多任务的处理

多任务的概念人们已经比较熟悉了，它是指用户可以在同一时间内运行多个应用程序，每个应用程序被称作一个任务。Windows 就是一个支持多任务的操作系统，比起 DOS 的单任务系统，确实方便了许多。

多任务处理是一个很有用的功能，利用这个功能可以很容易地实现程序的逻辑控制。Costatement 是 Dynamic C 对 C 语言的扩展，仅用于状态机的执行。Costatement 是协作式的，因为它在执行时可以实现自动挂起和继续执行。Costatement 体是一个有顺序的操作列表。每一个 Costatement 都有自己的指针，以便记录下一次运行时执行哪条语句。在初始化时，这些指针都指在 Costatement 的第一条语句上。它的语法结构如下：

```
While
{
    costate
    {
        做第一件事情
        waitfor(DelayMs(50));        //假设等待 50ms
        做第三件事情
    }
```

```
costate
{
    做第二件事情
}
```

程序中关键字 waitfor 用于引出一个特殊的 waitfor（expression）语句，而不是一个函数。每次执行 waitfor 时都要对表达式（expression）进行计算，如果为真（非0），则继续执行下一条语句，否则将跳转到 Costatement 或 Cofunction 的结尾处，此时语句指针仍然指向 waitfor 语句。在waitfor语句中可以使用任何带有返回值的合法 C 函数。特别需要注意的是每一个线程内不能有死循环，Dynamic C 的多任务实现起来有一些像 PLC 的程序。多任务执行过程示意图如图 5-9 所示。

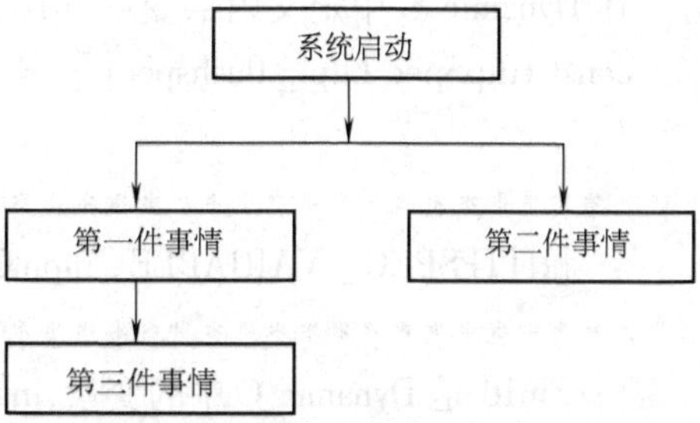

图 5-9　多任务执行过程示意图

5.2.7　编写简单的 CGI 程序

CGI 全称是“公共网关接口”（Common Gateway Interface），HTTP 网络服务器是与本机的或其他机器上的程序进行“交谈”的一种工具，其程序必须运行在 HTTP 网络服务器上。

在物理上，CGI 是一段程序，它运行在服务器上，提供同客户端 html 页面的接口。让我们用一个实际例子加以说明：现在的个人主页上大部分都有一个留言本。留言本的工作是这样的：先由用户在客户端输入一些信息，如名字之类的东西。接着用户按一下“留言”（到目前为止工作都在客户端），浏览器把这些信息传送到服务器的 CGI 目录下特定的 CGI 程序中，于是 CGI 程序在服务器上按照预定的方法进行处理。

绝大多数的 CGI 程序被用来解释处理来自表单（表单在网页中主要负责数据采集的功能，比如可以采集访问者的名字和 e-mail 地址、调查表、留言簿等等）的输入信息，并在服务器产生相应的处理，或将相应的信息反馈给浏览器。CGI 程序使网页具有交互功能。

下面我们演示一下最简单的 CGI 程序的编写方法。

第一步：必须在对 TCP/IP 协议编程（5.2.5 小节中介绍的方法）中的第三步中包含 .cgi 才能够使用。

第二步：定义 CGI 程序同函数的映射关系。这样嵌入式的函数就同网页联系起来了。

```
const HttpSpec http_flashspec[] =
{
/**************************************************/
    {HTTPSPEC_FUNCTION, "/led0tog.cgi", 0,led0toggle,0,NULL,NULL},
/**************************************************/
};//led0toggle 是 Dynamic C 的一个函数，经过上述映射后在 flash 中生成一个 led0tog.cgi 文件
```

第三步：实现上面定义的映射成为 CGI 的程序。

第四步：在网页中可以直接将 CGI 作为一个页面直接调用。

例如：<A HREF ="/led0tog.cgi">

5.2.8 Dynamic C 同网页之间的连接

对于网页的设计，可以借助 Frontpage 或者 Dreamwave 等工具进行设计，但最简单的方法是利用现成的网页，改动网页的源代码，即可得到满意的网页。此外还可以添加一些动画，达到更好的效果。这里需要注意的是，客户使用的变量是如何同服务器的变量进行交互的。

下面的例子演示了交互过程。

在 Dynamic C 中定义内部变量 in10，通过下面的语句同网页中的变量进行映射。

```
const HttpSpec http_flashspec[] =
{
/*************************************************/
    {HTTPSPEC_VARIABLE,"input0",  0,    in10,PTR16,  "%s",NULL},
/*************************************************/
};//in10 是 Dynamic C 中的变量,input0 是网页中的变量,经过上述映射后,二者是一致的
```

在网页的设计中，使用 <! --#echo var="变量名称"--> 的语句即可完成变量之间的映射关系。

例如：<img SRC="<! --#echo var="input0"-->">

实际运行过程就会替换成程序变量 in10 中的字符串显示出来。

另外，可以将网页下载到 BL2000 系统的 Flash 中，也可将其放在其他的服务器上，只要确定路径就可以了，这样就可以在网页上编辑出很多丰富的内容，不受嵌入式控制器的资源限制。

5.3 BL2000 以太网接口技术应用实例

本节通过一个完整的实例应用程序设计过程，说明 BL2000 系统如何使用本身的以太网接口来实现输入、输出功能。实例的具体要求为：①通过网页实现直接控制 BL2000；②实现数字量输入、输出；③实现模拟电压的输入、输出。BL2000 组网连接图如图 5-10 所示，通过 RS-232 接口对 BL2000 编程，最终利用以太网访问 BL2000 控制器，进行数字量和模拟量的输入/输出。本例将利用 BL2000 的基本输入输出资源，用户可以根据实际情况连接外部设备。下面将介绍本例的主要程序的框架，详细的完整程序代码 IOTest. c 文件和对应的网页文件，请读者到 http：//comen. iecn. net/wlhsycx. rar 处下载或联系编者。

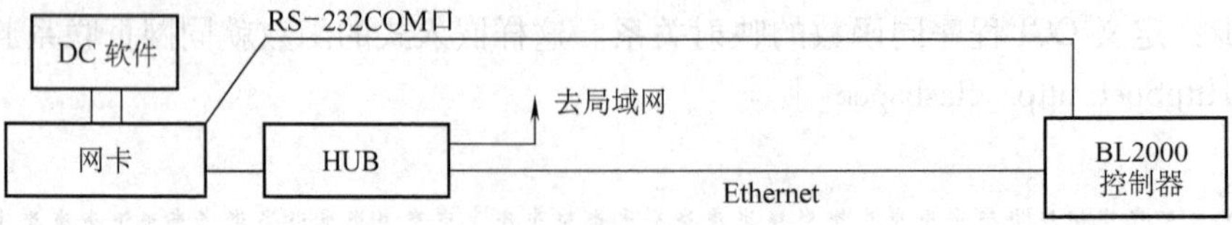

图 5-10　BL2000 组网连接图

5.3.1 头定义（宏定义）

```
#class auto                              //定义为动态变量
/**********************************
  * 配置字节                      *
```

```
  * -----                    *
  * 更改网关以及 IP 地址适应自己的网络    *
  ******************************/
#define MY_GATEWAY          "10.103.0.1"        //定义默认网关
#define MY_IP_ADDRESS       "10.103.1.225"      //定义 BL2000 的 IP 地址
#define MY_NETMASK          "255.255.254.0"     //定义子网掩码
#define TCP_BUF_SIZE 2048                       //定义网络的缓存
/* WEB 服务的配置字节 */
#define HTTP_MAXSERVERS 2                       //定义为最大服务两个用户
#define MAX_TCP_SOCKET_BUFFERS 2
#define REDIRECTHOST      MY_IP_ADDRESS
#define REDIRECTTO      "http:/iotest.html"     //定义默认登录网页
#memmap xmem
#use"dcrtcp.lib"                                //分别使用 TCP 基本库和 HTTP 库
#use"http.lib"
#ximport"C:\试验设备\整理版\基本 IO 试验/pages/iotest.html"   index_html
                                    //将计算机中的文件下载到 BL2000 的 flash 中去。
……
#ximport"C:\试验设备\整理版\基本 IO 试验/pages/oc.jpg"        oc_jpg
//定义导入网页资源并且给该资源附一个唯一名称
//格式 #ximport“文件名称包含路径”唯一名称
/*定义可以使用的文件类型*/
const HttpType http_types[] =
{
    {".shtml","text/html",shtml_handler},        //ssi(Server Side Includes)
    {".html","text/html",NULL},                   //html
    {".cgi","",NULL},                             //cgi
    {".gif","image/gif",NULL},
    {".jpg","image/jpg",NULL}
};
```

5.3.2　函数与公共变量的定义

```
void update_display();
char led0[15];              //Led0 是一个字符串,用来表示开关量输入显示图片的文件名
……
float fda1;                 //模拟量采集的数值
```

5.3.3　CGI 映射函数

根据当前的开关状态实现按钮功能的翻转，Led0 是一个字符串变量，保存的是当前显示按钮的图片的名称，当有按钮按下的时候翻转状态，同时输出。

```
int led0toggle( HttpState * state)
{
  if( strcmp( led0,"oo. jpg") ==0)          //如果是开状态则转为关状态
    outbuffer[0] =0;
  else
    outbuffer[0] =1;
  update _ display( );                      //更新输出显示
  cgi _ redirectto( state,REDIRECTTO); //根据用户输入的宏定义"REDIRECTTO",重新定
                                              向网页，完成自动刷新
  return 0;
}
……
```

模拟量输出映射的 CGI 函数

```
int submit( HttpState * state)
{
    auto int i;
……
    return 0;
}
```

5.3.4　配置装入 Flash 中的文件和变量

```
//需要注意 led0tog. cgi 并不是真正存在的文件，是指前面定义的函数。
//同前面定义的函数声明并不矛盾，编译器是根据下面的列表定义的文件决定
//将什么资源文件写入 FLASH。
const HttpSpec http _ flashspec[ ] =
{
    {HTTPSPEC _ FILE,"/",  index _ html,  NULL,0,NULL,NULL},
    {HTTPSPEC _ FILE,"/iotest. html",  index _ html,  NULL,0,NULL,NULL},
……
    {HTTPSPEC _ FILE,"/oo. jpg",  oo _ jpg,  NULL,0,NULL,NULL},
    {HTTPSPEC _ FILE,"/oc. jpg",  oc _ jpg,  NULL,0,NULL,NULL},
    {HTTPSPEC _ VARIABLE,"input0",  0,  in10,PTR16,  "%s",NULL},
……
    {HTTPSPEC _ FUNCTION,"/led0tog. cgi",  0,led0toggle,NULL,NULL},
……
    {HTTPSPEC _ FUNCTION,"/submit. cgi",  0,submit,0,NULL,NULL}
};
```

5.3.5　主程序

```
void main( )
```

```
{
    int iloop;
    FORMSpec[0].name = "da0";                    //初始化变量
    FORMSpec[1].name = "da1";
    ……
    strcpy(da1,"0.00");                          //输出为 0
    ……
    strcpy(in17,"http://10.103.1.222/试验项目\\图片\\ic.jpg");
                                                 //开始的时候都是处于关闭状态
    ……
    sock_init();                                 //初始化 TCP/IP 服务
    http_init();                                 //初始化 web 服务
    brdInit();                                   //初始化 BL2000 硬件系统
    tcp_reserveport(80);                         //监听 HTTP80 端口
      while(1)
      {
          update_outputs();                      //更新数字量输出
          Update_AD();                           //更新模拟量输入
          Update_DA();                           //更新模拟量输出
          Update_DIn();                          //更新数字量输入
          update_display();                      //更新模拟量和数字量的显示
          http_handler();                        //处理网络服务
      }
}
```

以上的主程序流程图如图 5-11 所示。

运行后的主界面图如图 5-12 所示，当外部数字量输入后，代表数字量输入的模拟指示

图 5-11　主程序流程图

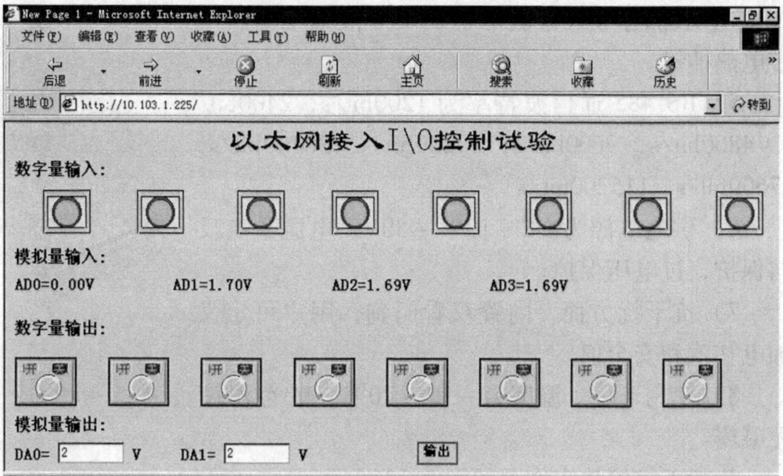

图 5-12　运行后的主界面图

灯会随着外部输入变化而变化；当按下数字量按钮输出的时候，通过 CGI 程序的调用相应的图片变化程序，模拟外部开关产生变化。模拟量的输入/输出类似。

5.4　牛顿-7000 工控模块介绍

牛顿-7000 是远程数据采集控制模块，提供了 A/D，D/A，DI/DO，Timer/Counter（定时器、计数器）以及其他一些便携功能模块，专为工业现场数据采集与控制而设计。它内置微处理器、存储器、各种 I/O 电路、RS-485 通信接口及实时监控软件。这些模块可以用特定指令集通过 RS-485 网络控制远端模块，和可编程序控制器（PLC）一样，是目前实现网络化测控系统的主要设备。目前，市场上的牛顿模块主要由台湾泓格科技（ICP DAS）生产。

5.4.1　牛顿-7000 模块简介

牛顿-7000 系列产品是通用传感器到计算机的便携式接口模块，模块外壳为工业级塑料，内涂防静电涂层，增强抗电磁干扰性，模块可以独立提供智能信号调理、模拟量 I/O、数字量 I/O、脉冲、热电偶、热电阻、数据显示、RS-485 通信能力，所有模块通过 RS-485 网络与上位机通信，实现数据上传与控制信号下传。

牛顿-7000 系列模块具有如下特点：

1）产品规格齐全，有 60 多种型号可供选择，满足各种现场信号的处理。

2）模拟量 I/O 模块在存取多种类型及多种范围模拟量输入方面具有显著的优点。通过执行主机的命令可以远端选择类型和范围，对不同的任务可使用同一种模块，极大地简化了设计和维护工作，仅用一种模块便可处理整个工厂的测量数据。由于所有模块均可由主机远端配置，因此不需物理性调节。

3）灵活的网络配置。牛顿-7000 系列模块仅需两根导线就可通过多点式的 RS-485 网络与控制主机相互通信。基于 ASCII 码的命令/响应协议可确保与任何计算机系统的兼容。由于牛顿-7520 模块的 RS-485/232 通信接口具有自适应能力，一个 RS-485 接口还可挂接不同波特率及数据格式的带有 RS-485 接口的设备。

4）大部分 I/O 模块带有 3000V 隔离功能，可带电热插拔。

5）RS-485 通信波特率为 1200bit/s，2400bit/s，4800bit/s，9600bit/s，19200bit/s，38400bit/s，57600bit/s，115200bit/s。

6）供电电源为 DC +10 ~ +30V；电源具有反向保护，过电压保护。

7）抗干扰方面，内置双看门狗，用户可定义加电初值和安全值。

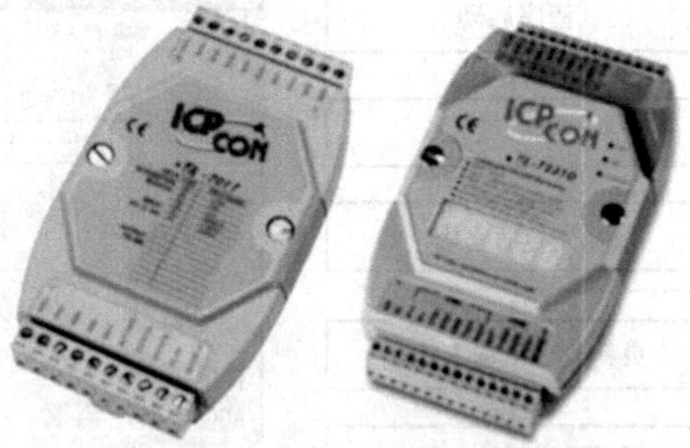

图 5-13　牛顿工控模块实物图

8）使用环境：温度为 -10 ~ 70℃；贮存温度：-25 ~ 80℃；相对湿度为 5% ~ 95%，无凝露。

牛顿工控模块实物图如图 5-13 所示。

牛顿-7000 按其功能可以分成如下几组：

组 1：总线转换模块，用于总线转换和信号增强。包括：

牛顿-7520/牛顿-7520R/ISA-7520R：RS-232 to RS-485 转换器，3000V 隔离。

牛顿-7510：RS-485 to RS-485 加长器，3000V 隔离。

牛顿-7520A：RS-232 to RS-485 和 RS-422 转换器，3000V 隔离。

牛顿-7510A：RS-485 及 RS-422 加长器，3000V 隔离。

组 2：DIO 模块，支持 TTL 隔离 DIO，继电器和集电极开路输出：

牛顿-7050：TTL I/O，7 * In 为 7 路输入，8 * Out 为 8 路输出。

牛顿-7052：隔离 DI，8 * In。

牛顿-7053：非隔离 DI，16 * In。

牛顿-7060：隔离 DI 和继电器输出，4 * In + 4 * 继电器。

牛顿-7041：隔离 DI，14 * In。

牛顿-7042：隔离集电极开路 DO，13 * Out。

牛顿-7044：高驱动集电极开路输出，隔离 DI，4 * In + 8 * Out。

牛顿-7067：继电器输出，7 * 继电器。

组 3：DA 模块，支持电压 TTL 电平输出：

牛顿-7021：1 * DA。

牛顿-7024：4 * DA。

组 4：AD 模块，支持电压/电流/热电偶/热电阻测量：

牛顿-7011/牛顿-7011D：单通道热电偶测量。

牛顿-7012/牛顿-7012D：单通道电压/电流测量。

牛顿-7013/牛顿-7013D：单通道热电阻测量。

牛顿-7014D：通用模拟量测量带 LED 显示。

牛顿-7017：多通道牛顿-7012。

牛顿-7018：多通道牛顿-7011。

组 5：Timer/Counter 模块：牛顿-7080，牛顿-7080D。

组 6：人机界面：MMICON = 240 * 64 LCD + 4 * 4 键盘 + 8 * 功能键。

组 7：功率继电器：

RM104/108/116：4/8/16 通道 C 型继电器，单刀单投，AC400V，16A。

RM204/208/216：4/8/16 通道 C 型继电器，单刀单投，AC400V，5A。

组 8：嵌入式控制器模块：

牛顿-7188 = 80188CPU + RAM + Flash-ROM + 更多特性。

组 9：无线调制解调器：SST-288，SST-2450，SST-900EXT。

组 10：供电模块：

ACE-540A：24V/2A 电源模块。

DIN-540A：ACE-540A 带安装轨。

PWR-24/220V；220V AC 输入，24V/0.1A 输出电源适配器。

PWR-24/110V；110V AC 输入，24V/0.1A 输出电源适配器。

另外，超过 10 个以上的模块正在研发中。

5.4.2 牛顿-7000 系统网络结构

牛顿工业控制模块在应用中的网络通信接口形式主要有 RS-232 和 RS-485 两种，其中 RS-485 网络接口方式更为常见，下面对牛顿-7000 系统网络结构进行介绍。

普通两线 RS-485 网络使用拨码开关来决定 485 网络的波特率和数据格式。主机的 RS-232 信号和网络的 RS-485 信号必须严格使用同一种固定的波特率和数据格式。例如，用户可以选择波特率为 9600bit/s，数据格式为 10 位。那么整个网络都必须使用这种固定格式。这种限制在实际的控制中是很不方便的。因为牛顿-7000 系列等大多数工控模块都使用 10 位数据格式，但是一些常见的 PLC 使用 11 位数据格式，而一些称重设备使用的为 12 位数据格式。这样，如果主机要同时实现对牛顿模块、PLC 和称重仪的控制，就可能需要 3 个独立的 RS-485 网络接口。这就增加了成本，同时降低了可靠性。

牛顿模块 RS-485 网络是功能强大的两线网络。它可以在同一个网络中挂接不同波特率和不同数据格式的 RS-485 设备。换句话说，如果同时使用 PLC、称重设备和牛顿模块等不同的 RS-485 设备，它们可以共享同一个 RS-485 网络。牛顿-7520 是实现 RS-232 到 RS-485 的双向转换器，具有“Self Tuner”（自调适或自适应）功能。该功能可以自动侦测网络上的波特率和数据格式，以及 RS-485 网络的传输方向，并自动适应侦测到的结果。因此用户可以挂接不同的设备在同一个网络上。这将降低用户成本并增加可靠性。

图 5-14 为牛顿-7000 系统网络结构，其工作原理介绍如下：

1）主机通过 COM1 口送出指令。

2）②牛顿-7520 把 RS-232 信号转换成①、⑦RS-485 信号。

3）所有连接到①、⑦RS-485，①、⑧RS-485 以及①、⑨RS-485 网络的模块将同时收到这个指令，然后，模块开始把指令中包含的地址代码与模块自身的地址相比较。

4）比较结果相同的那个模块将执行这条指令，其他模块忽略这条指令。

5）执行完指令后，该模块将把执行结果送到 RS-485 网络，主机获取结果。

为保证网络通信的可靠性，必要时要加隔离型通信加长器：⑦牛顿-7510 和⑧牛顿-7510 是用来把①、⑦RS-485 扩展成①、⑧RS-485 或①、⑨RS-485，下列情况需要用到加长器：

1）RS-485 传输距离超过 1.2km（4000ft）。

2）同一个 RS-485 网络中挂接超过 256 个模块。

3）加长器可以把一个 RS-485 网分割成几个互相隔离的部分，在遇到雷击等灾害时能大大减少损失。

牛顿-7000 系统网络通信具有如下特点：

（1）多种波特率　挂接在牛顿两线 RS-485 网络中的模块可以用不同的波特率与主机通信。例如，②、①无线 1Modem 和②、②无线 Modem 最大波特率为 19200bit/s，但所有牛顿-7000 系列模块可以工作在 115200bit/s 下。一些传统 PLC 则只能以最大 9600bit/s 通信。牛顿-7520 可以自动切换波特率，300bit/s 到 115200bit/s。因此，用户可以把这些不同的设备连接到同一个 RS-485 网络中。主机将送出不同波特率的指令，只有响应的目标模块响应这个指令并回送结果，其余模块把该指令当成非法指令并予以忽略。

（2）多种数据格式　RS-232 是串行信号，发送时必须遵循“开始位 + 数据位 + 校验位 +

停止位”的格式。牛顿模块的格式是“1开始位+8数据位+无校验位+1停止位”，共10位。但传统PLC使用“1开始位+7数据位+1校验位+2停止位”格式，共11位。

（3）主机送出和接收任何数据格式指令　连接到牛顿两线RS-485网络中的设备可以用不同的数据格式与主机通信。这个特性可以让用户在一个两线RS-485网络中连接牛顿模块、PLC、RS-232设备仪器。这将提高可靠性并降低成本。

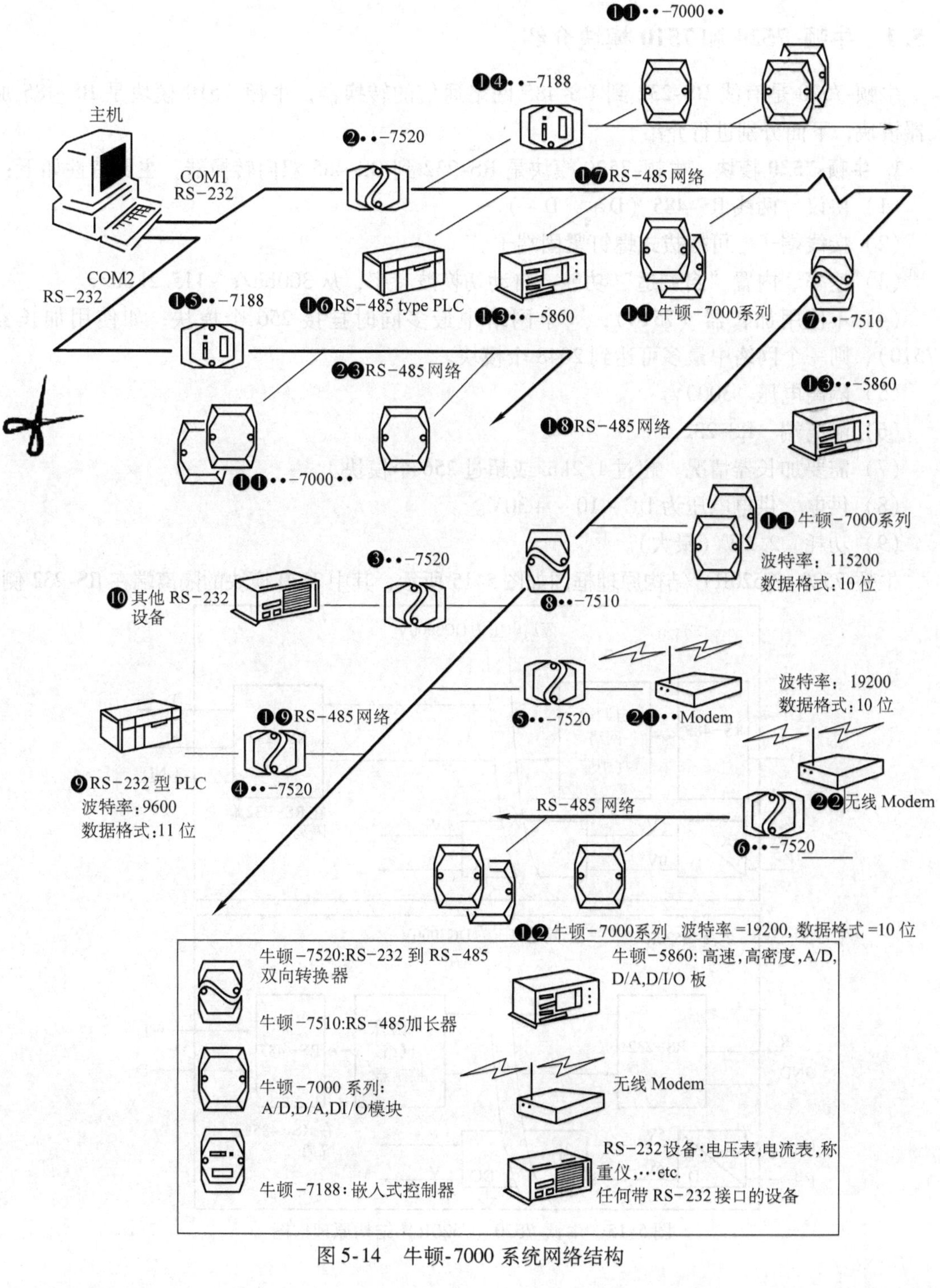

图5-14　牛顿-7000系统网络结构

5.5　牛顿-7000 系统主要组网技术

本节将在介绍涉及牛顿网络系统的相关模块基础上，重点介绍 RS-232、RS-485 网络组成方法。

5.5.1　牛顿-7520 和 7510 模块介绍

牛顿-7520 是有线 RS-232 到 RS-485 网络通信的转换器，牛顿-7510 模块是 RS-485 加长器模块，下面分别进行介绍。

1. 牛顿-7520 模块　牛顿-7520 模块是 RS-232 到 RS-485 双向转换器，主要特性如下：

（1）协议　两线 RS-485（D+，D-）。

（2）接线端子　可插拔式螺钉紧固端子。

（3）速率　内置“自调适”功能，自动切换波特率，从 300bit/s ~ 115.2kbit/s。

（4）不使用加长器（7510），一个网络中最多同时挂接 256 个模块；如使用加长器（7510），则一个网络中最多可达到 2048 个模块。

（5）隔离电压　3000V。

（6）隔离端　RS-232。

（7）需要加长器情况　超过 1.2km 或超过 256 个模块。

（8）供电　供电电压为 DC +10 ~ +30V。

（9）功耗　2.2W（最大）。

牛顿-7520（7520R）结构原理框图如图 5-15 所示，其中 7520 模块的隔离端在 RS-232 侧；

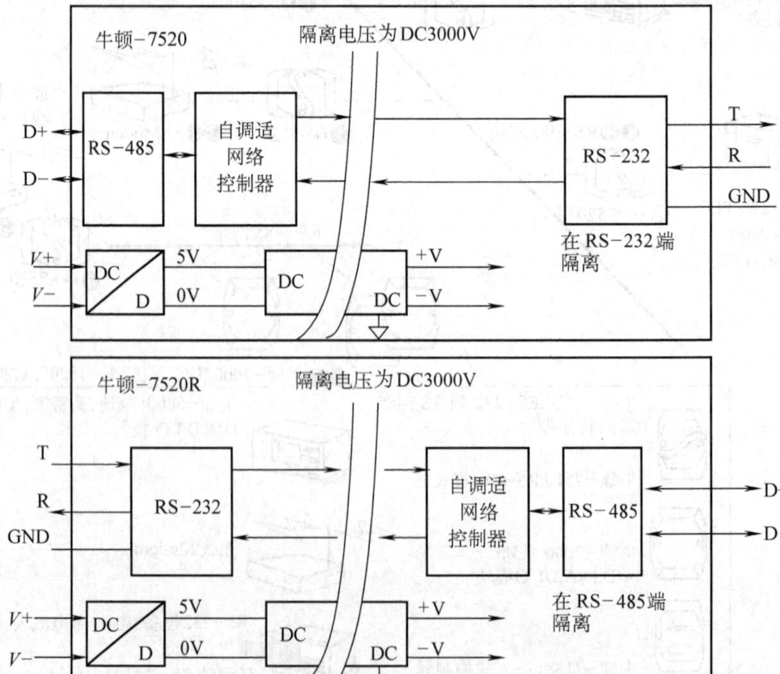

图 5-15　牛顿-7520（7520R）结构原理框图

7520R 模块的隔离端在 RS-485 侧。

2. 牛顿-7510 模块　牛顿-7510 模块是 RS-485 网络加长器模块，其作用是提高网络的驱动能力及信号隔离，主要特性如下：

（1）输入　两线 RS-485 协议。

（2）输出　两线 RS-485 协议。

（3）速率　内置“自调适”功能自动切换。

（4）波特率　从 300 ~ 115200bit/s。

（5）隔离电压　3000V。

（6）接线端子　可插拔式螺钉紧固端子。

（7）供电　DC +10 ~ +30V。

（8）功耗　2.2W（最大）。

牛顿-7510 的结构原理框图如图 5-16 所示。

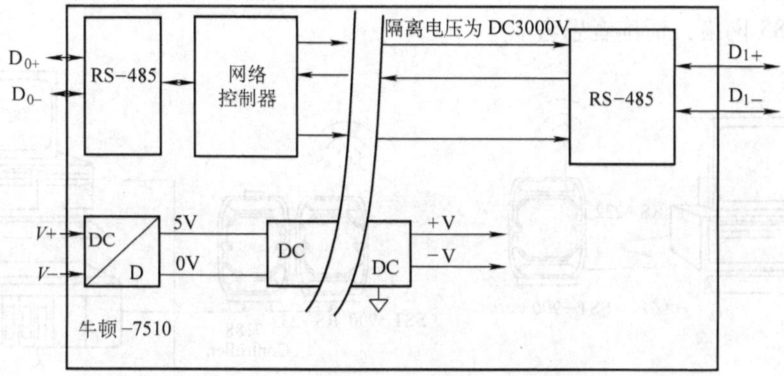

图 5-16　牛顿-7510 的结构原理框图

5.5.2　无线 Modem 模块介绍

无线 Modem 模块的主要作用是与其他牛顿模块构成无线 RS232/485 网络，以满足不同工业测控系统的需要。目前主要使用的无线 Modem 模块有 SST-2400/SST-900。下面对这两种无线 Modem 模块分别进行介绍。

每个无线模块都有 8 个工作频道和 8 种通信波特率供选择（靠模块内跳线）；两种模块都以“透明”方式进行通信传输（在选定通信频道和通信波特率前提下）；传输方式可以是“点对点”、“点对多点”或“多点对点”；数字传输采用直序扩频和 RF 射频技术；支持全双工和半双工工作方式；具有 RS-232 和 RS-485 两个接口。无线模块 SST-2400/SST-900 功能框图如图 5-17 所示。

SST-2400 与 SST-900 无线模块的区别如表 5-3 所示。

表 5-3　SST-2400 与 SST-900 无线模块区别

性　能	SST-2400	SST-900
通信频率（ISM 频段）/MHz	2426 ~ 2460	902 ~ 928
工作功耗/W	3	2.5
通信距离（无外接天线）/m	300	200
外接天线后最远通信距离/km	5	1

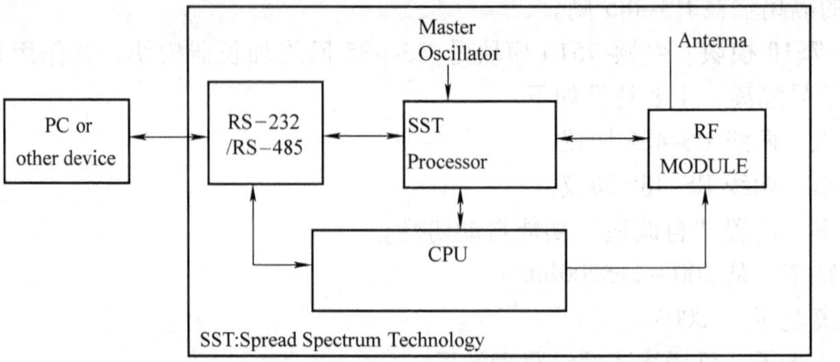

图 5-17　无线模块 SST-2400/SST-900 功能框图

随着测控系统对通信技术的要求越来越高，无线通信模块的应用越来越广泛。在实际中使用无线模块的应用情况如图 5-18 所示，其中 A、B 和 C 站可以实现点对多点的无线 RS-232/RS-485 通信网络，当然在此基础上，还可以构成其他点对多点、点对点的不同对象的 RS-232/RS-485 网络，请读者思考。

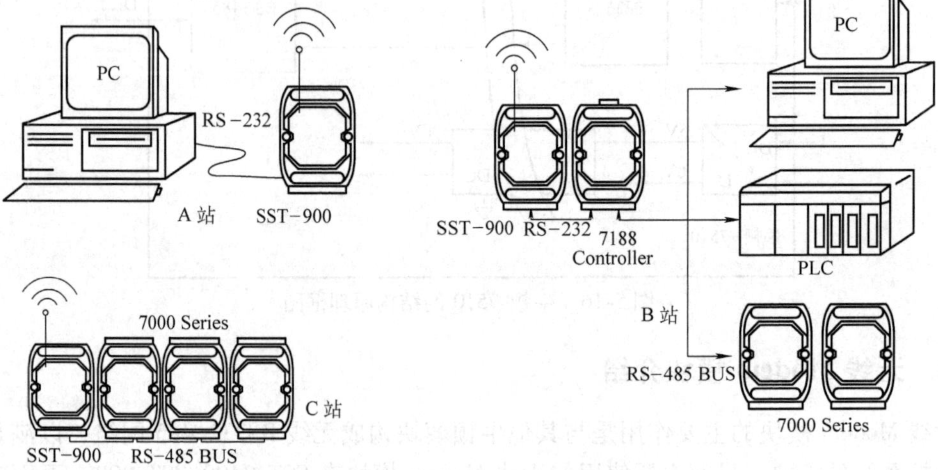

图 5-18　无线 Modem 模块的应用

5.5.3 牛顿-7000 系统的 RS-485 网络

牛顿-7000 工控模块利用 7520、7510 以及无线 Modem 模块可以灵活构成各种 RS-485 有线或无线网络，下面介绍两种有线的 RS-485 网络结构。

1. 标准 RS-485 网络　标准型 RS-485 网络如图 5-19 所示，主机（PC/PLC）将从 RS-232 口送出指令串。⑥牛顿-7520 将把这个 RS-232 信号转换成 RS-485 信号并把主机从④RS-485 网络隔开。

牛顿-7000 系列模块，包括 D/I，D/O，A/D，D/A，Timer/Counter 和 MMI 模块，将直接连接到④RS-485 网络。这些牛顿-7000 系列模块在④RS-485 网络中可以不加加长器而连接 256 个模块，即从①牛顿-7×××到②牛顿-7×××可以接 256 个模块。如果模块超过 256 个，牛顿-7510 必须被加到④RS-485 和⑤RS-485 之间，这样您可以再接入 256 个模块。这是牛顿-7510 的第一个功能。模块地址可以从 00 到 FF，共 256 个，因而，如果使用相同的通信速率，一个 485 网络中最多只能挂接 256 个模块。

但值得注意的是，由于牛顿-7520 对通信数率的“自调适”或“自适应”特性，牛顿-7000 模块可以在波特率不同时共享同一个地址，例如：

① 牛顿-7××× =地址 01，波特率 =1200bit/s

② 牛顿-7××× =地址 01，波特率 =9600bit/s

③ 牛顿-7××× =地址 01，波特率 =115200bit/s

这 3 个模块可以使用同样的地址，可以在一个网络中使用 256 ∗ 8 =2048 个模块（加牛顿-7510）。

当 RS-485 网络超过 1.2km 长时，需要使用 RS-485 加长器（牛顿-7510）来延伸 RS-485 网络，这是牛顿-7510 的第二功能。

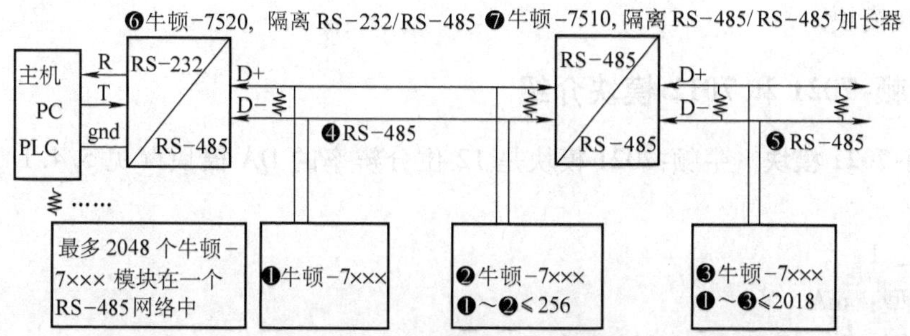

图 5-19　标准型 RS-485 网络

2. 隔离型 RS-485 网络　牛顿-7000 的电源地与 RS-485 网络是共地的，因而，所有同一个 485 网络中的模块是共地的。如果距离很长，则很容易窜入瞬时高电压。如果这个电压太大，所有这个 RS-485 网络中的模块可能同时损坏。这种状况在实际的应用中是可能发生的。因此，应使用另一个隔离加长器，牛顿-7510，把一个长的 RS-485 网络拆分成几个短的 RS-485 网络。这是牛顿-7510 的第三个功能。

所以建议使用隔离型连接，如图 5-20 所示。

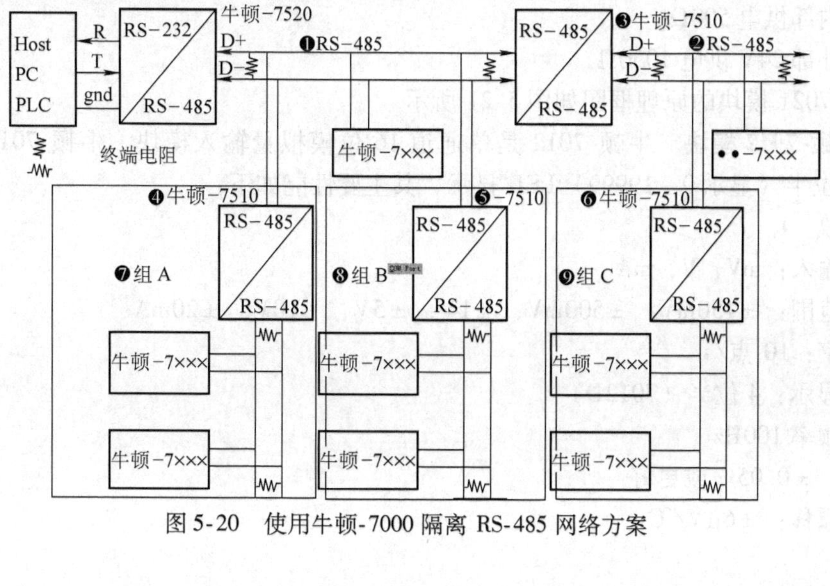

图 5-20　使用牛顿-7000 隔离 RS-485 网络方案

如果 RS-485 网络传输距离不超过 100m，则不需要终端电阻。然而，在较长距离或速率过高时在 RS-485 的始端和终端需各加一个终端电阻。精确计算终端电阻的阻值是不容易的。最好的办法是用示波器直接测量 RS-485 网络的波形。如果终端电阻与 RS-485 网络匹配良好，示波器会显示标准的方波波形；如果阻抗不匹配，方波会发生畸变。

推荐的终端电阻经验值如下：如果 RS-485 长度为 1.2km，尝试 110Ω；长度为 600m，尝试 220Ω；长度为 300m，尝试 330Ω。

5.6 基于牛顿模块的电加热炉温度控制实例

在介绍了牛顿-7000 模块的 RS-485 网络结构基础上，本节将通过一个电加热炉温度控制实例，进一步介绍牛顿-7000 模块的实际应用。在介绍具体实例前，首先介绍例子中涉及的牛顿-7000 模块。

5.6.1 牛顿-7021 和 7012 模块介绍

1. 牛顿-7021 模块　牛顿-7021 模块是 12 位分辨率的 DA 模块（见 5.4.1）。其主要性能如下：

通道数：1

输出类型：mA，V

输出范围：0 ~ 20mA，4 ~ 20mA 和 0 ~ 10V

精度：±0.1% of FSR

回读精度：最大量程的 ±0.1%

分辨率：最大量程的 ±0.02%

零点漂移：±30μV/℃

电压输出：±0.2μA/℃

满量程温漂系数：$\pm 25\times 10^{-6}$/℃

灌电流阻抗：

内部供电 500Ω

外部 24V 供电 1050Ω

牛顿-7021 模块的原理框图如图 5-21 所示。

2. 牛顿-7012 模块　牛顿-7012 是单通道 16 位模拟量输入模块。牛顿-7012D 是牛顿-7012 加 4 位半（显示 0 ~ 19999）LED 显示，其主要性能如下：

通道数：1

模拟输入：mV，V，mA

输入范围：±150mV，±500mV，±1V，±5V，±10V，±20mA

采样率：10 点/s

LED 显示：4 位半（7012D）

采样频率 100Hz

精度：±0.05% 或更好

零点漂移：±6μV/℃

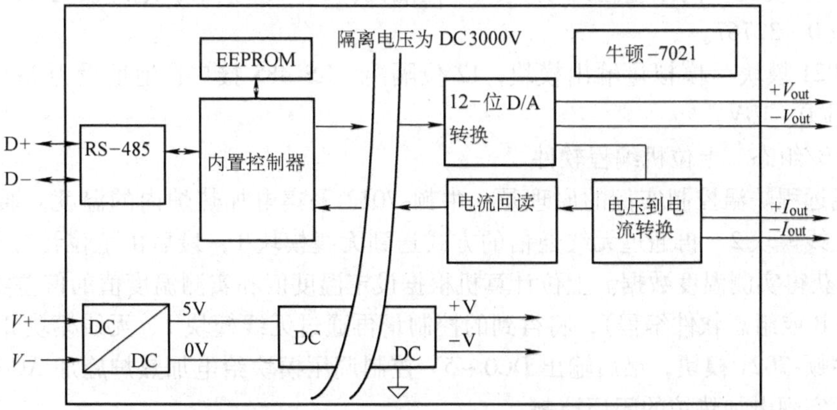

图 5-21　牛顿-7021 模块的原理框图

全程漂移：125×10^{-6}/℃

电压保护：±10V

带 2 路 D/O 输出（OC 门）

带 1 通道计数器

牛顿-7012 模块的原理框图如图 5-22 所示。

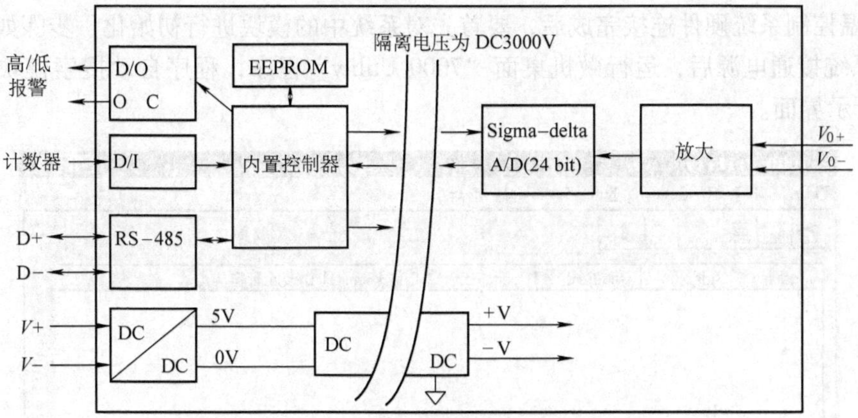

图 5-22　牛顿-7012 模块的原理框图

5.6.2　电加热炉无线远程温度控制实例

本节将介绍一个利用无线 Modem 模块 SST900、牛顿-7012 和 7021 模块以及电加热炉设计的无线远程炉温控制实例。

无线远程炉温控制原理图如图 5-23 所示，各部分的功能如下：

（1）SST900 模块　无线接收/发送模块，RS-232/RS-485 接口；实际速率设为 9.6kbit/s。

（2）电加热炉　温度控制对象，AC2kW/220V；内置 Pt100 温度传感器。

（3）温度变送器　将 Pt100 变送输出 DC0～5V 对应 0～100℃。

（4）调压模块　输入 AC220V 电压，通过 DC0～5V 控制输出 AC0～220V 给电加热炉加热。

（5）7012 模块　模拟量输入模块，16 位隔离；RS-485 接口；地址设为 2；电压输入：0～10V对应 0～32767。

（6）7021 模块　模拟量输出模块，12 位隔离；RS-485 接口；地址设为 1；电压输出：0～4095对应 0～10V。

（7）VB/组态　上位机编程软件。

本无线远程炉温控制实例的原理是：牛顿-7012 采集电加热炉内的温度，通过 RS-485 接口送到无线模块 2，再通过无线通信的方式送到无线模块 1，最后由上位计算机通过 RS-232COM 口获得实测温度数据。上位计算机根据设定温度值和实测温度值的偏差实现 PID 控制（利用 VB 或组态软件编程），将得到的控制量再通过无线模块 1、无线模块 2 和 RS-485 接口送到牛顿-7021 模块，最后输出 DC0～5V 控制调压模块给电加热炉施加 AC0～220V 的电压，从而实现电加热炉的闭环控制。

图 5-23　无线远程炉温控制原理图

在炉温控制系统硬件连接完成后，要首先对系统中的模块进行初始化，步骤如下：

1）系统接通电源后，运行微机桌面“7000 Utility”程序，程序自动搜索模块，进入如图 5-24 所示界面。

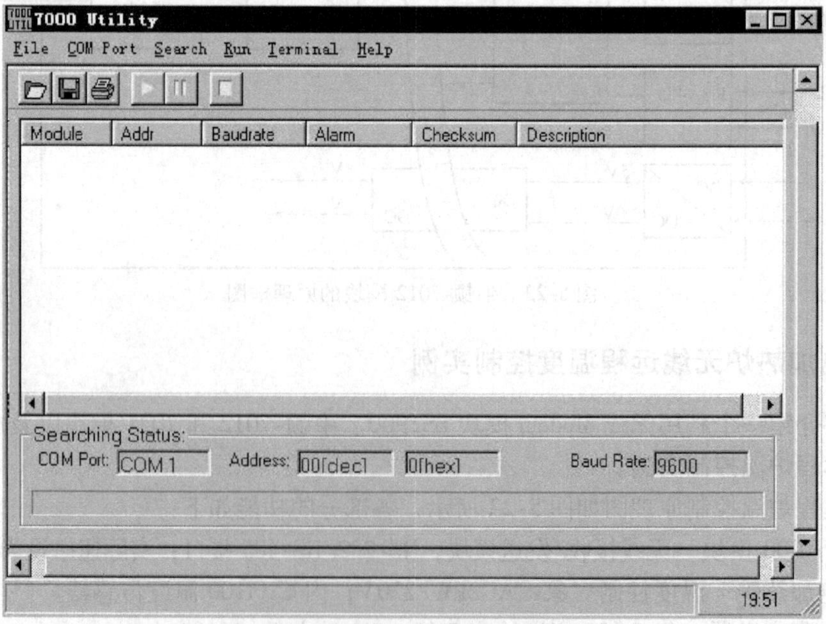

图 5-24　7000 Utility 界面

2）单击 [暂停图标] 图标将程序暂停，单击 COM Port 图标对通信网络进行 COM 口和波特率的参数进行设置，如图 5-25 界面所示。由于牛顿-7000 模块支持 8 种通信波特率，界面中的复选框可以选择多个波特率，但如果已知模块的波特率，则可以直接选择，以提高搜索速度。由于本系统中的无线模块选择了 9.6kbit/s 的波特率，则 7021 和 7012 模块的波特率只能选择 9600bit/s。此外，“COM to search”选 COM1；“Time Out Setting”选 1000，表示搜索时间为 1000ms，最后单击“OK”。

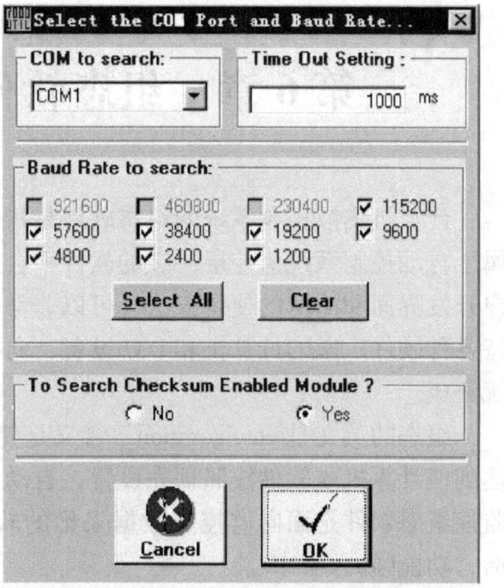

图 5-25　COM 口和波特率设置界面

3）单击按钮，再次运行该程序，它将自动搜索连入网中的模块。在本系统网络中有 7012、7021 两个模块，在搜索后可见到如图 5-26 所示界面。

至此，无线的牛顿模块网络系统建立完成。

至于温度控制的上位机程序，可以利用 VB 或组态软件按照系统模块的地址和命令进行编写，而在实际工程应用中，利用组态软件编程更简单方便，这部分的内容将在本书 6.5 节中向读者介绍。

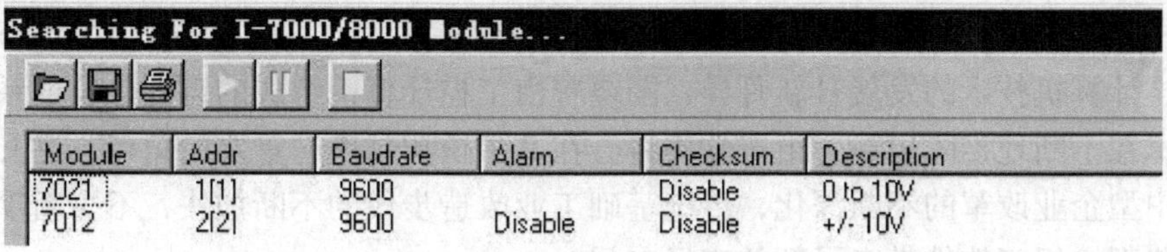

图 5-26　牛顿模块搜索结果

习题与思考题

5-1　归纳一下 Dynamic C 同标准 C 之间的区别和联系。

5-2　什么是 B/S 结构？同 C/S 结构之间有什么区别？分别适用什么场合？

5-3　用 BL2000 控制器的开关量输入连接 4 个拨码开关，输入 0 ~ 9 数字编码，利用多任务框架，编制一个程序，利用 BL2000 控制器的输出控制七段数码管，根据拨码开关输入的编码显示 0 ~ 9 数码。

5-4　CGI 程序的主要作用是什么？

5-5　牛顿工控模块组成的 RS-485 网络与普通 RS-485 有何区别？

5-6　牛顿工控模块中的“加长器”模块作用是什么？

5-7　SST-2400 和 SST-900 无线模块的作用和彼此区别是什么？

5-8　在 5.6.2 实例基础上，设计一个基于有线的 RS-485 网络的炉温控制系统，画出系统原理图，说明控制原理。

第 6 章　组态软件在测控系统中的应用

计算机集散控制系统的组态软件是指一些包括数据采集与过程控制的专用软件，它们是属于自动控制系统监控层一级的软件平台和开发环境，以灵活多样的组态方式提供良好的用户开发界面和简捷的使用方法，可以非常容易地实现和完成监控层的各项功能，并能同时支持各种硬件厂家的计算机和 I/O 设备，向控制层和管理层提供软、硬件的全部接口，进行系统集成。

组态的英文是 configuration，含义是使用软件工具对计算机及软件的各种资源进行配置，达到使计算机或软件按照预先设置，自动执行特定任务，最终满足使用者要求和目的应用。监控组态软件是面向监控与数据采集的软件平台工具，具有丰富的设置项目，使用方式灵活，功能强大。

组态软件产品出现在 20 世纪 80 年代中期，在我国也已有将近 20 年的历史，早在 20 世纪 80 年代末 90 年代初，有些国外的组态软件如 ONSPEC、PARAGON 等就开始进入我国。目前我国市场上的组态软件产品按厂商划分大致可以分为两类，即国外专业软件厂商提供的产品，如美国 Wonderware 公司的 Intouch、美国 Intellution 公司的 FIX 以及德国西门子公司的 Wincc 和国内自行开发的国产化产品，如：Synall、组态王、力控、MAGS、Controlx 等。

当前，计算机技术的发展日新月异，围绕着由工控计算机组成的自动化集成系统的新产品、新技术在不断地推陈出新，组态软件将会在其中扮演越来越重要的角色。这几年随着我国国有大中型企业改革的不断深化，传统基础工业改造步伐的不断加快，不少新项目也需要上马，这些都给组态软件带来了新的市场空间。

6.1　组态软件的功能

1. 强大的界面显示组态功能　目前，工控组态软件大都运行于 Windows 环境下，充分地利用了 Windows 的图形功能，并利用这一特点来完善应用系统界面的美观，以及可视化的风格界面、丰富的工具栏，操作人员可以直接进入开发状态，节省时间。丰富的图形制作控件和工况图库，既可以提供制作所需的组件，又可以是界面制作的向导。利用组态软件提供给用户丰富的作图工具，可随心所欲地绘制出各种工业界面，并可任意编辑，从而将开发人员从繁重的界面设计中解放出来，丰富的动画连接方式，如隐含、闪烁、移动等，可以使界面更加生动、直观。

2. 良好的开放性　社会化的大生产，使得构成测控系统的全部软件、硬件不可能出自一家公司，“异构”是当今测控系统的主要特点之一。开放性是指组态软件能与多种通信协议互联，支持多种硬件设备。开放性是衡量一个组态软件性能的重要指标。组态软件向下应能与低层的数据采集设备通信，向上应能与管理层通信，实现上位机与下位机的双向通信。

3. 丰富的功能模块　提供丰富的测控功能库，满足用户的测控要求和现场要求。利用各种功能模块，完成实时监控、产生功能报表、显示历史曲线、实时曲线、提供报警等功能，使系统具有良好的人机界面，易于操作，系统既能适用于单机集中式控制、DCS分布式控制，也可以是带远程通信能力的远程测控系统。

4. 强大的数据库　配有实时数据库，可存储各种数据，如模拟量、离散量、字符型数据等，实现与外围设备的数据交换。

5. 可编程的命令语言　有可编程的命令语言，使用户可根据自己的需要编译程序，增强图形界面能力。

6. 周密的系统安全防范　对不同的操作者，赋予不同的操作权限，保证整个系统的安全可靠运行。

7. 仿真功能　提供强大的仿真功能使系统并行设计，从而缩短开发周期。

6.2　特点及发展趋势

6.2.1　组态软件的特点

组态软件的特点是实时多任务。包括数据采集与输出、数据处理与算法实现、图形显示及人机对话、实时数据的存储、检索管理、实时通信等，这些任务要在同一台计算机上同时运行。

组态软件的使用者是自动化工程技术人员。组态软件能使使用者在生成适合自己需要的应用系统时不需要修改软件程序的源代码。下面是组态软件主要解决的问题：

1）如何与采集、控制设备间进行数据交换。

2）使来自设备的数据与计算机图形画面上的各元素关联起来。

3）处理数据报警及系统报警。

4）存储历史数据并支持历史数据的查询。

5）各类报表的生成和打印输出。

6）为使用者提供灵活、多变的组态工具，可以适应不同应用领域的需求。

7）最终生成的应用系统运行稳定可靠。

8）具有与第三方程序的接口，方便数据共享。

自动化工程技术人员在组态软件中只需填写一些事先设计的表格，再利用图形功能就能把被控对象（如反应罐、温度计、锅炉、趋势曲线、报表等）形象地画出来，通过内部数据连接把被控对象的属性与I/O设备的实时数据进行逻辑连接。当由组态软件生成的应用系统投入运行后，与被控对象相连的I/O设备数据发生变化会直接带动被控对象的属性变化。若要对应用系统进行修改，也十分方便，这就是组态软件的方便性。

从以上可以看出，组态软件具有实时多任务、接口开放、使用灵活、功能多样、运行可靠的特点。

6.2.2　监控组态软件的发展趋势

市场竞争的加剧使行业分工越来越细，每个DCS厂商把主要精力用于他们本身所擅长的技术领域，巩固已有优势。如果他们还是软硬件一起做，就很难在竞争中取胜。另外组态软件的发展与成长和网络技术的发展与普及密不可分。曾有一段时期，各DCS厂商的底层网络都是专用的，现在则使用国际标准协议，这在很大程度上促进了组态软件的应用。

现场总线技术的成熟更加促进了组态软件的应用，现场总线是一种特殊的网络技术，其核心内容一是工业应用，二是完成从模拟方式到数字方式的转变，使信息和供电同在一根双线电缆上传输，还要满足许多技术指标。同其他网络一样，现场总线的网络系统也具备 OSI 的若干层协议。从这个意义上讲，现场总线与普通的网络系统具有相同的属性，但现场总线设备的种类多，同类总线的产品也分现场设备、耦合器等多种类型，在未来几年现场总线设备将大量替代现有现场设备，给组态软件带来更多机遇。

微处理器技术的发展会带动控制技术及监控软件的发展，目前嵌入式系统的发展速度十分迅猛，但相应的软件，尤其是组态软件的发展相对滞后，制约着嵌入式系统的发展。随着嵌入式系统的广泛应用，组态软件的市场潜力非常巨大。

组态软件在 CIMS 应用中将起到重要作用。计算机集成制造系统（CIMS）的概念，主要内容有：企业内部生产各环节密不可分，需统筹协调，工厂的生产过程，实质就是对信息的收集、传递、加工和处理的过程。CIMS 所追求的目标是使工厂的管理、生产、经营、服务全自动化、科学化、受控化，最大限度地发挥企业中人、资源、信息的作用，提高企业运转效率和市场应变能力，降低成本。

自动化技术以 CIMS 为基础，目前多数企业对生产自动化都比较重视，他们采用 DCS（含 PLC）或采用以 PC 总线为基础的工控机构成简易的分散型测控系统。组态软件在企业 CIMS 发展过程中主要有下面 3 方面的作用：

1）充当 DCS 系统的操作站软件。

2）组态软件在能源监测、原材料管理、成品管理、产品质量监控、自动化验分析、生产设备状态监视等各生产环节发挥重要作用，促进企业以低成本、高效率地实现全厂的信息化建设。

3）由于组态软件具有丰富的 I/O 设备接口，能与绝大多数控制装置相联，具有分布式实时数据库，大幅度节省 CIMS 建设所需的投资。伴随着 CIMS 技术的推广与应用，组态软件将逐渐发展成为大型平台软件。

组态软件的应用不仅仅局限在工业企业，在农业、环保、邮政、电信、实验室、医院、金融、交通、航空等各行各业均能找到使用组态软件的实例。随着社会进步和信息化速度的加快，组态软件将赢得巨大的市场空间。

6.2.3　目前流行的组态软件综述

1. 国外组态软件

（1）InTouch　Wonderware 是 Invensys 公司 PLC “生产管理” 部的一个运营单位，是全球工业自动化软件的领先供应商。

网址：http://www.wonderware.com.cn

Wonderware 的 InTouch 软件是最早进入我国的组态软件。在 20 世纪 80 年代末、90 年代初，基于 Windows3.1 的 InTouch 软件曾让我们耳目一新，并且 InTouch 提供了丰富的图库。但是，早期的 InTouch 软件采用 DDE 方式与驱动程序通信，性能较差，最新的 InTouch7.0 版已经完全基于 32 位的 Windows 平台，并且提供了 OPC 支持。

（2）iFix　GE Fanuc 智能设备公司由美国通用电气公司（GE）和日本 Fanuc 公司合资

组建，提供自动化硬件和软件解决方案，帮助用户降低成本，提高效率并增强其盈利能力。

网址：http://www.gefanuc.com.cn

Intellution 公司以 Fix 组态软件起家，1995 年被爱默生收购，现在是爱默生集团的全资子公司，Fix6.x 软件提供工控人员熟悉的概念和操作界面，并提供完备的驱动程序（需单独购买）。Intellution 将自己最新的产品系列命名为 iFix，在 iFix 中，Intellution 提供了强大的组态功能，但新版本与以往的 6.x 版本并不完全兼容。原有的 Script 语言改为 VBA（Visual Basic for Application），并且在内部集成了微软的 VBA 开发环境。遗憾的是，Intellution 并没有提供 6.1 版脚本语言到 VBA 的转换工具。在 iFix 中 Intellution 的产品与 Microsoft 的操作系统、网络进行了紧密的集成。Intellution 也是 OPC（OLE for Process Control）组织的发起成员之一。iFix 的 OPC 组件和驱动程序同样需要单独购买。

（3）Citech　悉雅特集团（Citect）是世界领先的提供工业自动化系统、设施自动化系统、实时智能信息和新一代 MES 的独立供应商。

网址：http://www.citect.com.cn

CiT 公司的 Citech 也是较早进入中国市场的产品。Citech 具有简捷的操作方式，但其操作方式更多的是面向程序员，而不是工控用户。Citech 提供了类似 C 语言的脚本语言进行二次开发，但与 iFix 不同的是，Citech 的脚本语言并非是面向对象的，而是类似于 C 语言，这无疑为用户进行二次开发增加了难度。

（4）WinCC　西门子自动化与驱动集团（A&D）是西门子股份公司中最大的集团之一，是西门子工业领域的重要组成部分。

网址：http://www.ad.siemens.com.cn

西门子的 WinCC 也是一套完备的组态开发环境，西门子提供类似 C 语言的脚本，包括一个调试环境。WinCC 内嵌 OPC 支持，并可对分布式系统进行组态。但 WinCC 的结构较复杂，用户最好经过西门子的培训以掌握 WinCC 的应用。

2. 国内组态软件

（1）紫金桥 Realinfo（紫金桥软件技术有限公司）

网址：http://www.realinfo.com.cn

紫金桥实时数据库和监控组态软件设计起点高，适应性强，应用面广，已经在国家“九五”项目、国家“863”计划、CIMS 示范工程等中发挥了重要作用。多年来，公司持续不断地对软件进行改进与提高。目前紫金桥实时数据库系统 3.6 和组态软件 3.6 的稳定性、安全性和先进性都达到或超过了国外同类产品水平，打破了国外实时数据库在国内占垄断地位的局面。自从 2004 年软件出口到苏丹，为喀土穆炼油厂的全厂信息化提供实时数据库平台以来，紫金桥软件已经在哈萨克斯坦、越南、日本、加拿大等地不断得到推广。产品从最初的发展中国家到发达国家，从石油化工领域推广到钢铁、水电、机械、制药、造纸、采矿、环保、智能楼宇、仓储、物流、水利等多个行业的自动化过程控制、管理监测、现场监视、企业管理/资源计划等系统。在实际应用中，紫金桥组态软件以其可靠性、方便性和强大的功能得到用户的高度评价。

（2）组态王 KingView（北京亚控科技发展有限公司）

网址：http://www.kingview.com

性能特点：

1）组态王对大容量工程具有高度的可靠性和实时性

- 数据采集性能；
- 网络通信性能；
- 画面刷新性能；
- 脚本执行性能。

2）组态王具有易用性特点，操作简单、直观、易理解，符合工控行业使用习惯，简单实用。

3）组态王具有扩展性，易于进行功能扩展。

4）组态王具有良好开放性，提供完善的 API 接口，利于与其他系统对 KingView 系统的整合，接口包括：

- 实时数据的访问接口；
- 历史数据的访问接口；
- 报警数据的访问接口；
- 安全用户的访问接口；
- 变量对象的配置接口；
- 设备对象的配置接口；
- 用户对象的配置接口。

5）组态王具有良好可维护性，具有诊断、监视、记录工具，能够进行快速的故障定位和排除。

6）组态王具有可定制性，定制 OEM 版本快速方便。

技术参数：

1）实时数据：报警事件冗余切换小于 2s。

2）历史数据

- 存储速度：10000 点/s。
- 存储时间范围：可由客户定制，精确到毫秒级。
- 查询：历史库查询数据时间小于 3s。
- 同一数据可按照年、月、日、时查询，时间相差在秒级以内。
- 历史冗余切换时间小于 2s。

3）冗余切换

- IOserver 之间切换小于 2s。
- IOserver 可进行最长 7 天的数据缓存。

4）画面系统

- 画面最大尺寸可达到 1024 像素 ×768 像素（或更大）。
- 画面数目没有限制。

5）曲线趋势图

- 最多同时显示 4 个绘图区。
- 最多同时显示 64 条曲线。
- 最多可以同时具有 16 条数据轴。
- 可同时具有两条时间轴。

（3）力控 ForceControl（北京三维力控科技有限公司）

网址：http://www. sunwayland. com. cn

北京三维力控科技有限公司是专业从事监控组态软件研发与服务的高新技术企业，核心软件产品初创于1992年，公司以自主创新为动力，逐渐奠定了在国内市场的领先地位。

• 国产监控组态软件具有唯一的完整的冗余与热备体系设计，完整的分布式网络结构。支持控制设备冗余、多重网络冗余，多客户端冗余、冗余的主从站都可以操作。

• 人机监控图形界面与过程数据处理分离，内置独立的实时历史数据库。

• 实时历史数据库支持 Windows/UNIX/Linux 操作系统，数据库开放接口支持远程访问。

• 软件具备独立的 Web Server，支持 Web Service 接口，支持 PDA 终端访问方式。

• 设备驱动支持多种通信方式，上千种的驱动程序，支持多协议设备共用一条通信总线，支持不同通信链路切换。

（4）MCGS（北京昆仑通态自动化软件科技有限公司）

网址：http://www. mcgs. com. cn

• 全中文可视化组态软件，简洁、大方，使用方便灵活。

• 完善的中文在线帮助系统和多媒体教程。

• 真正的32位程序，支持多任务、多线程，运行于 Win95/98/NT/2000 平台。

• 提供近百种绘图工具和基本图符，快速构造图形界面。

• 支持数据采集板卡、智能模块、智能仪表、PLC、变频器、网络设备等700多种国内外众多测控系统常用设备。

• 支持温控曲线、计划曲线、实时曲线、历史曲线、XY 曲线等多种工控曲线。

• 支持 ODBC 接口，可与 SQL Server、Oracle、Access 等关系型数据库互联。

• 支持 OPC 接口、DDE 接口和 OLE 技术，可方便的与其他各种程序和设备互连。

• 提供渐进色、旋转动画、透明位图、流动块等多种动画方式，可以达到良好的动画效果。

• 上千个精美的图库元件，保证快速地构建精美的动画效果。

• 功能强大的网络数据同步、网络数据库同步构建，保证多个系统完美结合。

• 完善的网络体系结构，可以支持最新流行的各种通信方式，包括电话通信网，宽带通信网，ISDN 通信网，GPRS 通信网和无线通信网。

此外，还有 Controlx（开物），易控等国产组态软件，这里不一一列举。

6.3 组态王（KINGVIEW）软件概述

6.3.1 组态王软件的结构

组态王是运行于 Microsoft Windows 中文平台的中文界面的人机界面软件，采用了多线程、COM 组件等新技术，实现了实时多任务，软件运行稳定可靠。目前组态王常用的版本为“组态王6.3”软件包，它由工程浏览器（TouchExplorer）、工程管理器（ProjManager）和画面运行系统（TouchView）三部分组成。在工程浏览器中您可以查看工程的各个组成部分，也可以完成数据库的构造、定义外围设备等工作。工程管理器内嵌画面管理系统，用于新工程的创建和已有工程的管理。画面的开发和运行是由工程浏览器调用画面制作系统“TouchMake”和工程运行系统“TouchView”来完成的。

TouchMake 是应用工程的开发环境。您需要在这个环境中完成画面设计、动画连接等工作。TouchMake 具有先进完善的图形生成功能；数据库提供多种数据类型，能合理地提取控制对象的特性；对变量报警、趋势曲线、过程记录、安全防范等重要功能都有简洁的操作方法。

ProjManager 是应用程序的管理系统。ProjManager 具有很强的管理功能，可用于新工程的创建及删除，并能对已有工程进行搜索、备份及有效恢复，实现数据词典的导入和导出。

TouchView 是“组态王 6.3”软件的实时运行环境，在应用工程的开发环境中建立的图形画面只有在 TouchView 中才能运行。TouchView 从控制设备中采集数据，并存放于实时数据库中。它还负责把数据的变化以动画的方式形象地表示出来，同时可以完成变量报警、操作记录、趋势曲线等监视功能，并按实际需求记录在历史数据库中。

6.3.2　组态王与下位机通信方法

“组态王”把每一台与之通信的设备看作是外围设备，为实现组态王和外围设备的通信，组态王内置了大量设备的驱动作为组态王和外围设备的通信接口，在开发过程中您只需根据工程浏览器提供的“设备配置向导”一步步完成连接过程即可实现组态王和相应外围设备驱动的连接。在运行期间，组态王就可通过驱动接口和外围设备交换数据，包括采集数据和发送数据/指令。每一个驱动都是一个 COM 对象，这种方式使驱动和组态王构成一个完整的系统，既保证了运行系统的高效率，也使系统有很强的扩展性，如图 6-1 所示。

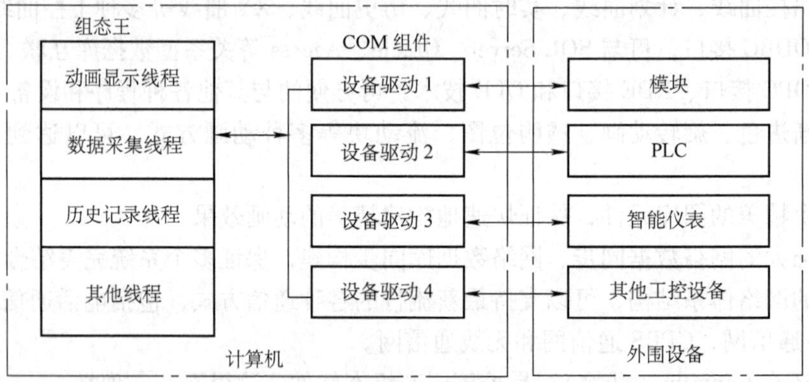

图 6-1　组态王与下位机通信图

6.4　组态王软件设计

6.4.1　组态王与模块通信方法

这里以莫迪康的 RTU 模块为例介绍组态王同下位机设备通信的方法实例，其他设备的通信过程基本类似，只是模块类型厂家以及寄存器等信息不同。组态王同模块的通信分为以下三个部分，分别是：①在组态王工程浏览器中建立设备；②串口通信参数设置；③在工程浏览器的数据库中建立变量。

1. 在组态王工程浏览器中建立设备　第一步：在工程管理器中单击“设备\新建”，出现设备配置向导窗口，如图6-2所示。

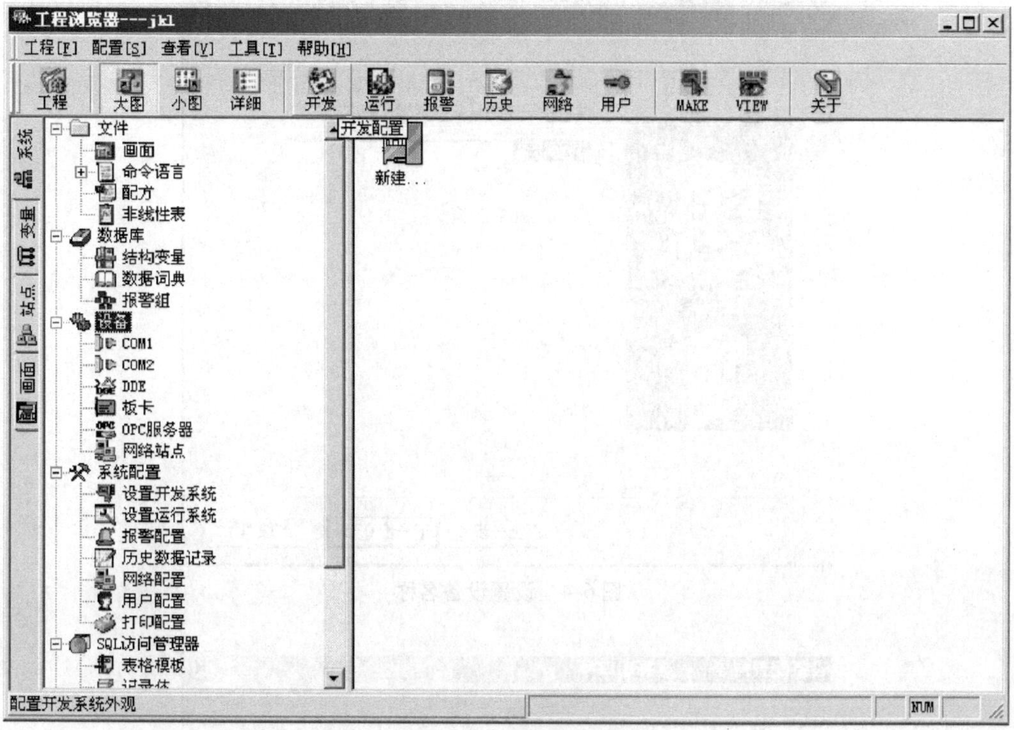

图6-2　设备配置向导

第二步：在设备配置向导窗口中选择“PLC\莫迪康\Modbus(RTU)\串行”，单击“下一步”，出现“逻辑名称”窗口，输入一个设备名称如：“新IO设备”，单击“下一步”，出现“串口选择窗口”，如图6-3、图6-4、图6-5所示。

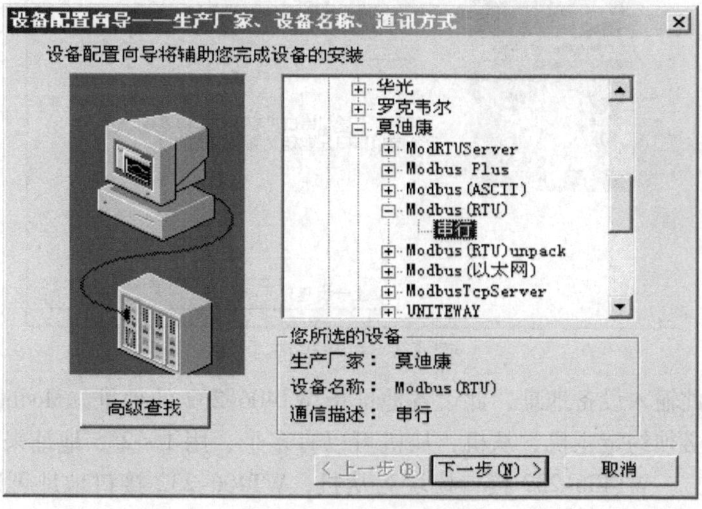

图6-3　串口选择窗口

第三步：在串口选择窗口中，选择 PC 与 WT406-232 模块连接的串行口，如：COM1，然后点击“下一步”，出现设备地址设置窗口，如图 6-6 所示。

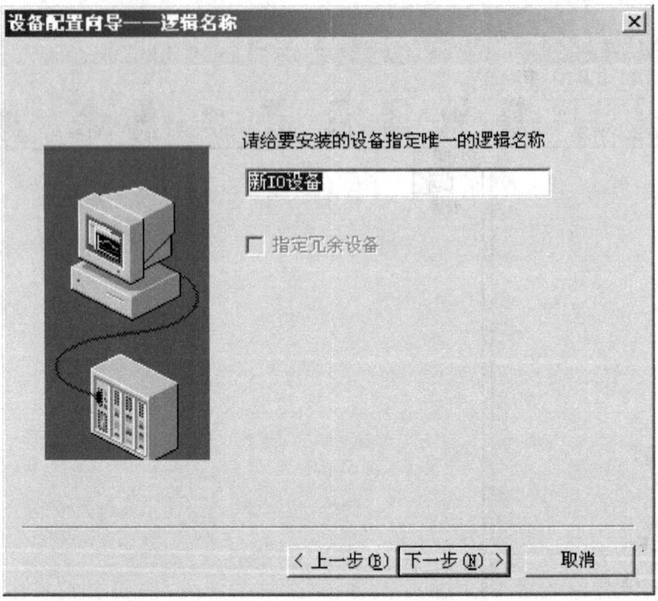

图 6-4　设置设备名称

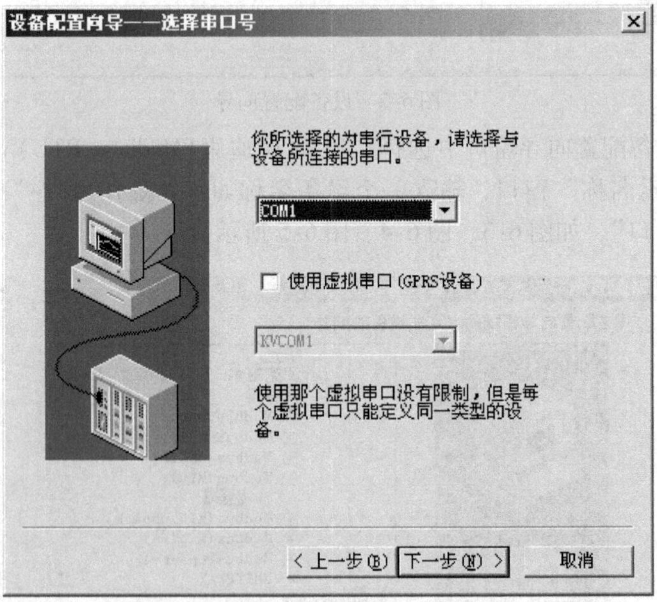

图 6-5　选择串行口

第四步：在此输入设备地址，此设备地址指 WT406-232 的地址。Modbus 通信是主从式通信，通信双方必须约定主机、从机，从机可以有多个，用 1 ~ 255 地址来区分。在此，组态王软件为主机方，WT406-232 接口模块为从机，WT406-232 接口地址可以设置（参见一线通工具软件）。设备地址输入后按“下一步”，出现“通信参数”窗口。

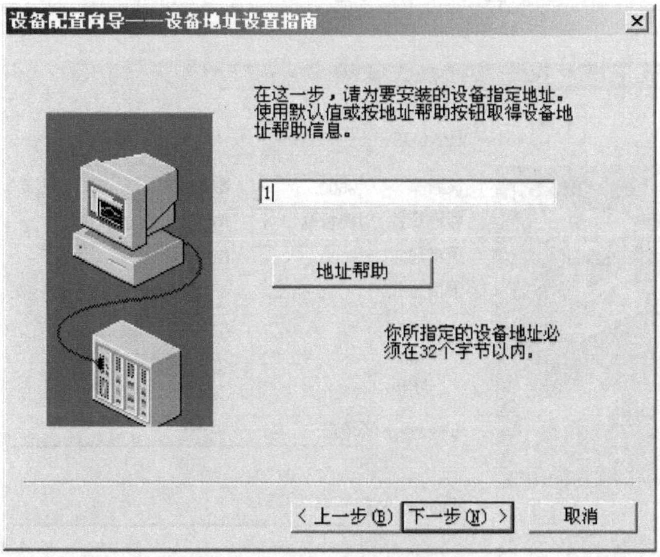

图6-6 设置设备地址

第五步：通信参数使用默认参数即可，按“下一步”，出现“设置总结”窗口。按“完成”后，设备建立过程结束，在工程浏览器的设备窗口中出现新建设备的图标，如：“新IO设备”。

2. 串口通信参数设置 在工程浏览器的设备中，单击对应的串行通信接口，如：COM1，出现“串口设置”窗口，在此设置本机的串行通信参数，此参数应与WT406-232的对应通信参数相同。如图6-7所示，按“确定”结束设置。

3. 在工程浏览器的数据库中建立变量 Modbus网络中，根据所安装模块的种类、数量的不同，在数据词典中可以定义对应数量的AI、AO、DI、DO类型的I/O数据，下面举例介绍。

Modbus通信协议规定所传输的数据为整数，为保证数据的精度，WT406-232模块将模拟量数据乘10后输出，这样保证所有传输的数据保留一位小数。

选择“数据库\数据词典\新建”，出现“定义变量”窗口。如图6-8所示在“定义变量”窗口中进行如下填写：

数据类型：I/O实数；

连接设备：前面定义的“新IO设备”（MODBUS通信设备）；

数据类型：UINT；

读写属性：只读；

寄存器：3××××，Modbus设备对只读寄存器定义均为3××××，模块模拟量寄存器地址计算方法：寄存器地址 $=(m-1)\times 20+n$

m——一线通模块的地址号（被定义变量所在模块的地址号1-63）

n——被定义变量所在模块的通道号

例如：定义2号模块5输入通道的变量，其寄存器地址=30025。最小原始值、最大原始值：对于1~5V输入信号，最小原始值=10000，最大原始值=50000；对于温度采集通道，它的原始值是实际温度的10倍，例如，对于温度量程为0~500℃的变量，最小原始值

=0，最大原始值=5000，最小值=0，最大值=500。

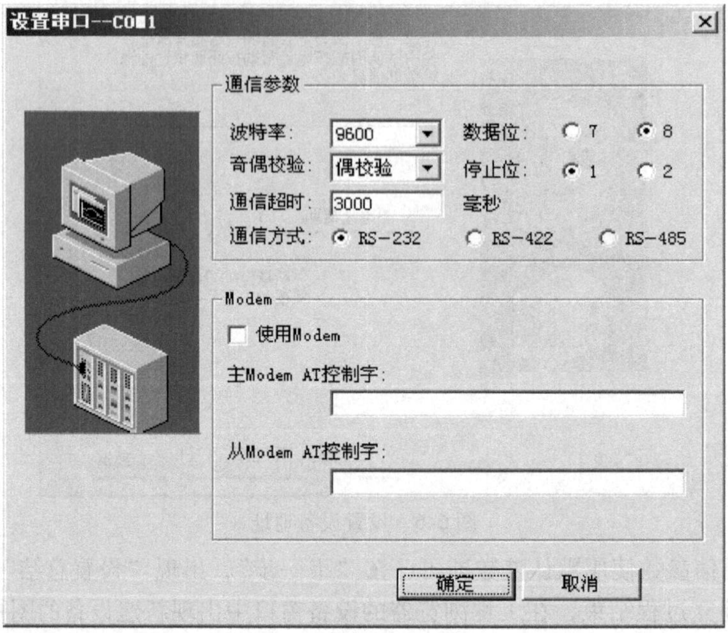

图 6-7　串口设置窗口

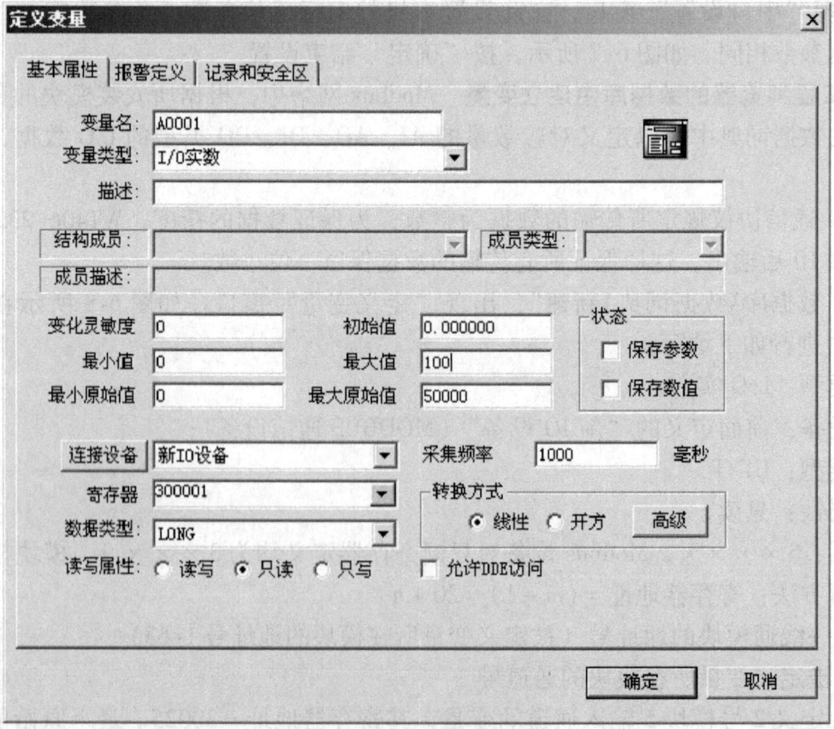

图 6-8　定义变量窗口

经过上述的“设备定义”、“串口设置”、“变量定义”3 个步骤，一线通模块与组态王软件的 Modbus 通信设置全部完成，再配合必要显示画面，组态王软件即可运行，通过串行口自动地发送和接收数据。

6.4.2　组态王的动画图形界面设计

1. 使用工程浏览器　工程浏览器是组态王的集成开发环境。在这里可以看到工程的各个组成部分，包括画面、数据库、外围设备、系统配置、SQL 访问管理器等。它们以树形结构表示。

工程浏览器的使用和 Windows 的资源管理器类似。工程浏览器由菜单栏、工具条、工程目录显示区、目录内容显示区、状态条组成。工程目录显示区以树形结构图显示大纲项节点，用户可以扩展或收缩工程浏览器中所列的大纲项。选中目录显示区的某项后，在目录内容显示区显示相应的选项所包括的内容。

2. 建立新画面　在工程浏览器中左侧的树形结构中选择“画面”，在右侧视图中双击“新建”工程，浏览器将弹出“新画面”对话框。

根据不同的工业现场设计相应的工艺流程图。

6.4.3　组态王的报警、事件和趋势曲线

1. 报警和事件窗口的作用　运行报警和事件记录是监控软件必不可少的功能，对此组态王提供了强有力的支持，提供了简单的报警和事件记录的方法。

组态王中的报警和事件主要包括变量报警事件、操作事件、用户登录事件和工作站事件。通过这些报警和事件，用户可以方便地记录和查看系统的报警、操作和各个工作站的运行情况。当报警和事件发生时，在报警窗口中会按照设置的过滤条件实时显示出来。

2. 定义报警组　为了分类显示报警事件，可以把变量划分到不同的报警组，同时指定报警窗口中只显示所需的报警组（注：趋势曲线、报警窗口都是一类特殊的变量，有变量名和变量属性等）。为使报警窗口内能显示变量的报警和事件信息，必须先做如下设置：

切换到工程浏览器，在左侧选择“报警组”，然后双击右侧的图标进入“报警组定义”对话框。在“报警组定义”对话框中单击“修改”。在“修改报警组”对话框中将报警组名“RootNode”修改为“化工厂”，如图 6-9 所示。

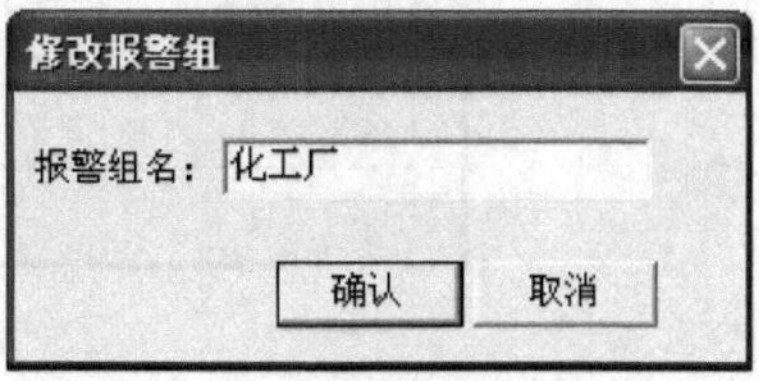

图 6-9　修改报警组对话框

单击“确认”，关闭“修改报警组”对话框。

单击“增加”按钮，在“化工厂”报警组下再增加一个分组“反应车间”，如图 6-10 所示。

单击“报警组定义”对话框的“确认”按钮。结束对报警组的设置。

3. 设置变量的报警属性　在工程浏览器的左侧选择“数据词典”，在右侧双击变量名“反应罐压力”，弹出“定义变量”对话框。在“定义变量”对话框中单击“报警定义”配置页，弹出定义变量对话框如图 6-11 所示。

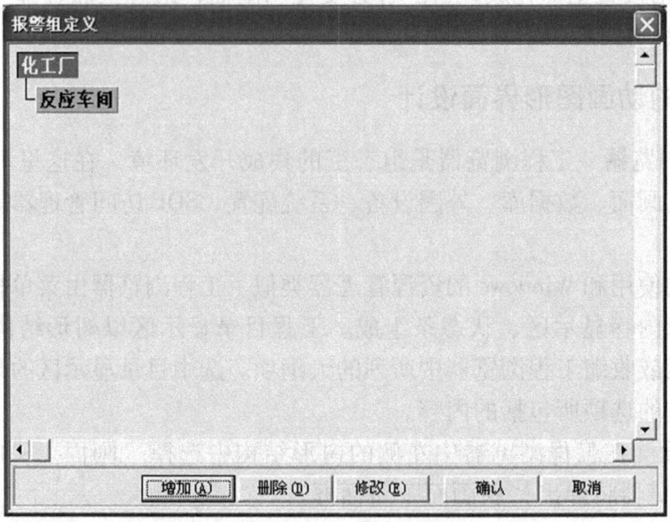

图 6-10　报警组定义对话框

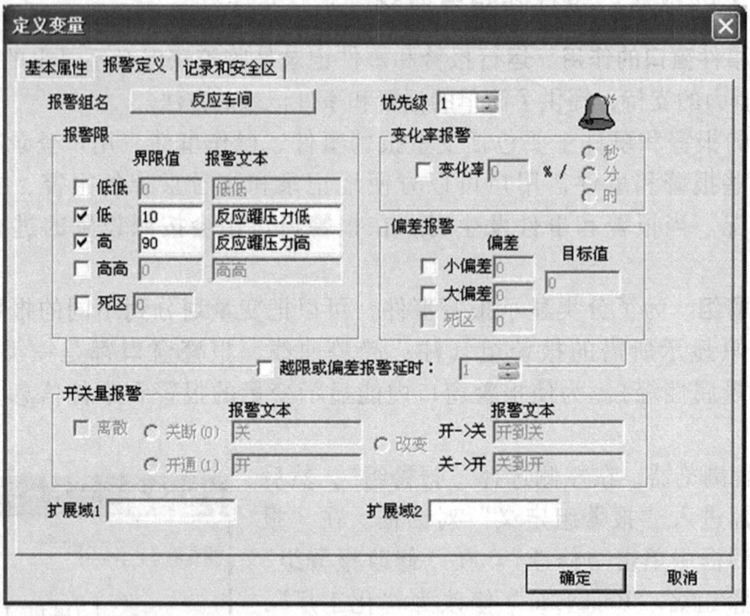

图 6-11　定义变量对话框

注意：只有在“报警定义”对话框中定义了变量所属的报警组和报警方式后，才能在报警和事件窗口中显示此变量的报警信息。

4. 建立报警和事件窗口　对于一个实际可用的系统来说，是由多幅具有不同功能的监控画面构成的。组态王所允许的画面数量是不受限制的。下面将介绍在一个新的画面上建立报警和事件窗口。

激活 TouchMake 程序，选择菜单“文件\新画面”，建立一个新画面。

画面名称：“报警和事件窗口”，绘制报警和事件窗口，在工具箱中选用报警窗口工具，绘制的报警和事件窗口如图 6-12 所示。

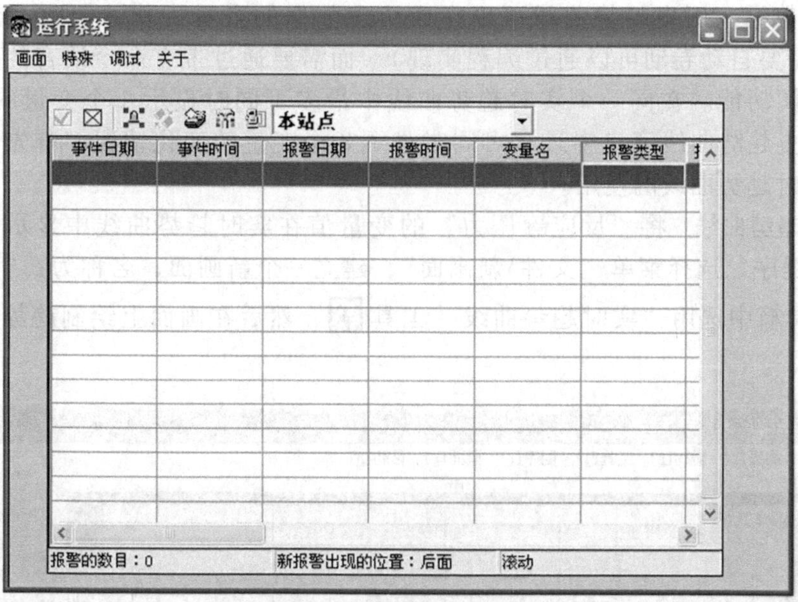

图 6-12　报警和事件窗口

双击此报警窗口对象，弹出“报警窗口配置属性页”对话框，如图 6-13 所示，可以对报警窗口的不同属性进行设置。

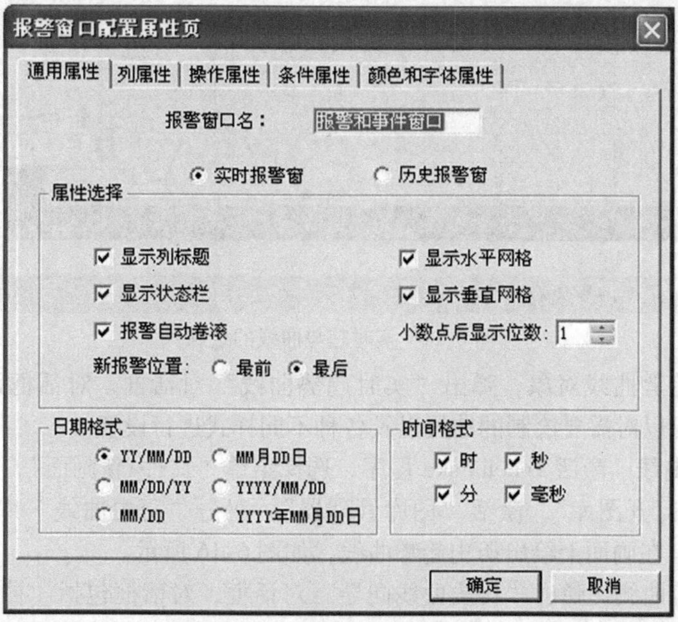

图 6-13　报警窗口配置属性页

5. 趋势曲线的作用　趋势曲线用来反应数据变量随时间的变化情况。趋势曲线有两种：实时趋势曲线和历史趋势曲线，这两种曲线外形都类似于坐标纸，X 轴代表时间，

Y 轴代表变量的量程百分比。所不同的是，在用户的画面程序运行时，实时趋势曲线随时间变化自动卷动，以快速反应变量的新变化，但是时间轴不能“回卷”，不能查阅变量的历史数据。历史趋势曲线可以完成历史数据的查看工作，但它不会自动卷动（如果实际需要自动卷动可以通过编程实现），而需要通过带有命令语言的功能按钮来辅助实现查阅功能。在同一个实时趋势曲线中最多可同时显示 4 个变量的变化情况，在同一个历史趋势曲线窗口中最多可同时显示 8 个变量的变化情况。首先让我们先来了解一下实时趋势曲线的使用。

6. 实时趋势曲线　将“反应罐压力”的变量值在实时趋势曲线中显示出来。激活 TouchMake 程序，选择菜单“文件\新画面”，建立一个新画面，名称为：“实时趋势曲线”，在工具箱中选用“实时趋势曲线”工具，然后在画面上绘制趋势曲线，如图 6-14 所示。

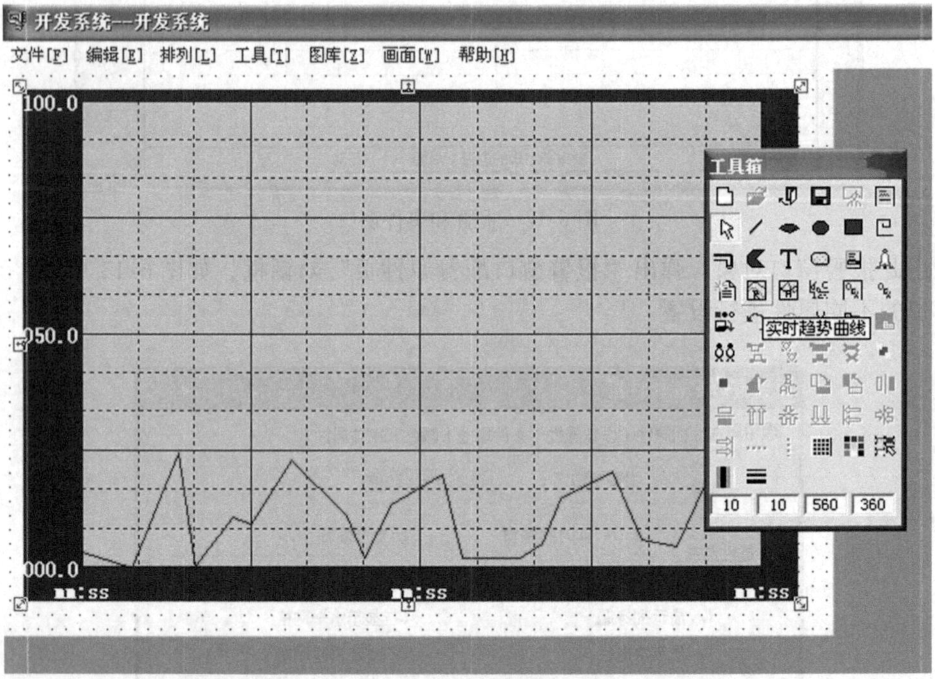

图 6-14　实时趋势曲线的绘制

双击此实时趋势曲线对象，弹出“实时趋势曲线”对话框，对话框设置如图 6-15 所示，通过该界面可以对需要绘制的曲线以及各种不同样式进行设置。

7. 历史趋势曲线　激活 TouchMake 程序，选择菜单“文件\新画面”，建立一个新画面。选择菜单“图库\打开图库”，激活“图库管理器”，双击“历史曲线”库中的“历史趋势曲线”图库精灵，在画面上绘出历史趋势曲线，如图 6-16 所示。

双击历史趋势曲线，弹出“历史曲线向导”对话框，对话框包括“曲线定义”、“坐标系”、“操作面板和安全属性”三部分。“曲线定义”配置页设置如图 6-17 所示。

注意：实时和历史趋势曲线的数值轴的起始值和最大值是工程百分比值，分别对应变量的最小值和最大值。

“调整跨度”：变量的最小值设为 0，最大值设为 36000（相当于 10h，可以根据需要设定)。用户可以在运行系统中通过对此变量值的修改来改变时间轴平移或单边移动的实际长度（以 s 为单位)。

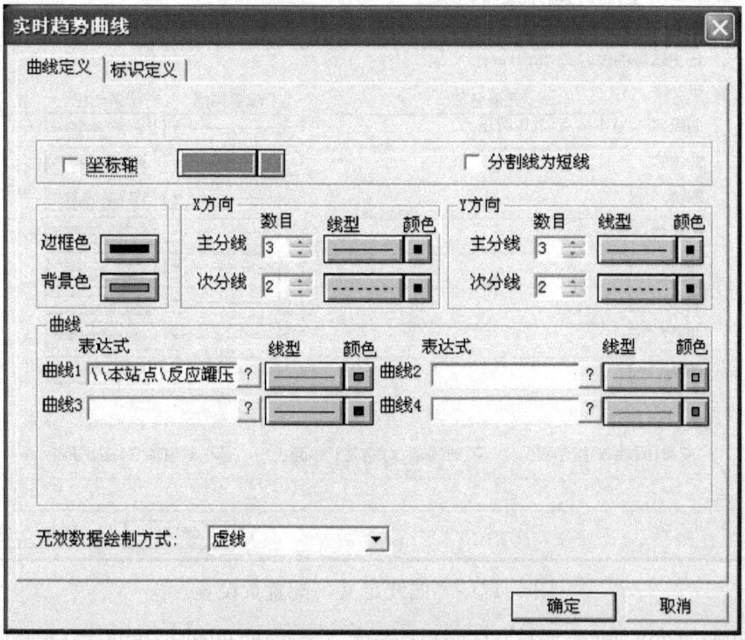

图 6-15　对话框设置

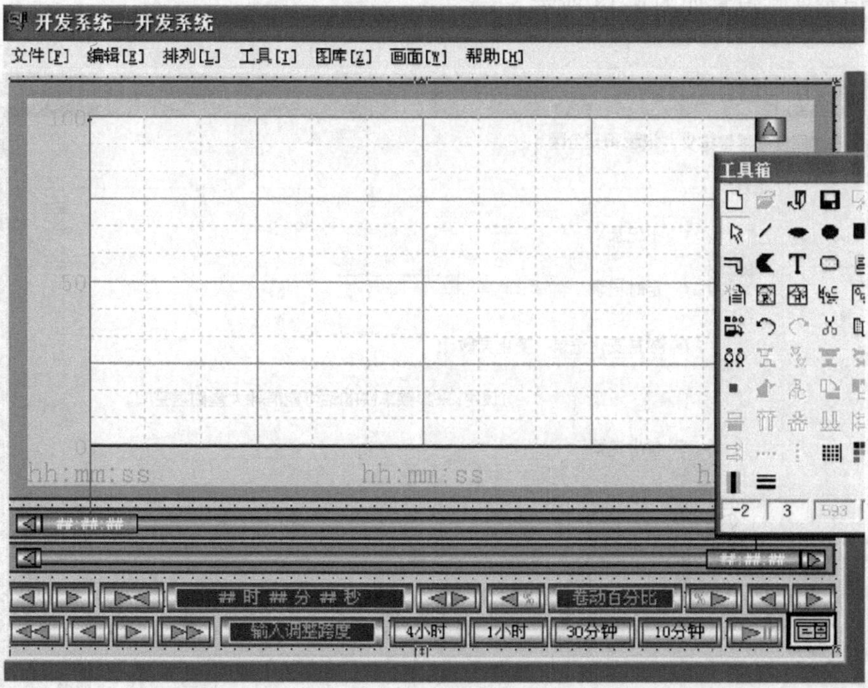

图 6-16　历史趋势曲线

“卷动百分比”：变量的最小值设为 0，最大值设为 100。用户可以在运行系统中通过对

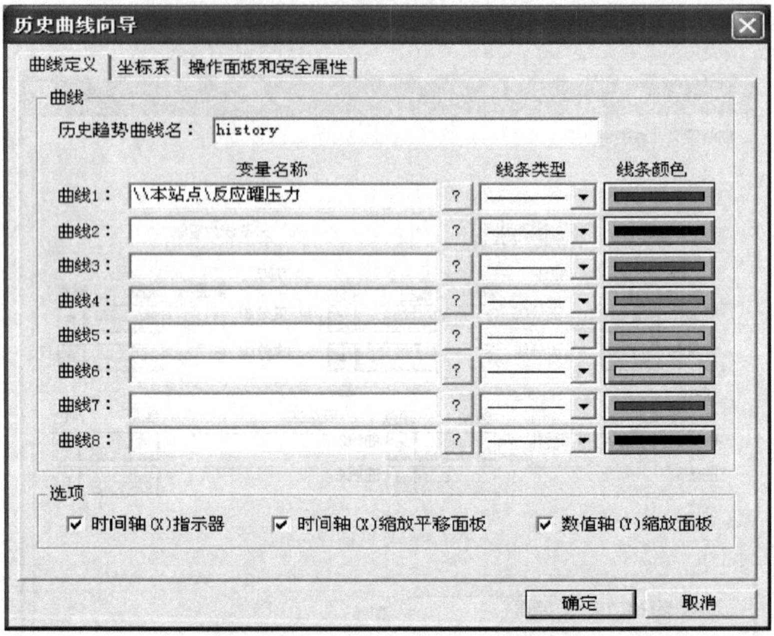

图 6-17　“曲线定义”配置页设置

此变量值的修改来改变时间轴平移的百分比长度（当前时间轴长度的百分比）。

为使趋势曲线内能显示变量的变化情况，还必须设置变量的记录属性。变量“成品油液位”的记录属性设置如图 6-18 所示。

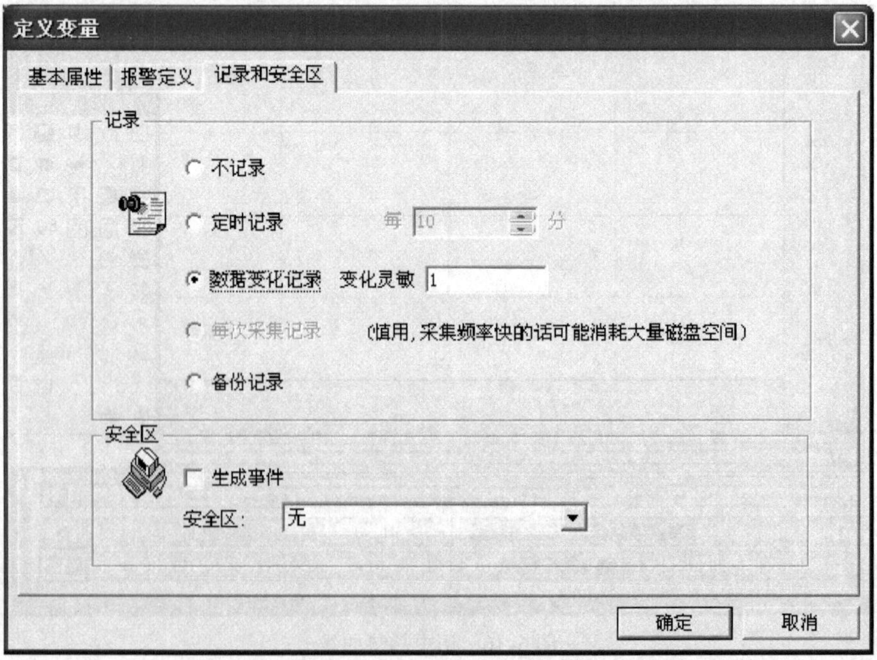

图 6-18　变量“成品油液位”的记录属性设置

这样，数据的每一次变化就都被记录到组态王的历史数据记录文件中了。

注意：只有在“定义变量”对话框中选择“数据变化记录”或“定时记录”选项时，才能在历史趋势曲线中显示此变量的变化情况，这是因为历史趋势曲线中的数据都取自历史数据记录文件，而历史数据记录文件只记录那些“记录”属性有效的变量。

现在运行“历史趋势曲线”画面，就可以随时查阅历史数据了，如果需要的数据不在当前时间范围内，操作者可以通过按钮的帮助来任意改变时间轴范围。

如果需要的不仅是曲线，而且要求查看具体的数值，或者需要进行曲线名称的替换等操作，可以通过函数来实现，参见《组态王6.××使用手册》的“历史趋势”一章，也可以参考组态王的示例程序。

6.4.4　组态王的配方和报表系统

1. 配方简介　在制造领域，配方用来描述生产一件产品所用的不同配料之间的比例关系，是生产过程中一些变量对应的参数设定值的集合。

又如，在钢铁厂，一个配方可能就是机器设置参数的一个集合，而对于批处理器，一个配方可能被用来描述批处理过程中的不同步骤。组态王支持对配方的管理，用户利用此功能可以在控制生产过程中得心应手，提高效率。比如当生产过程状态需要大量的控制变量参数时，如果一个接一个地设置这些变量参数就会耽误时间，而使用配方，则可以一次设置大量的控制变量参数，满足生产过程的需要。下面介绍“反应车间”建立配方的方法，以满足生产过程的需要。

2. 创建配方模板文件　首先在数据词典中定义配方要用到的3个变量：原料油重量、催化剂重量、反应时间，另外还要建立一个代表配方名称的内存字符串型变量“配方名称”。建立变量的方法和操作步骤详见6.4.1的有关内容。

切换到工程浏览器，在左侧选择“配方”，然后双击右侧的“新建”图标进入“配方定义”对话框，如图6-19所示。

注意：配方定义对话框中的第一行中的第一列和第二列是不可操作的，从第二行开始的一列可由菜单中的“变量”来选择在组态王数据词典中已定义过的变量。

在“配方定义”对话框中，选中第二行第一列，单击菜单命令“变量”，弹出“选择变量名”对话框，如图6-20所示。

选中“原料油重量”，单击“确定”按钮退出，则“原料油重量”显示在第二行第一列中。其变量类型“整型”会自动加入到后面的一列中。

同样的方法，分别将变量“催化剂重量”和“反应时间”引入。然后分别输入两组配方的名称和参数值。

单击菜单“表格”下的“保存”命令，将配方模板文件保存到当前工程文件路径下，名为：“\配方.csv”，即“d：\培训工程\配方.csv”，然后关闭此对话框。结束配方模板的定义（注意：在定义配方时变量的数目应为实际使用变量的数目）。

3. 创建配方操作按钮　对于配方的操作，组态王提供了配方管理函数，配方函数允许组态王运行时对包含在配方模板文件中的各种配方进行选择、修改、创建和删除等一系列操作。通过建立按钮，在命令语言中使用一些函数来实现对配方的操作，首先建立“配方”画面，如图6-21所示。

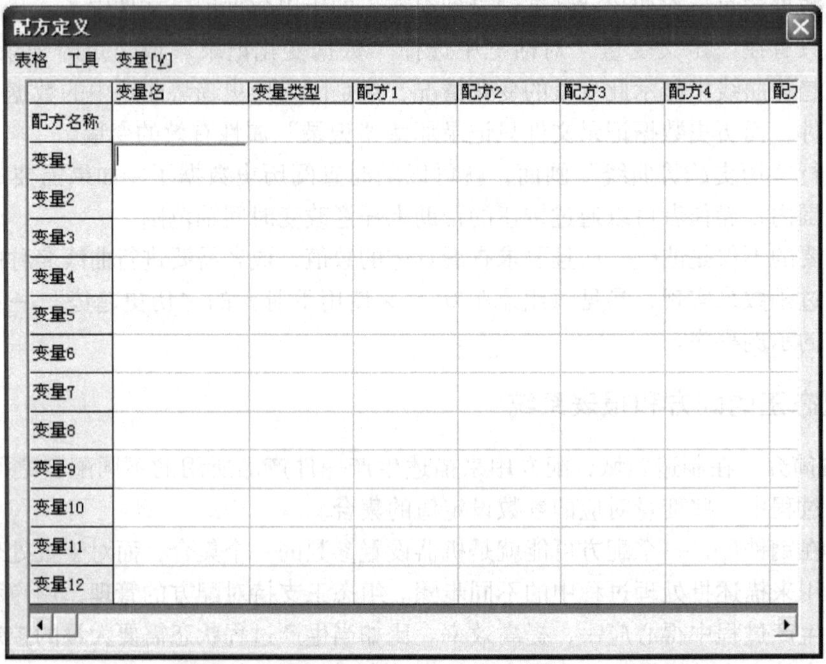

图 6-19 配方定义对话框

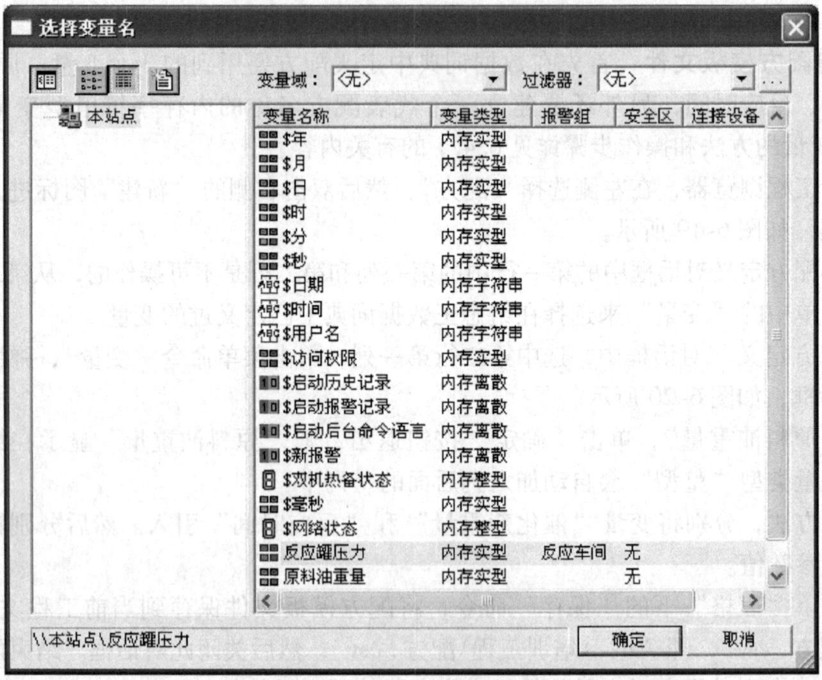

图 6-20 选择变量名对话框

动画连接定义如下：

“配方名称”的字符串输入和输出表达式：配方名称

“原料油重量”的模拟量输入和输出表达式：原料油重量

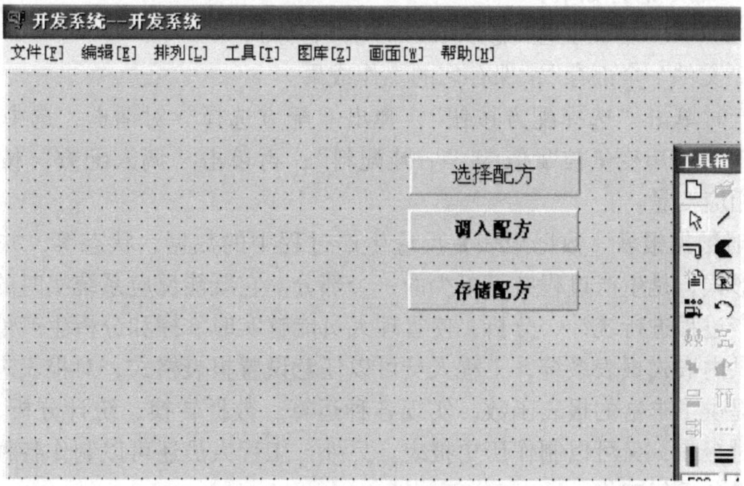

图6-21　配方画面

"催化剂重量"的模拟量输入和输出表达式：催化剂重量

"反应时间"的模拟量输入和输出表达式：反应时间

几个按钮的定义如下：

"选择配方"按钮

- 按钮文本字符串："选择配方"
- "弹起时"命令语言如下：

RecipeSelectRecipe ("D:\培训工程\配方.csv", 配方名称, "请输入配方名");

"调入配方"按钮

- 按钮文本字符串："调入配方"
- "弹起时"命令语言如下：

RecipeLoad ("D:\培训工程\配方. csv", 配方名称);

"存配方"按钮

- 按钮文本字符串："存储配方"
- "弹起时"命令语言如下：

RecipeSave ("D:\培训工程\配方. csv", 配方名称);

"选择下一个配方"按钮

- 按钮文本字符串："选择下一个配方"
- "弹起时"命令语言如下：

RecipeSelectNextRecipe ("D:\培训工程\配方. csv", 配方名称);

"选择上一个配方"按钮

- 按钮文本字符串："选择上一个配方"
- "弹起时"命令语言如下：

RecipeSelectPreviousRecipe ("D:\培训工程\配方.csv", 配方名称);

"删除配方"按钮

- 按钮文本字符串："删除配方"

●“弹起时”命令语言如下：

RecipeDelete（"D:\培训工程\配方.csv"，配方名称）；

选择菜单“文件\全部存”，保存您的工作成果。

在画面运行时单击“选择配方按钮”，弹出“配方选择”对话框，选中“一吨配料”，则“配方名称”字符串变量被赋值为“一吨配料”；再单击“调入配方”按钮，则各个参数值被输入到相应变量。

4. 制作实时数据报表　数据报表是反应生产过程中的数据、状态等，并对数据进行记录的一种重要形式，是生产过程必不可少的一个部分。它既能反应系统实时的生产情况，又能对长期的生产过程进行统计、分析，使管理人员能够实时掌握和分析生产情况。

组态王提供内嵌式报表系统，工程人员可以任意设置报表格式，对报表进行组态。组态王为工程人员提供了丰富的报表函数，实现各种运算、数据转换、统计分析、报表打印等。既可以制作实时报表，又可以制作历史报表。另外，工程人员还可以制作各种报表模板，实现多次使用，避免重复工作。

在组态王工具箱内选择“报表窗口”工具，在报表画面上绘制报表，如图6-22所示。

图6-22　报表窗口

双击报表窗口的灰色部分（表格单元格区域外没有单元格的部分），弹出“报表设计”对话框，如图6-23所示。

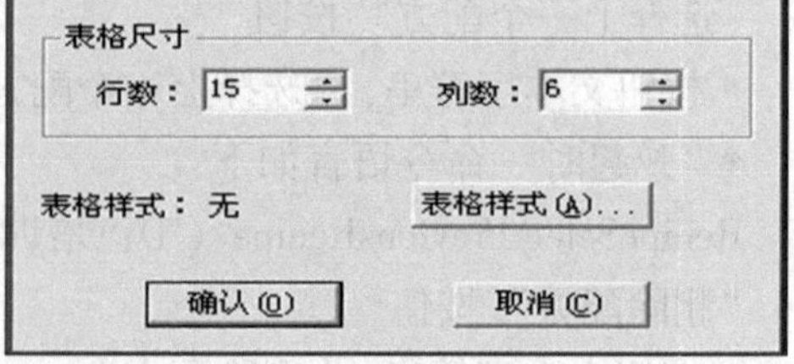

图6-23　“报表设计”对话框

设置表头格式

设计表头：选中“b1”到“e2”的单元格区域，从报表工具箱上单击“合并单元格”按钮，在报表工具箱的编辑框里输入文本“实时数据报表”，单击“输入”按钮；或双击合并的单元格，使输入光标位于该单元格中，然后输入上述文本。单击报表工具箱中的“设置单元格格式”按钮，设置单元格格式如下：数字—常规；字体—隶书、规则、一号、红色；对齐方式：水平—居中，垂直—居中；图案设置单元格底纹颜色为灰色。

设计报表时间

在单元格“d3”中显示当前日期，双击该单元格，然后输入“=Date（$年，$月，$日）”。“e3”中显示当前时间，双击该单元格，然后输入“=Time（$时，$分，$秒）”。设置单元格“d3”的格式为：常规—日期（YYYY 年 MM 月 DD 日）。设置单元格“e3”的格式为：常规—时间（××时××分××秒）。其设计报表时间如图 6-24 所示。

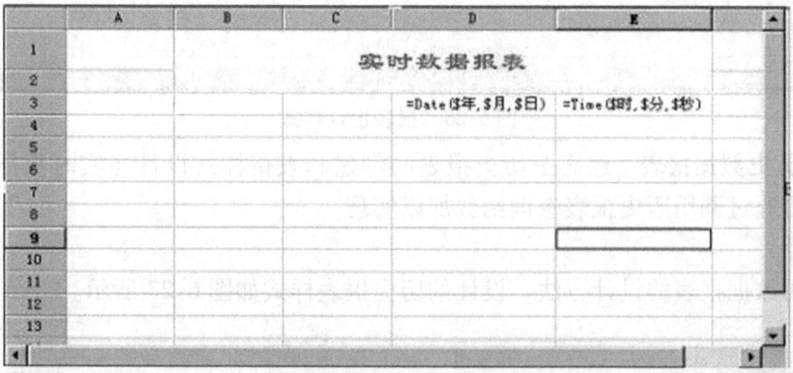

图 6-24　设计报表时间

设计报表格式——显示变量的实时值

在 a4 单元格中输入“原料油液位”文本值，再选中 b4 单元格，然后在组态王的数据改变命令语言中输入，如图 6-25 所示。

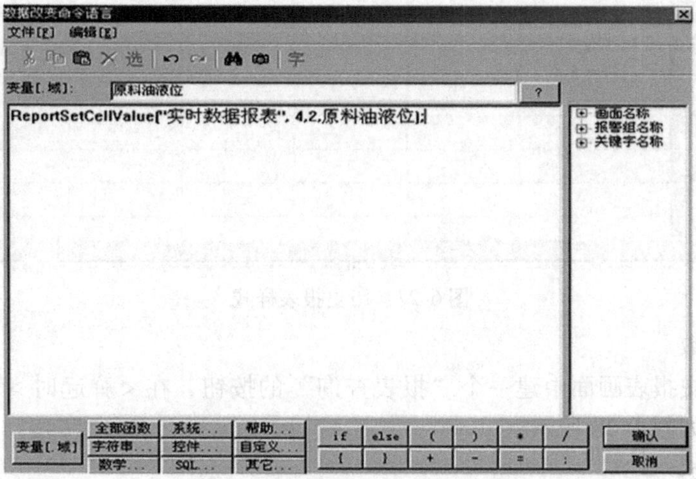

图 6-25　数据改变命令语言对话框

催化剂液位，成品油液位的实时值同样设置，报表设计样式如图 6-26 所示。

保存报表，在开发状态下，在报表工具箱中单击保存按钮：选择保存路径，输入要保存的文件名。单击“保存”按钮，则实时数据报表就保存为实时数据报表 .rtl 文件。这样保存的报表可供下次需要时调用。这样，一个简单的实时数据报表就生成了。

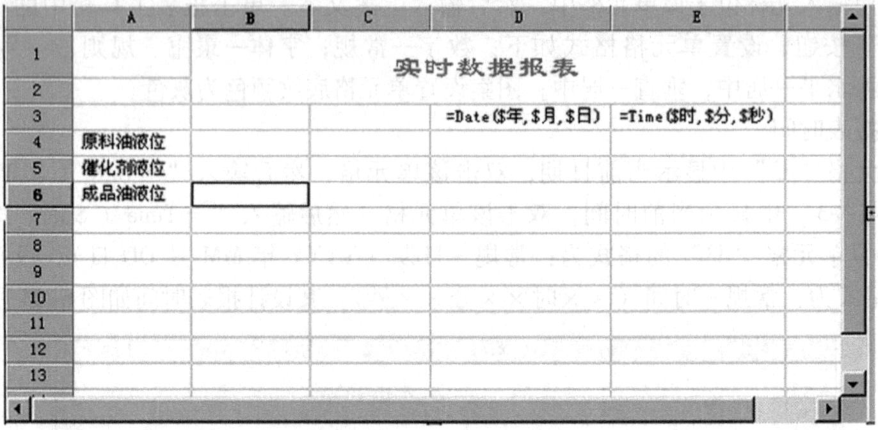

图 6-26　报表设计样式

5. 制作历史数据报表　组态王历史报表的创建和表格样式设计与实时数据报表方法是一样的，并可通过调用历史报表查询函数加以实现。

表格设计

根据实时数据报表的设计方法，设计的历史报表样式如图 6-27 所示。

图 6-27　历史报表样式

建立查询函数

在组态王历史报表画面中建一个“报表查询”的按钮，在 <弹起时> 命令语言中输入历史查询函数，如图 6-28 所示。

查询历史数据

运行组态王，打开历史报表画面，单击“报表查询”按钮，弹出的对话框，如图 6-29 所示。

在对话框中输入合适的查询参数值，然后单击“确定”按钮；依次查询催化剂液位和成品油液位。最后生成的历史数据报表如图 6-30 所示。

注：组态王提供了丰富的报表函数以实现对历史数据的多种处理方法，用户可以根据实

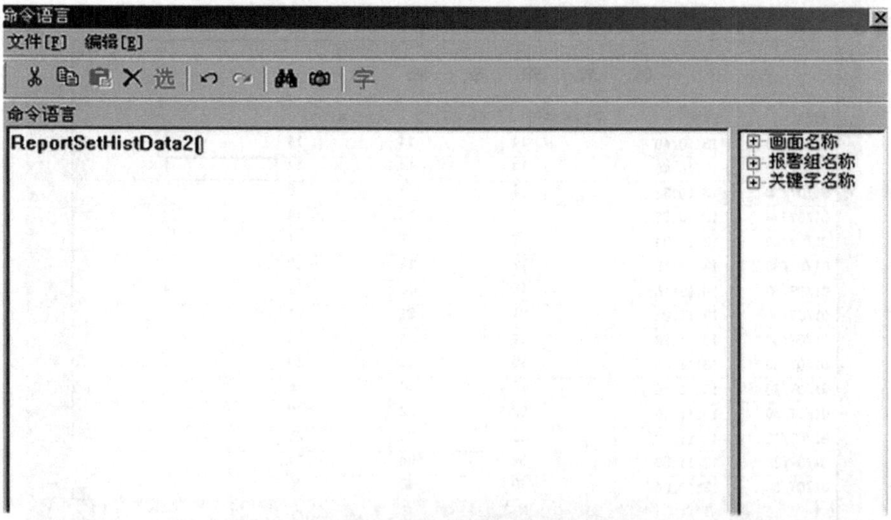

图 6-28　命令语言对话框

际要求设计需要的报表，报表函数的详细使用请参看《组态王函数速查手册》。

6. 用 EXCEL 作报表输出　用户除了可以用组态王内嵌报表进行报表的设计输出外，亚控公司还提供了用excel作历史报表输出的例子：kintable. xls 文件。用户可以从组态王的安装路径下找到该文件。若组态王为默认安装路径 c：\programfiles\kingview，则在该路径下可以找到 kintable. xls 文件。

双击 kintable. xls，弹出对话框，单击“启用宏”按钮，进入到报表 excel 的报表画面，如图 6-31 所示。

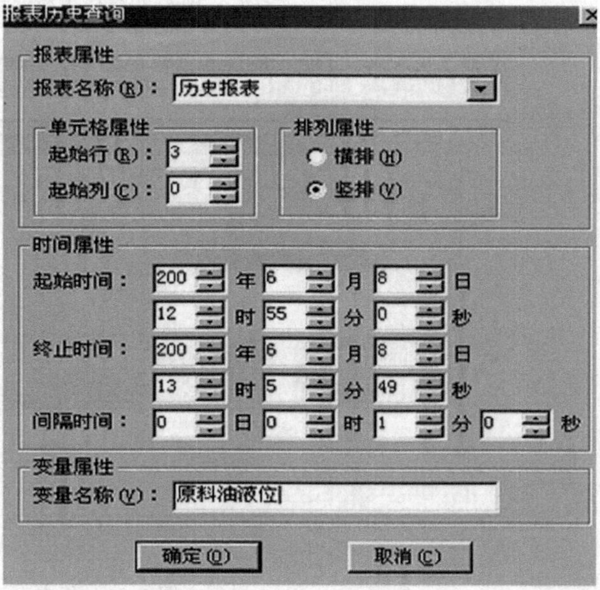

图 6-29　报表历史查询对话框

单击画面中的菜单工具\宏\Visual Basic 编辑器，则进入 vba 编程环境，如图 6-32 所示。

单击菜单下方右边的过程列表框，选择“auto _ open”项，如图 6-32 所示，则光标停在相应的子程序段，其中 ret = INI _ HistoryRecord(0,0,"C:\Program Files\Kingview\Example\Kingdemo2",0,"C:\Program Files\Kingview\Example\Kingdemo2")的 INI HistoryRecord（ ）函数用于初始化查询子系统，函数中第三个参数表示组态王的历史库路径，最后一个参数表示组态王的工程路径，用户只需要修改这两个路径为自己的工程设置即可，例：当前培训工程在“E:\临时测试工程\培训工程\”下面，历史库路径也为当前工程路径，则函数设置为：ret = INI _ HistoryRecord(0,0,"d:\培训工程",0,"d:\培训工程")保存所作的操作。保存完毕后，关闭编程环境，回到 excel 表的环境。

	历 史 报 表 查 询			
日期	时间	原料油液位	催化剂液位	成品油液位
01/07/30	13:10:40	14	14	14
01/07/30	13:10:46	14	14	14
01/07/30	13:10:52	8	8	8
01/07/30	13:10:58	14	14	14
01/07/30	13:11:04	7	7	7
01/07/30	13:11:10	12	12	12
01/07/30	13:11:16	18	18	18
01/07/30	13:11:22	21	21	21
01/07/30	13:11:28	4	4	4
01/07/30	13:11:34	10	10	10
01/07/30	13:11:40	16	16	16
01/07/30	13:11:46	22	22	22
01/07/30	13:11:52	28	28	28
01/07/30	13:11:58	34	34	34
01/07/30	13:12:04	40	40	40

图 6-30　历史数据报表

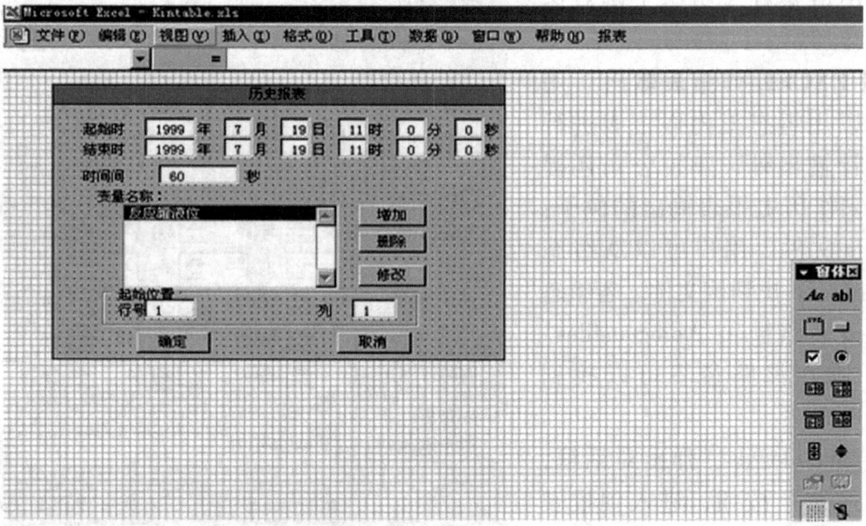

图 6-31　报表画面

单击画面中的菜单、报表\历史报表项，弹出如下对话框，在对话框中输入要查询变量的起始时间、结束时间、时间间隔、然后单击“增加”按钮，输入所要查询的组态王变量，如图 6-33 所示。

设置完后，按下“确定”按钮，则相应时间的历史数据变量在 sheet1 表中就生成了。

7. 动态数据交换（DDE）**的概念**　DDE 是 Windows 平台上的一个完整的通信协议，它使应用程序之间能彼此交换数据和发送指令。进行 DDE 通信的应用程序相互间是通过 3 个标志名来约定的，即一方的应用程序要想获取另一方的数据，必须定义另一方的 3 个标志：

（1）应用程序名　即进行 DDE 对话的双方的名称，组态王的应用程序名为“VIEW”，EXCEL 应用程序名为“Excel”等。

（2）主题　即被讨论的数据对象。组态王的主题规定为“tagname”，EXCEL 规定为

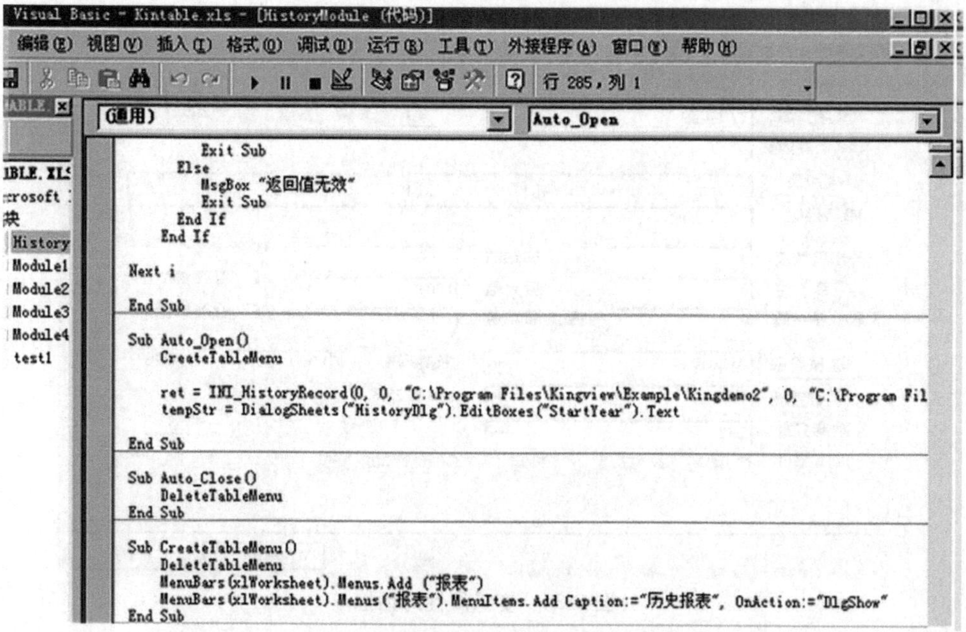

图 6-32　vba 编程环境

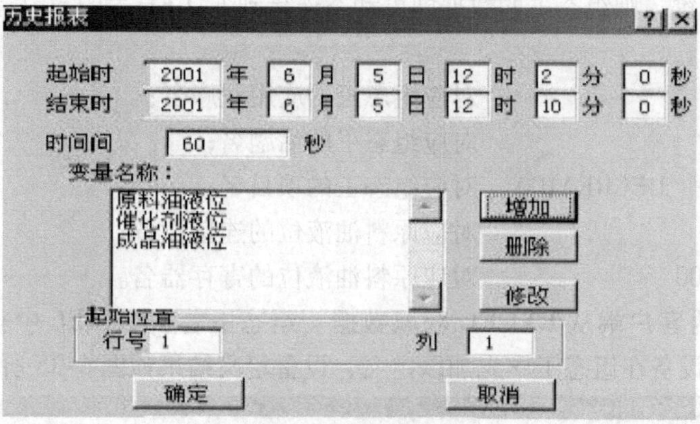

图 6-33　历史报表对话框

"sheet1"、"sheet2"……

（3）项目　即被讨论的特定的数据对象。若工程人员把组态王作为服务器向另一个应用程序提供数据时，在数据词典里进行 I/O 变量定义后，其"设备名 · 寄存器名"就作为项目名；若把 excel 作为服务器向另一个应用程序提供数据时，则其项目是单元：如"r1c1"（表示第一行第一列的单元），具体说明可参看下面讲解。

8. 组态王作为服务器向 Excel 提供数据

在组态王中定义好向 Excel 发送数据的变量，如"原料油液位"，其变量属性对话框如图 6-34 所示。

注意：要进行 DDE 数据交换，读写属性后面的"允许 DDE 访问"一定要选中！

在画面中建立相应变量的模拟值输出动画连接，然后运行组态王。

启动 excel，在其中一个单元格，如 r1c1 中输入：

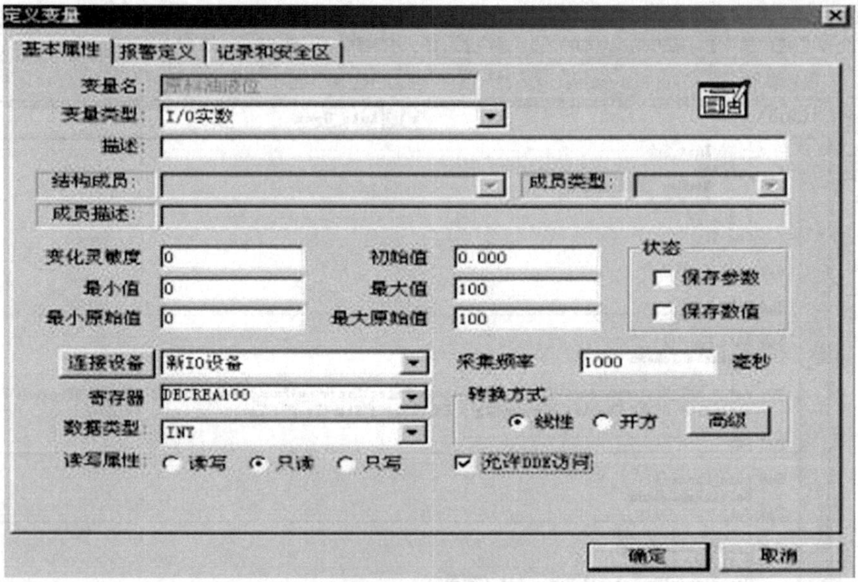

图 6-34 变量属性对话框

" = view | tagname! 新 IO 设备. DECREA100"

然后按下回车键，则组态王的数据即可动态连接到 EXCEL 表的 r1c1 单元格中。

上面的式子中，

1) view 对应组态王的应用程序名；

2) tagname 对应组态王的话题名；

3) 新 IO 设备. DECREA100 对应组态王的项目名；

4) 新 IO 设备 对应原料油液位的连接设备；

5) DECREA100 对应原料油液位的寄存器名。

9. 组态王作为客户端从 EXCEL 获取数据 组态王若从 EXCEL 中获取数据，需要把 EXCEL 作为 DDE 设备在组态王中先加以定义，设备定义结果如图 6-35 所示。

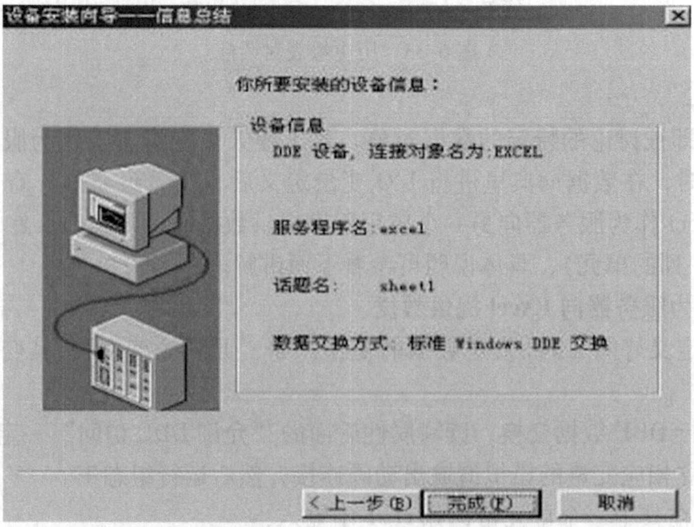

图 6-35 设备定义结果

设备定义完成后，可在数据词典中定义一个变量，如 fromtoexcel，变量定义对话框如图 6-36 所示。

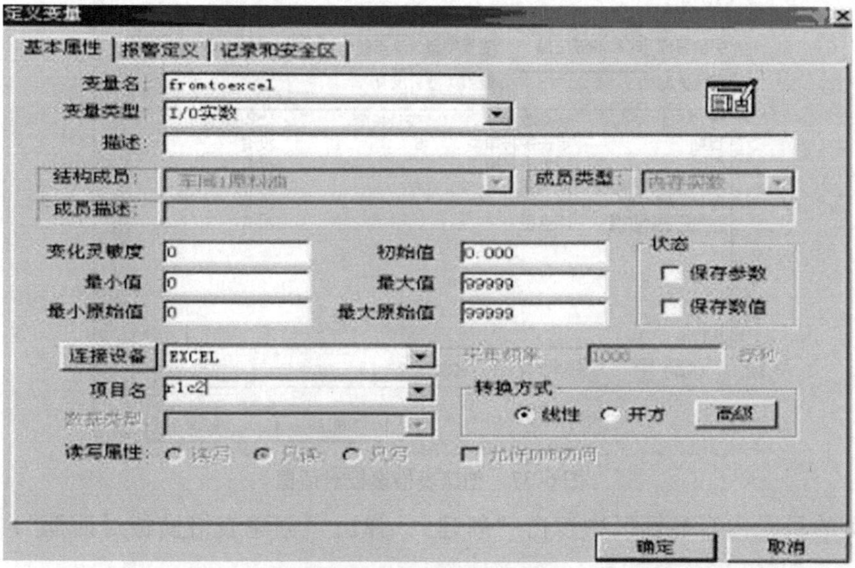

图 6-36　变量定义对话框

按下“确定”按钮，即可完成变量的定义。然后在画面中建立该变量的模拟值输出动画连接，并保存设置。先启动 excel 程序，并在 sheet 表中的 r1c2 单元格中输入任一值，然后运行组态王，切换到 fromtoexcel 变量所在的画面，这时可以看到这个变量的数据也为 excel 中 r1c2 单元格的值。任意改变 excel 中相应单元格的值，组态王中的对应变量一直跟随变化。

6.4.5　组态王的数据库连接

组态王 SQL 访问功能实现组态王和其他外部数据库（支持 ODBC 访问接口）之间的数据传输。它包括组态王的 SQL 访问管理器和 SQL 函数。

以 Ms Access 数据库为例，下面说明组态王与其相连的例子。

1. SQL 访问管理器　SQL 访问管理器用来建立数据库表格列和组态王变量之间的联系。包括表格模板和记录体两部分功能。通过表格模板在数据库表中建立表格，通过记录体建立数据库表格列和组态王之间的联系，允许组态王通过记录体直接操作数据库中的数据。表格模板和记录体都是在工程浏览器中建立的。

2. 创建表格模板　在工程浏览器中左侧工程目录显示区中选择“SQL 访问管理器”下的“表格模板”项，在右侧目录内容显示区中双击“新建”，弹出“创建表格模板对话框”，如图6-37所示。

在表格模板中建立 5 个记录（日期，时间，原料油液位值，催化剂液位值，成品油液位值），字段名称，变量类型，变量长度，索引类型，如图 6-37 所示。建立表格模板的目的在于定义一种格式，在后面用到的是 SQLCreatTable（ ）以此格式在 Access 数据库中建立表格。

3. 创建记录体　在工程浏览器左侧的工程目录显示区中选择 SQL 访问管理器下的记录

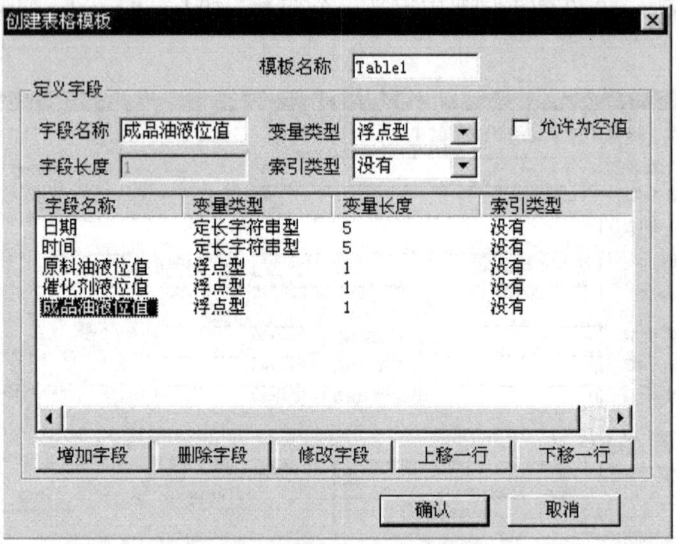

图 6-37　创建表格模板对话框

体，在右侧的目录内容显示区中双击“新建”，弹出“创建表格模板对话框”，如图6-38所示。

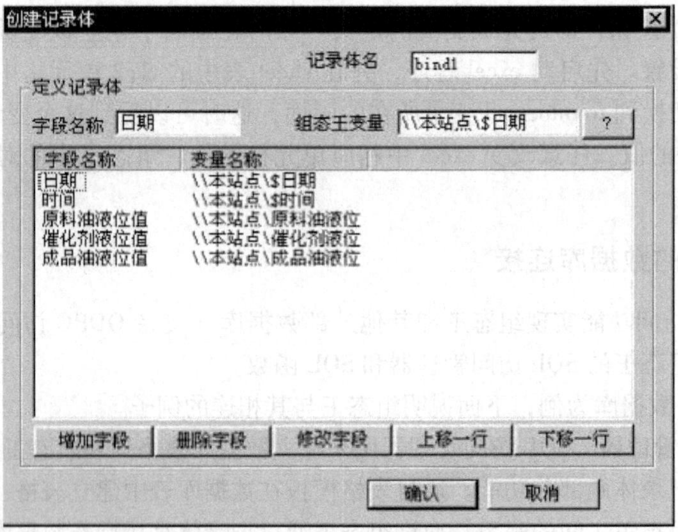

图 6-38　创建表格模板对话框

记录体定义了组态王变量 $ 日期、$ 时间、原料油液位、催化剂液位、成品油液位和 Access 数据库表格中相应字段日期、时间、原料油液位值、催化剂液位值、成品油液位值之间的对应连接关系。

4. 建立 Ms Access 数据库

1）建立一空 Access 文件，定名为mydb. mdb。

2）定义数据源

双击控制面板下的“ODBC 数据源（32 位）”选项，弹出“ODBC 数据源管理器”对话框，如图 6-39 所示。

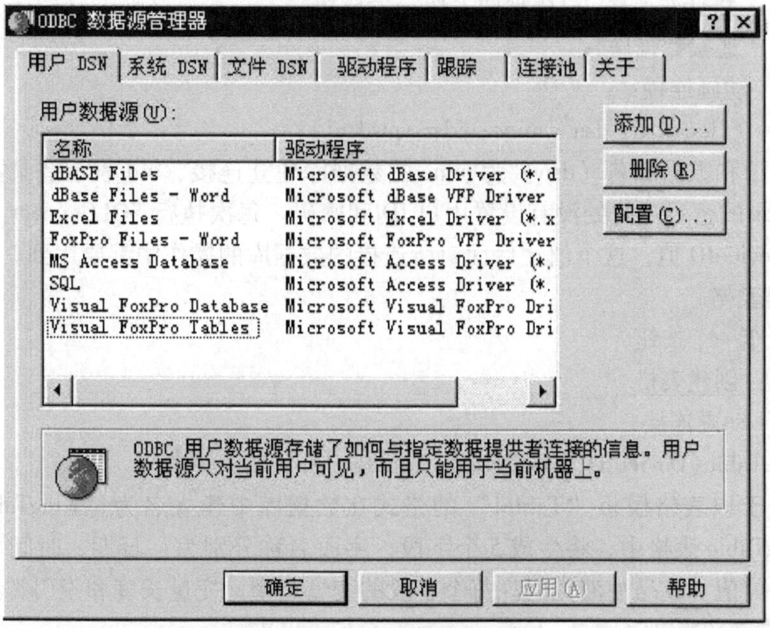

图 6-39　ODBC 数据源管理器

选择“用户 DSN”属性页，并单击添加”按钮。在弹出的“创建新数据源”对话框中，选择“Mirosoft Access Driver”单击“完成”按钮。弹出“ODBC Microsoft Access 安装”对话框，如图 6-40 所示。

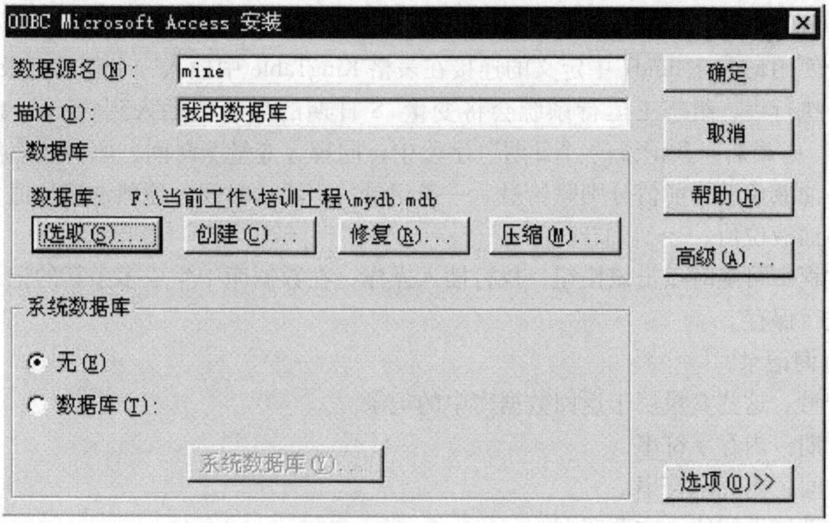

图 6-40　ODBC Microsoft Access 安装对话框

5. 对数据库操作

(1) 连接数据库

在数据词典里定义新变量

变量名称：DeviceID

变量类型：内存整数

新建画面“数据库连接”，在画面上作一个按钮

按钮文本：连接数据库

“弹起时”动画连接：

SQLConnect(DeviceID,"dsn = mine;uid = ;pwd =");

该命令用于和数据源名（dsn）为 mine 的数据库建立连接，uid 表示登录数据库的用户 ID，pwd 是登录的密码。此处没有设置用户 ID 和密码。每次执行 SQLConnect（）函数，都会返回一个 DeviceID 值，这个值在后面对所连接的数据库的操作中都要用到。

（2）创建表格

在画面上作一个按钮

按钮文本：创建表格

“弹起时”动画连接：

SQLCreateTable(DeviceID,"KingTable","Table1");

该命令用于以表格模板“Table1”的格式在数据库中建立名为“KingTable”的表格。在生成的 KingTable 表格中，将生成 5 个字段，字段名称分别为：日期、时间、原料油液位值、催化剂液位值、成品油液位值。每个字段的变量类型、变量长度和索引类型由表格模板“Table1”中的定义所决定。

（3）插入记录

在画面上作一个按钮

按钮文本：插入记录

“弹起时”动画连接：

SQLInsert(DeviceID,"KingTable","bind1");

该命令使用记录体 bind1 中定义的连接在表格 KingTable 中插入一个新的记录。

该命令执行后，组态王运行系统会将变量 $日期的当前值插入到 Access 数据库表格“KingTable”中最后一条记录的“日期”字段中，同理，变量 $时间、原料油液位、催化剂液位、成品油液位的当前值分别赋给最后一条记录的字段：时间、原料油液位值、催化剂液位值和成品油液位值。

运行过程中可随时点击该按钮，执行插入操作，在数据库中生成多条新的记录，对变量的实时值进行保存。

（4）查询记录

定义变量。这些变量用于返回数据库中的记录。

记录日期：内存字符串

记录时间：内存字符串

原料油液位返回值：内存实型

催化剂液位返回值：内存实型

成品油液位返回值：内存实型

定义记录体 bind2，用于定义查询时的连接，如图 6-41 所示。

得到一个特定的选择集

在画面上作一个按钮

按钮文本：得到选择集

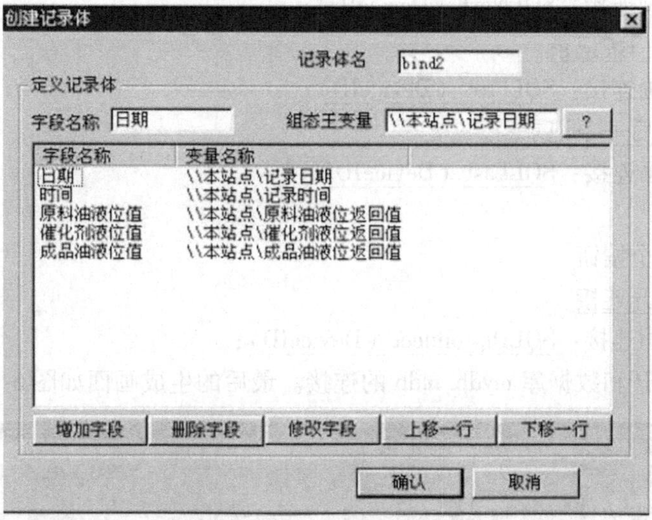

图 6-41　创建记录体对话框

“弹起时”动画连接：

SQLSelect(DeviceID,"King Table","bind2","","");

该命令选择表格 KingTable 中所有符合条件的记录，并以记录体 bind2 中定义的连接返回选择集中的第一条记录。此处没有设定条件，将返回该表格中所有记录。

执行该命令后，运行系统会把得到的选择集的第一条记录的“日期”字段的值赋给记录体 bind2 中定义的与其连接的组态王变量“返回日期”，同样“KingTable”表格中的时间、原料油液位值、催化剂液位值、成品油液位值字段的值分别赋给组态王变量中的返回时间、原料油液位返回值、催化剂液位返回值、成品油液位返回值。

查询返回值显示，在画面上做文本，如图 6-42 所示。

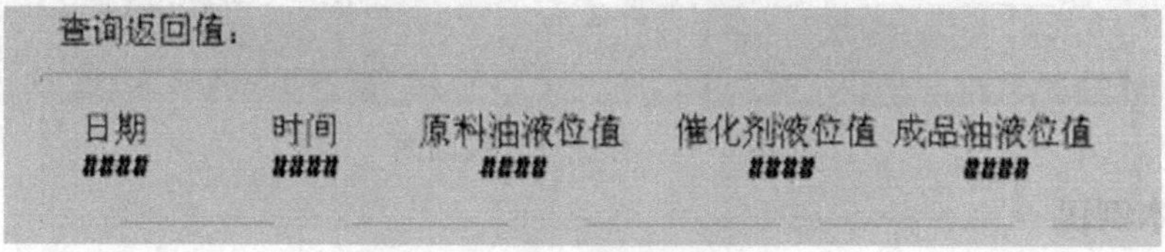

图 6-42　查询返回值界面

文本“####”对应的“模拟值输出”动画连接分别为

“返回日期”，“返回时间”，“原料油液位返回值”

“催化剂液位返回值”，“成品油液位返回值”

在执行 SQLSelect（）函数后，首先返回选择集的第一条记录，在画面上“####”将显示返回值。

查询记录。

在画面上做 4 个按钮分别为

按钮文本：第一条记录

“弹起时”动画连接：SQLFirst（DeviceID）；

按钮文本：下一条记录

“弹起时”动画连接：SQLNext（DeviceID）；

按钮文本：上一条记录

“弹起时”动画连接：SQLPrev（DeviceID）；

按钮文本：最后一条记录

“弹起时”动画连接：SQLLast（DeviceID）；

（5）断开连接

在画面上作一个按钮

按钮文本：断开连接

“弹起时”动画连接：SQLDisconnect（DeviceID）；

该命令用于断开和数据库 mydb. mdb 的连接。最后的生成画面如图 6-43 所示。

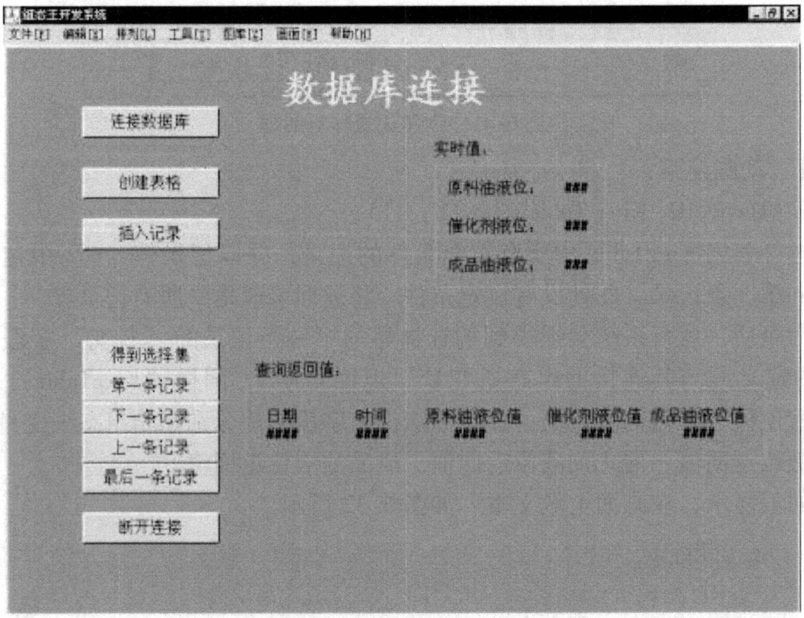

图 6-43　数据库连接画面

6. 运行本例程

1）单击“数据库连接”按钮，系统将建立和以“mine”为数据源名的 Access 数据库 mydb. mdb 的连接。

观察“组态王信息窗口”，连接成功后会出现一条信息：“运行系统：数据库：数据库（F:\我的工程\mydb）连接成功”。

2）单击“创建表格按钮”，将在数据库中以表格模板“Table1”为格式建立表格“KingTable”，观察“组态王信息窗口”，信息提示：“运行系统：数据库：创建表格（KingTable）。如果反复执行此命令则提示：“运行系统：数据库错误：表（KingTable）已存在。

3）单击“插入记录”按钮，使用记录体 bind1 中定义的连接在表格 KingTable 中插入一个新的记录。记录当前的日期、时间、及液位值。该命令可随时执行以记录变量的实时值，从而在表格不断插入记录。

4）单击“选择数据集”按钮。该命令选择表格 KingTable 中所有符合条件的记录，并以记录体 bind2 中定义的连接返回选择集中的第一条记录。

“组态王信息窗口”，信息提示：“运行系统：数据库：选择操作成功”。

5）单击“第一条记录”、“下一条记录”、“上一条记录”、“最后一条记录”从而返回选择集中的不同记录。返回的记录中的字段值将赋给 bind2 中定义的相应变量。在画面上可以直接看出来。

6）当不需要对数据库进行操作的时候，单击“断开连接按钮”，断开与数据库的连接。

6.4.6　GPRS 虚拟串口

1. 定义虚拟串口设备　虚拟串口定义说明：在一个虚拟串口上只能定义 1 个虚拟设备；每个虚拟设备可以关联多个实际设备（设备的协议必须相同）；与每个虚拟设备关联的实际设备地址不能重复；工程中所有虚拟设备或实际设备逻辑名称不能重复；不同虚拟设备的标识不能重复；同一厂家的虚拟设备端口号应该一致。下面以永宏 PLC，配以嘉复欣 GPRS GF-2008 DTU 设备为例进行说明。

第一步：选择串口设备（实际设备，即用户数据采集终端设备），如图 6-44 所示。

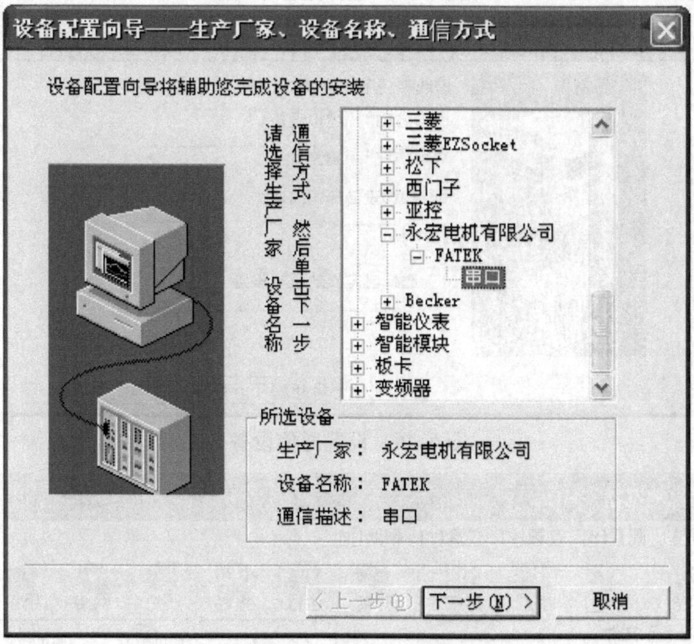

图 6-44　选择串口设备

第二步：给实际设备，即用户数据采集终端设备输入一个逻辑名称。

第三步：给用户数据采集终端设备选择一个虚拟串口，如图 6-45 所示。

第四步：在虚拟串口上定义嘉复欣 GPRS GF-2008 DTU 设备，如图 6-46 所示。

第五步：定义设备地址，即 GPRS 下挂的实际设备如 PLC 的地址。

至此设备定义完毕，系统会生成两种设备的图标，虚拟串口设备（即 GPRS DTU 设备）和 GPRS DTU 设备下挂的实际设备，如图 6-47 所示。

如果已经定义了设备，在组态王中需要修改虚拟设备的相关信息，可以在组态王开发系统中双击虚拟设备的图标（图 6-47 中的“虚拟设备”），弹出如下对话框进行修改。

2. 定义设备的通信参数　假如永宏 PCL 设备（DTU 下挂的实际设备）的通信参数是：

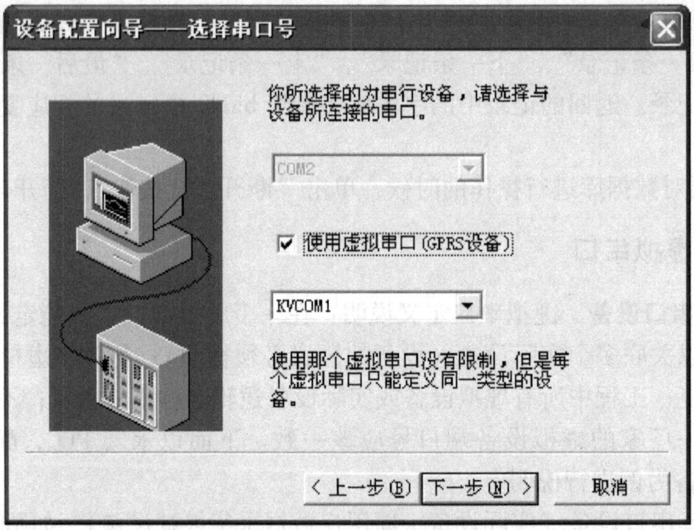

图 6-45　选择虚拟串口

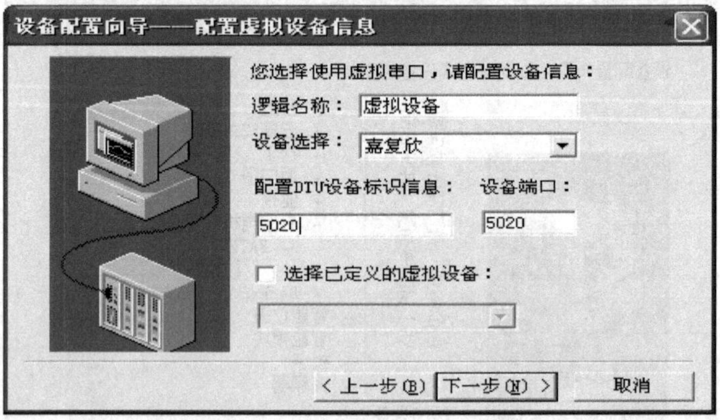

图 6-46　设置通信设备

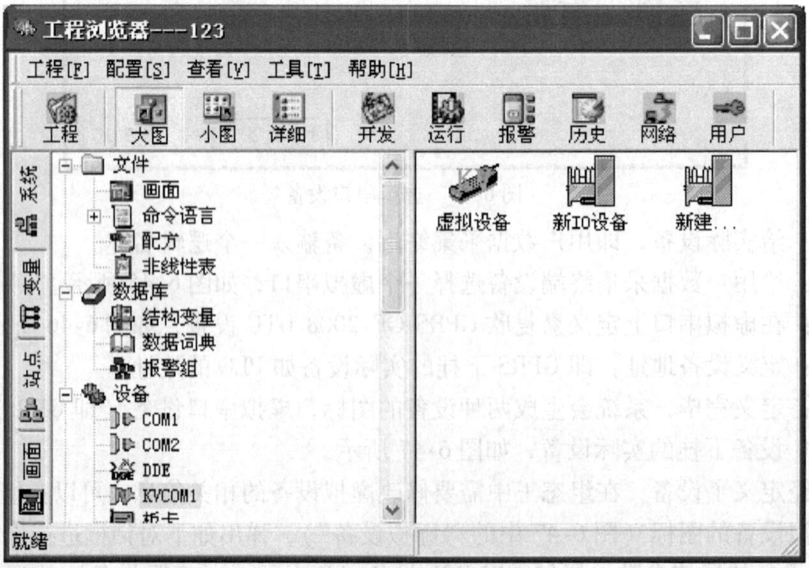

图 6-47　新生成的虚拟设备

9600，7，1，偶校验。那么要把 DTU 的通信参数也配置成 9600，7，1，偶校验。双击上图中的“KVCOM1”图标，可以对虚拟串口“通信超时”进行设置，建议设置成 15s 以上，如图 6-48 所示。

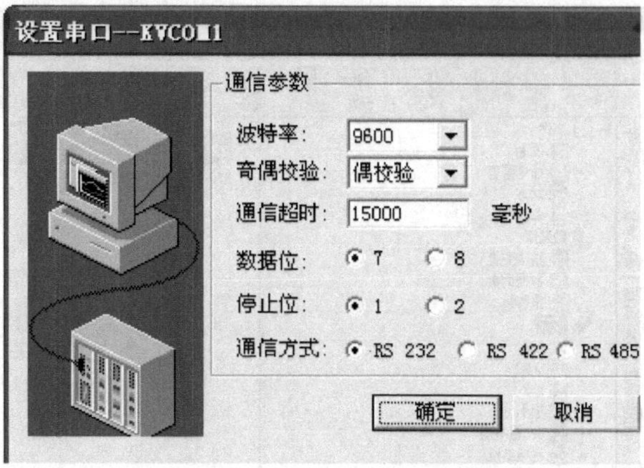

图 6-48 设定虚拟设备的通信参数

3. 组态王数据词典 IO 变量定义

组态王数据词典的定义包括两个部分：一是定义 GPRS DTU 设备下挂的实际设备的数据词典，这部分与普通串口设备的数据词典定义相同；

二是定义虚拟串口设备的数据词典，如表 6-1 所示。

1）组态王虚拟串口设备寄存器列于表 6-1 中。

表中两个变量的定义的作用是组态王检测 DTU 的网络连接情况，可以不用连接终端设备。

2）实际连接 PLC 的变量定义。在数据词典中新建一个 HR0 变量。变量类型选 I/O 整数，连接设备选新 I/O 设备，寄存器选 HR 后加个 0，数据类型选 USHORT，读写属性为只读，这样就可以直接从下位机设备中直接读取设备信息。

表 6-1 组态王虚拟串口设备寄存器

寄存器格式	寄存器范围	读写属性	数据类型	变量类型	寄存器含义
V_S	—	只读	SHORT	I/O 整数	虚拟设备（即 GPRS DTU 设备）的状态：0 表示没有连接到 GPRS 网络。1 表示已经连接到 GPRS 网络
V_C	—	读写	SHORT	I/O 整数	虚拟设备控制寄存器。0：停止虚拟设备工作。1：恢复虚拟设备工作

6.5 基于组态王和牛顿模块的温度控制系统设计

本小节利用前面讲解的组态王的编程知识，针对 5.6 节中讲到的基于牛顿模块的电加热炉控制编制一个简单的控制程序，总计分为以下 4 个部分。

6.5.1 硬件连接配置

首先建立硬件连接，设备配置选择智能模块中的“泓格 I—7000 系列”，这里 N7012 和 N7021 使用的都是 COM2，通信地址分别设置成 1、2。添加完设备以后，牛顿模块的连接配置如图 6-49 所示。

6.5.2 定义相关变量

接下来定义相关变量，变量分为两种：一种是连接设备的变量，分别定义为温度和输

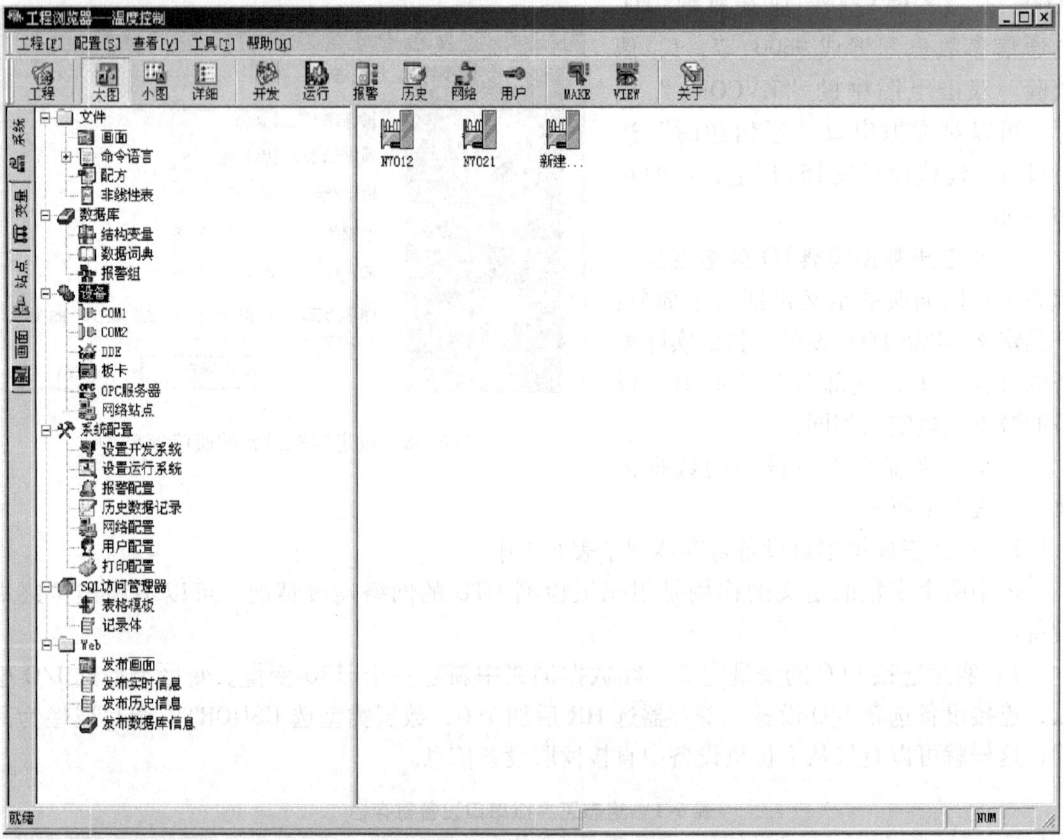

图 6-49　牛顿模块的连接配置

出，定义的参数配置如图 6-50 和图 6-51 所示。

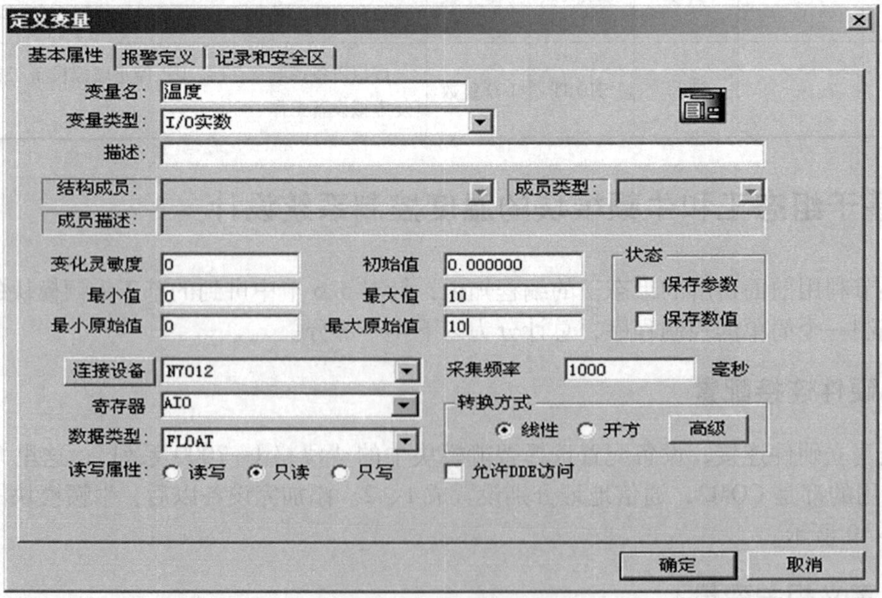

图 6-50　定义温度变量

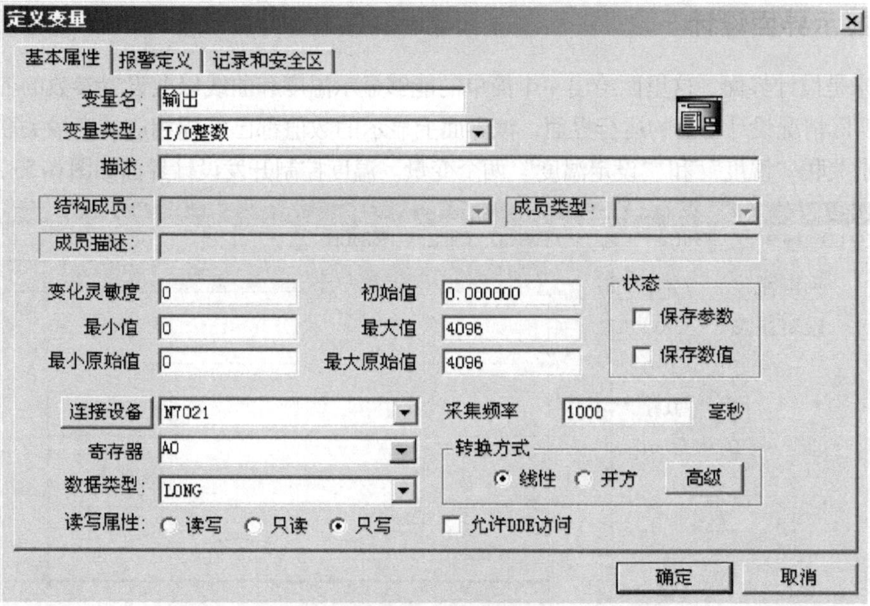

图 6-51　定义输出变量

另一种是程序运行变量，定义程序运行变量为“设定温度”、“P”、“I”、“D”、“deltaT1”、“deltaT2”、“deltaT3”，其中“deltaT1”是用来表示当前时刻的温度差的变量，这些变量都是浮点型的变量，如图 6-52 所示。

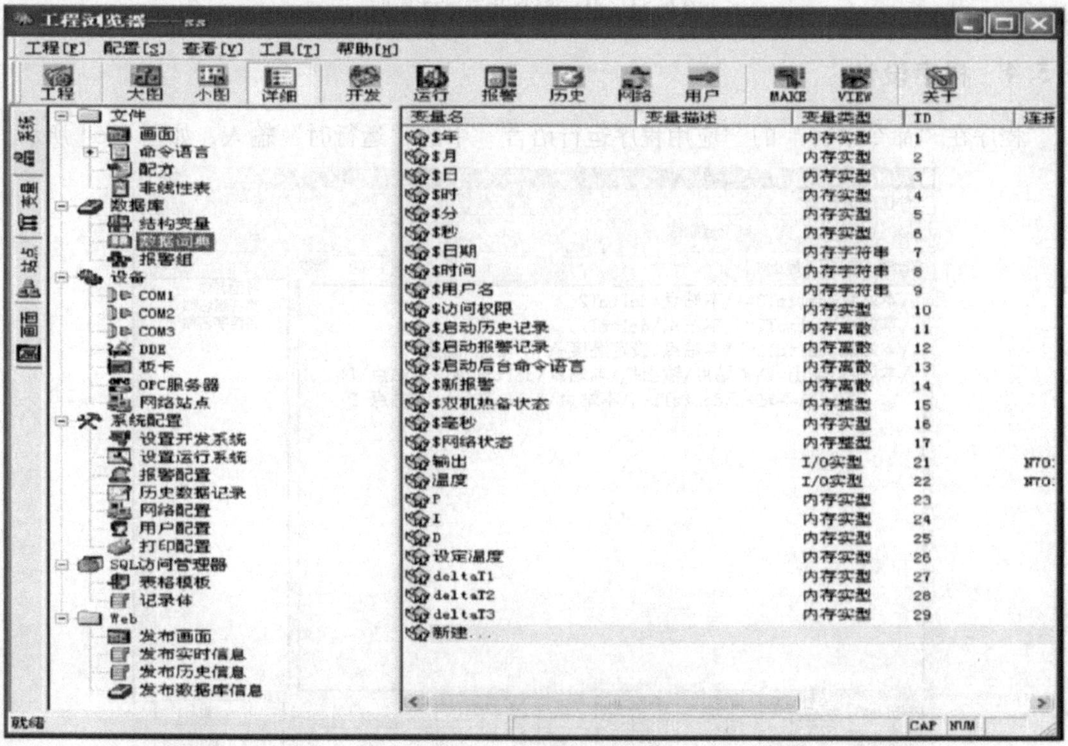

图 6-52　定义变量列表

6.5.3　显示界面设计

接下来是设计界面，这里面给出一个简单的能够显示温度和曲线以及设置参数的界面，读者可以根据实际情况设计自己的运行界面，该界面上显示的数值都已经同相应的变量关联上了，同时曲线分别关联“温度”和“设定温度”两个变量。温度控制开发设计界面如图 6-53 所示。

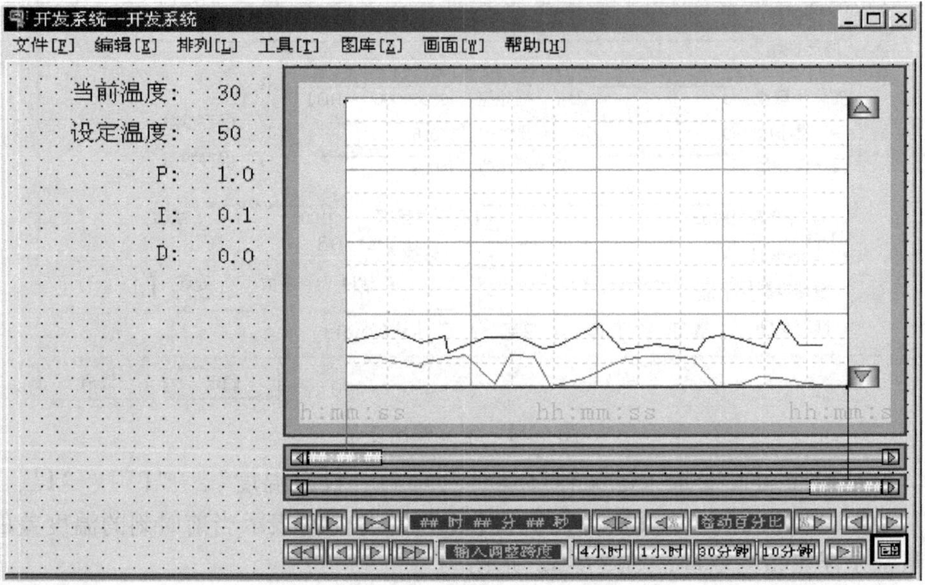

图 6-53　温度控制开发设计界面

6.5.4　程序设计

程序在“命令语言”的“应用程序运行语言”中的“运行时”输入，如图 6-54 所示。

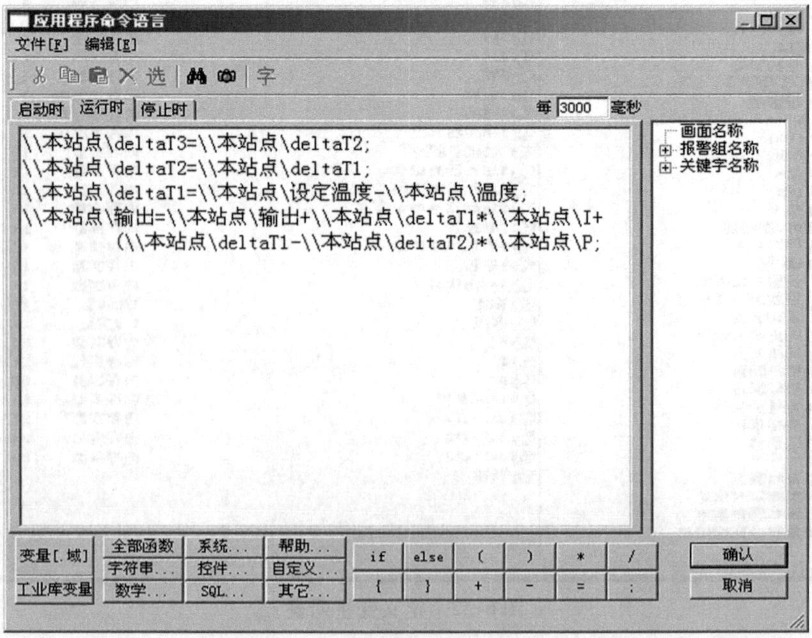

图 6-54　PI 控制程序编制界面

因为温度是慢变信号，所以这里面采用的是 PI 控制，温度控制周期默认为（也就是运行扫描周期）3000ms，对于温度控制来讲应该加长，读者可以根据实际情况自行决定。编制的程序如下所示。

\\本站点\输出 = \\本站点\输出 + \\本站点\deltaT1 * \\本站点\I + (\\本站点\deltaT1 - \\本站点\deltaT2) * \\本站点\P;

至此一个简单的温度控制程序就设计完成了，运行以后调节 PI 的数值即可完成温度控制。在这里需要注意采集的温度是没有经过量程变换的，也就是说显示的实际上是温度变送器输出的电压，如果转换成温度还要看变送器的量程范围，读者可以根据实际情况而定。对于输出来讲这里使用的是连续输出，直接将运算结果当做电压输出，量程范围可以通过调节 PI 参数实现。

习题与思考题

6-1　组态软件的特点是什么？你还知道哪些组态软件？

6-2　说明组态王如何同下位机设备进行通信。

6-3　设计一个液体流动的画面，并且通过按钮可以选择液体流动的方向。

6-4　利用组态王的 DDE 技术设计一个组态王同 VB 程序通信的程序。

6-5　有一个电烤箱，现在要求设计一个温度控制器，对这个电烤箱温度进行恒温控制（温度控制 50～100℃），写出设计方案，并画出整个控制系统的结构图，利用组态王设计一个增量式 PID 的控制程序。

6-6　根据学过的数字 PID 算法，对照分析 6、5、4 的 PI 控制程序。

第 7 章　网络化测控系统实例

在介绍了网络化技术和工业过程控制系统的实现方法后，本章将重点介绍网络化测控系统的工程设计方法和实际工程应用实例。

7.1　应用系统工程开发步骤

仅仅了解工业控制机基本系统、I/O 子系统、人机接口、通信与网络等基本产品的硬件和软件，以及过程控制中的各类算法是不够的。一个真实计算机控制系统项目，从接受任务到最后验收，中间还有很多的环节和工作要做。下面从系统工程的角度出发，就应用系统的研制步骤和方法等加以介绍，以满足工程实际的需要。

7.1.1　系统研制流程

一个计算机控制系统应用项目，在研制过程中应该经过哪些步骤，应该怎样有条不紊地保证研制工作顺利进行，需要每个工程技术人员认真考虑，反复调研、讨论，明确任务，最后得出合理而实用的实际施工方案。如果对设计过程的各个环节和步骤不清楚，或者对每一步需要做什么不明确，就会使研制过程混乱，无法正常进行，甚至不得不返工。

系统项目的研制可分为 4 个阶段：

1）准备阶段。

2）设计阶段。

3）仿真和调试阶段。

4）现场联调投运阶段。

下面详细讲解 4 个阶段的步骤和特定内容。

1. 准备阶段　准备阶段的流程图如图 7-1 所示，该流程既适合于任务的委托方，也适合于系统工程项目承接方，甲方有时是直接用户，有时是非直接用户。在一个控制系统工程的研制和实施中，无论属于哪种情况，总是存在着双方关系。能够对整个工程任务的研制过程及工作的内容有所了解是必要的。

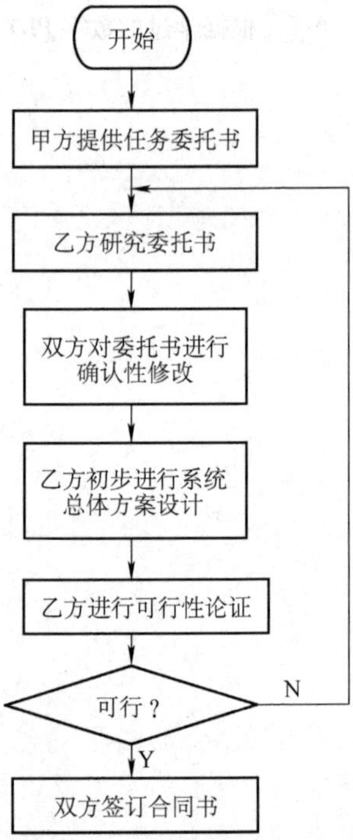

图 7-1　准备阶段的流程图

（1）甲方提出任务委托书　正式项目开展前，甲方一定要提供正式的书面任务委托书。该委托书一定要有清楚准确的系统技术性能指标要求、计划进度及合作方式等内容。

（2）乙方研究任务委托书　乙方在接到任务委托书后要认真阅读，并逐条进行研究。对含糊不清、认为有分歧和需补充或删减的地方要逐条标出，并拟订出要进一步弄清的问题及修改意见。

(3) 双方对委托书进行确认性修改　在乙方对委托书进行了认真研究之后，双方应就委托书的确认或修改事宜进行协商和讨论，为避免因行业和专业不同所带来的局限性，在讨论时应有各方面有经验的人员参加，经过确认或修改过的委托书中不应再有含糊不清的词汇和条款，而且双方各自的任务和技术要求必须划分清楚。

(4) 乙方初步进行系统总体方案设计　由于任务和经费没有落实，所以这时总体方案的设计只能是粗线条的，在条件允许的情况下，应多做几个方案以便比较。这些方案应在“粗线条”的前提下尽量详细，其把握的尺度是能清楚地反映出三大关键问题：①技术难点；②经费概算；③工期。

(5) 乙方进行方案可行性论证　方案可行性的目的是要估计承接该项任务的把握性，并为签订合同后设计阶段的总体设计（施工设计）打下基础，论证的主要内容是：

1) 技术可行性。

2) 经费可行性。

3) 进度计划。

4) 风险评估。

5) 签订合同书。

特别要指出，对论证项目尤其是对可测性和可行性应给予充分重视。如果论证的结果可行，接着就应做好签订合同前的准备工作；如果不可行，应与甲方进一步协商任务委托书的有关内容或对条款进行修改，若不能修改，则合同不能签订。

签订合同书是准备阶段的最后一个步骤，合同书是双方达成一致意见的结果，也是以后双方合作的唯一依据和凭证。合同书（或协议书）应包含如下内容：

经过双方修改和认可的甲方“任务委托书”的全部内容：

1) 双方的任务划分和各自应承担的责任。

2) 合作方式。

3) 付款方式。

4) 进度和计划安排。

5) 验收方式及条件。

6) 成果的归属。

7) 违约的解决方法。

2. 设计阶段　系统设计阶段的流程图如图 7-2 所示。

(1) 组成设计队伍　在签订了合同书以后，系统的研制即进入设计阶段，为了最终完成系统设计，应先将设计队伍建立起来，这个队伍应由懂得计算机硬件、软件和懂得控制的有经验的技术人员组成，还要建立设计师岗位，并明确分工和相互间的协调关系。

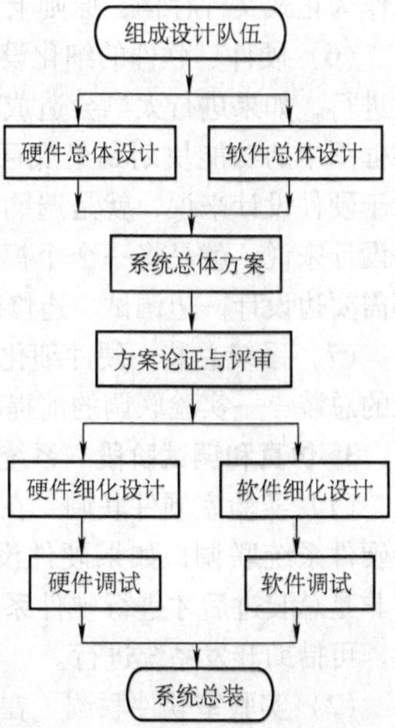

图 7-2　系统设计阶段的流程图

(2) 硬件总体设计　依据合同书的设计要求和已做过的初步方案，开展系统硬件的总体设计。总体设计的方法是“黑箱”设计法。所谓“黑箱”设计，就是画功能框图的方法。用这种方法做出的系统结构设计，只能够看到方块之间的信号输入输出关系和功能要求，而不需知道“黑箱”内的具体结构。

（3）软件总体设计　依据合同书的技术要求和已做过的初步方案，进行软件的总体设计。软件设计的方法和硬件一样，也是采用结构化的“黑箱”设计方法，先画出较高一级的功能框图，然后再将大的功能框分解成小的方格，直到能表达清楚为止。

（4）系统总体方案　将上面的硬件总体方案和软件总体方案合在一起构成系统的总体方案。硬件设计和软件设计之间是互相关联的，相互之间往往有影响，因此在设计时要经过多次的协调和反复修改，最后才能形成合理、统一的总体方案设计，总体方案完成后要建立文档。

系统总体方案文件的内容应包括：

1）系统的主要功能、技术指标、原理性功能框图及文字说明。

2）控制策略，例如比值控制、双交叉控制、前馈控制、串级控制、寻优控制、自适应控制等。

3）控制算法，如PID控制、达林顿算法、smith预估控制等。

4）系统的硬件结构及配置和主要的软件功能、结构及框图。

5）方案比较和选择。

6）保证性能指标要求的技术措施。

7）抗干扰和可靠性设计。

8）机柜或机箱的结构设计。

9）经费和进度计划的安排。

（5）方案论证与评审　方案论证与评审是对系统方案的把关和最终裁定，评审后确定的方案是进行具体设计和工程实施的依据，因此应邀请有关专家、主管领导及甲方代表参加。评审后应重新修改总体方案，使之能将评审的正确意见反映进去。评审过的方案设计应该作为正式文件存档，原则上不应再做大的改动。

（6）硬件、软件的细化设计及调试　此步骤只能在总体方案评审后进行，如果进行太早会造成资源的浪费和返工。所谓细化设计就是将框图中的功能块划到最底层，然后进行底层块内的结构细化设计。对于硬件设计来说，就是选购模板以及设计和制作专用模板；对于软件设计来说，就是将一个个模块编成一条条程序。软、硬件的设计中都需要边设计、边调试、边修改，往往需经过几个反复过程才能完成。

（7）系统总装　硬件细化设计与软件细化设计后，就可以进行系统的总装——实验联调的前提和必要条件。

3. 仿真和调试阶段　系统仿真和调试阶段的流程图如图7-3所示。

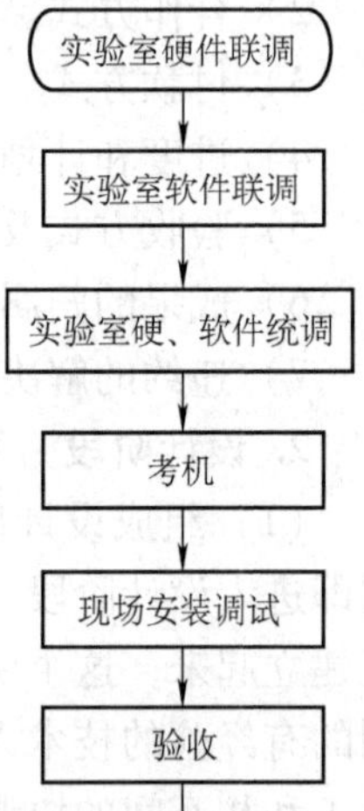

图7-3　系统仿真和调试阶段的流程图

（1）实验室硬件联调　在系统总装以后，先要进行实验室条件下的硬件系统联调，如果硬件没有调通，软件联调无法进行。事实上，并非是总装过后才进行硬件系统调试，而是边装边调。系统的硬件联调，可借助开发系统进行。

（2）实验室软件联调　在实验室内的软件联调，安排在硬件联调成功之后进行。有了正确的硬件做保证，就很容易发现软件的错误。在软件联调过程中，有时也会发现硬件故障。一般情况下，软件联调完毕，硬件中的隐藏问题也能被发现和纠正。

（3）实验室系统仿真　在硬件和软件分别联调完成后，并不意味着系统的设计和实验室的实验工作已经做完，在下现场前，必须把工作做充分，即在实验室条件下把存在的问题充分暴露，并加以解决。为此，必须再进行全系统的硬、软件统调。这次的统调实验，就是通常所说的“系统仿真”。所谓仿真（也称为模拟），就是应用相似原理和类比关系来研究事物，也就是用模型代替实际系统进行实验和研究。工程仿真有以下 3 种类型：①数学仿真（或称计算机仿真）；②半物理仿真（或称硬件闭路动态试验）；③全物理仿真（或称在模拟环境条件下的全实物仿真）。

在实验室中进行现场前的系统仿真试验，应该尽量是全物理仿真或半物理仿真。试验条件或工作状态越接近真实，其效果也就越好。对于纯数据采集系统，一般可做到全物理仿真；而对于控制系统，要做到全物理仿真几乎是不可能的，这是因为，我们不可能将隧道、窑、化学反应塔这类对象搬到自己的通用实验室中。因此，控制系统只能在实验室中做半物理半仿真试验，被控对象可用数学模型来替代。只要有了数学模型，就可在数字计算机上进行仿真。常见的对象特性并不复杂，并不需要昂贵的庞大的计算机仿真设备。

特别要指出，不经过系统仿真和各种试验，试图在现场调试中一举成功的想法是不实际的，往往会被现场联调工作的现实所否定。

4. 现场安装调试阶段

为了做到有把握，在现场安装调试前先要进行下列检查：

1）检测元件、变送器、显示仪表、调节阀等必须通过校验，保证精确度要求可进行一些现场校验。

2）各种接线和导管必须经过检查，保证连接正确，例如，孔板的上下游取压导管要与差压变送器的正负压输入端极性一致；热电偶的正负端与相应的补偿导线相连接，并与温度变送器的正负输入端极性一致等；除了极性不得接反以外，对号位置都不应该接错，引压导管和气动导管必须畅通，不能中间堵塞。

3）对在流量测量中采用隔离液的系统，要在清洗好引压导管以后，灌入隔离液。

4）检查调节阀能否正确动作；旁路阀及上下游截断阀关闭或打开要正确。

5）检查系统的干扰情况和接地，如果不符合要求，应采取措施。

6）对安全防护措施进行检查。

经过检查并已安装正确后，即可进行系统的投运和参数的整定。投运时应先切入手动，待系统运行接近于给定值时再切入自动，参数的整定应按有关章节介绍的方法进行。

一般在系统运行正常后，再试运行一段时间，即可组织验收。验收是系统项目最终完成的标志，应由甲方主持，乙方参加，双方协同办理。验收完毕应形成验收文件存档。

7.1.2　硬件设计规范

1. 硬件开发的基本过程　产品硬件项目的开发，第一，要明确硬件总体需求情况，如 CPU 处理能力、存储容量及速度，I/O 端口的分配、接口要求、电平要求、特殊电路（厚膜等）要求等。第二，根据需求分析制定硬件总体方案，寻求关键器件及电器的技术资料、技术途径、技术支持，要比较充分地考虑技术可行性、可靠性以及成本控制，并对开发调试工具提出明确的要求。关键器件索取样品。第三，总体方案确定后，做硬件和单板软件的详细设计，包括绘制硬件原理图、单板软件功能框图及编码、PCB 布线，同时完成开发物料清单、新器件编码。第四，领回 PCB 板及物料后由焊工焊好 1～2 块单板，作单板调试，对原理设计中的各功能进行调测，必要时修改原理图并作记录。第五，软硬件系统联调，一般的单板需要硬件人员、单板软件人员的配合，特殊的单板（如主机板）需要比较大型软件的开发，参与联调的软件人员更多。一般地，经过单板调试后在原理及 PCB 布线方面有些调整，需第二次投板。第六，内部验收，项目硬件完成开发过程。

2. 硬件开发的规范化　硬件开发的基本过程应遵循硬件开发流程规范文件执行，不仅如此，硬件开发涉及到技术的应用、器件的选择等，必须遵照相应的规范化措施才能达到质量保障的要求。这主要表现在，技术的采用要经过专家的评审，器件和厂家的选择要参照物料认证部的相关文件，开发过程完成相应的规定文档，另外，常用的硬件电路（如 ID. WDT）要采用通用的标准设计。

3. 硬件开发流程详解　硬件开发流程对硬件开发的全过程进行了科学分解，规范了硬件开发的 5 大任务。

1）硬件需求分析。

2）硬件系统设计。

3）硬件开发及过程控制。

4）系统联调。

5）文档归档及验收。

硬件开发真正起始应在立项后，即接到立项任务书后，但在实际工作中，许多项目在立项前已做了大量硬件设计工作。立项完成后，项目组就已有了产品规格说明书，系统需求说明书及项目总体方案书，这些文件都已进行过评审。项目组接到任务后，首先要做的硬件开发工作就是要进行硬件需求分析，撰写硬件需求规格说明书。硬件需求分析在整个产品开发过程中是非常重要的一环，硬件工程师更应对这一项内容加以重视。

一项产品的性能往往是由软件和硬件共同完成的，哪些是由硬件完成，哪些是由软件完成，项目组必须在需求分析时加以细致考虑。硬件需求分析还可以明确硬件开发任务。并从总体上论证现在的硬件水平，包括公司的硬件技术水平是否能满足需求。硬件需求分析主要有下列内容：

系统工程组网及使用说明；基本配置及其互连方法；运行环境；硬件整体系统的基本功能和主要性能指标；硬件分系统的基本功能和主要功能指标；功能模块的划分；关键技术的攻关；外购硬件的名称型号、生产单位、主要技术指标；主要仪器设备；内部合作，对外合作，国内外同类产品硬件技术介绍；可靠性、稳定性、电磁兼容讨论；电源、工艺结构设计；硬件测试方案。

进行完硬件需求分析后，撰写硬件需求分析书，不但给出项目硬件开发总的任务框架，也引导项目组对开发任务有更深入的和具体的分析，更好地来制定开发计划。

硬件需求分析完成后，项目组即可进行硬件总体设计，并撰写硬件总体方案书。硬件总体设计的主要任务就是从总体上进一步划分各单板的功能以及硬件的总体结构描述，规定各单板间的接口及有关的技术指标。硬件总体设计主要有下列内容：

系统功能及功能指标；系统总体结构图及功能划分；单板命名；系统逻辑框图；组成系统各功能块的逻辑框图；电路结构图及单板组成；单板逻辑框图和电路结构图；关键技术讨论；关键器件。

总体审查包括两部分：一是对有关文档的格式，内容的科学性，描述的准确性以及详简情况进行审查；二是对总体设计中技术合理性、可行性等进行审查。如果评审不能通过，项目组必须对自己的方案重新进行修订。

从上可见，硬件开发总体方案，把整个系统进一步具体化。硬件开发总体设计是最重要的环节之一。总体设计不好，可能出现致命的问题，造成的损失有许多是无法挽回的。另外，总体方案设计对各个单板的任务以及相关的关系进一步明确，单板的设计要以总体设计方案为依据。而产品的好坏特别是系统的设计合理性、科学性、可靠性、稳定性与总体设计关系密切。

硬件需求分析和硬件总体设计完成后，总体办和管理办要对其进行评审。一个好的产品，特别是大型复杂产品，总体方案进行反复论证是不可缺少的。只有经过多次反复论证的方案，才可能成为好方案。

硬件总体设计方案通过后，即可开始关键器件的申购，主要工作由项目组来完成，总体办进行把关。关键元器件往往是一个项目能否顺利实施的重要目标。

关键器件落实后，要进行结构电源设计、单板总体设计。结构电源设计由结构室、MBC 等单位协作完成，项目组必须准确地把自己的需求写成任务书，经批准后送达相关单位。

单板总体设计需要项目与 CAD 配合完成。单板总体设计过程中，对电路板的布局、走线的速率、线间干扰以及 EMI 等的设计应与 CAD 室合作。CAD 室可利用相应分析软件进行辅助分析。单板总体设计完成后，出单板总体设计方案书。总体设计主要包括下列内容：

单板在整机中的位置；单板功能描述；单板尺寸；单板逻辑图及各功能模块说明；单板软件功能描述；单板软件功能模块划分；接口定义及与相关板的关系；重要性能指标、功耗及采用标准；开发用仪器仪表等。

每个单板都要有总体设计方案，且要经过总体办和管理办的联合评审。否则要重新设计。只有单板总体方案通过后，才可以进行单板详细设计。

单板软、硬件详细设计，要遵守硬件设计技术规范，必须对物料选用及成本控制等方面加以特别关注。本书其他章节的大部分内容都是与该部分有关的，希望读者在工作中不断应用，不断充实和修正，使本书内容更加丰富和实用。不同的单板，硬件详细设计差别很大，但都应包括下列部分：

单板整体功能的准确描述和模块的精心划分；接口的详细设计；关键元器件的功能描述及评审，元器件的选择；符合规范的原理图及 PCB 图；对 PCB 板的测试及调试计划；单板详细设计要撰写单板详细设计报告。

详细设计报告必须经过审核通过。单板软件的详细设计报告由管理办组织审查，而单板硬件的详细设计报告，则要由总体办、管理办、CAD 室联合进行审查，如果审查通过，方可进行 PCB 板设计，如果通不过，则返回硬件需求分析阶段，重新进行。这样做的目的在于让项目组重新审查一下，某个单板详细设计通不过，是否会引起项目整体设计的改动。

如单板详细设计报告通过，项目组一边要与计划处配合准备单板物料申购，一方面进行 PCB 板设计。PCB 板设计需要项目组与 CAD 室配合进行，PCB 原理图是由项目组完成的，而 PCB 画板和投板的管理工作都由 CAD 室完成。PCB 投板有专门的 PCB 样板流程。PCB 板设计完成后，就要进行单板硬件过程调试，调试过程中要注意多记录、总结，勤于整理，写出单板硬件过程调试文档。当单板调试完成，项目组要把单板放到相应环境进行单板硬件测试，并撰写硬件测试文档。如果 PCB 测试不通过，要重新投板，则要由项目组、管理办、总体办、CAD 室联合决定。

在结构电源，单板软硬件都已完成开发后，就可以进行联调，撰写系统联调报告。联调是整机性能提高，稳定的重要环节，认真周到的联调可以发现各单板以及整体设计的不足，也是验证设计目的是否达到的唯一方法。因此，联调必须预先撰写联调计划，并对整个联调过程进行详细记录。只有对各种可能的环节都验证到，才能保证机器投运后运行的可靠性和稳定性。联调后，必须经总体办和管理办，对联调结果进行评审，考查是否符合设计要求。如果不符合设计要求将要返回去进行优化设计。

如果联调通过，项目要进行文件归档，把应该归档的文件准备好，经总体办、管理办评审。如果通过，才可进行验收。

7.1.3 软件设计规范

软件是指能完成各种功能的计算机程序的总和，如操作、监控、管理、控制、计算和自诊断等。因此，软件是计算机的神经中枢，整个系统的动作都是在软件指挥下进行协调工作的。就功能来分，软件又可分为系统软件和应用软件。

系统软件是由工业控制机的生产厂商提供的，计算机本身自带给用户的程序，例如各种汇编语言，解释及编译程序，机器的监控管理程序，操作系统，调试程序，故障诊断及开发系统等。所谓应用软件则是面向用户本身的程序，如工业过程控制系统中的各种 A/D 和 D/A 转换程序，数据采样、滤波程序，以及各种过程控制算法程序等。一般应用程序都由用户根据需要自行编写，这是应用软件的一大特点（数据库及数据库的管理系统虽然不属应用软件之列，但实时数据库往往要用户自己编写，所以在一定意义上也属于应用软件范畴）。

应用软件的分类如下：

1）人机界面。

2）数据库管理。

3）实时监控。

4）信息处理。

5）通信。

6）系统维护。

1. 控制系统对应用软件的要求

（1）实时性　由于工业控制系统是实时控制系统，即能够在对象允许的时间间隔内对系统进行控制、计算和处理，特别是对于多回路系统，实时性更应该引起高度重视。为此，除在硬件上采取必要的措施外，还应在软件设计上加以考虑：

1）对于应用软件中实时性要求高的部分，可使用汇编语言。

2）运用编程技巧提高处理速度。

3）必要时对多个处理任务实行中断嵌套或采用多重中断。

4）在满足要求的前提下，应尽量降低采样频率，以减轻整个系统的负担。

（2）针对性　应用程序的一个最大特点是具有较强的针对性，即每个应用程序都应根据一个具体系统的要求来设计，为保证系统具有较高的运行效率，必须针对每个具体系统的特性选用合适的算法。

（3）灵活性和通用性　一个好的应用软件不仅要针对性强，而且要有一定的灵活性和通用性。在进行软件设计时要做到：

1）程序的模块化设计。

2）系统容量的可扩展性。

3）系统功能的可扩充性。

（4）可靠性　在计算机控制系统中，软件的可靠性与硬件的可靠性同等重要。为此，一方面在软件设计时要采用模块化结构，以利于排错；另一方面也应设计诊断程序，使其能对系统的硬件和软件进行检查，一旦发现错误就及时处理。此外，为了提高系统的软件可靠性，常常将调好的应用程序固化在 EEPROM 中，以防止外界的干扰。

（5）有效性　有效性指系统主要资源的使用效率，这些资源不仅包括中央处理器、主存储器、辅助存储器，也包括输入输出时间、远程通信时间、联机工作时间。

（6）可维护性　可维护性是指软件能够被理解、校正，适应和改进的难易程度。

2. 应用软件的设计方法　对于简单系统的应用软件，用直接设计的方法即可解决问题；但对于有几千条、几万条程序的大型应用软件，设计起来就不那么容易，应该遵循软件工程方法论。要采用工程的概念、原理、技术及方法来开发和维护应用软件，以提高应用开发的成功率，减少软件开发和维护中的问题。软件设计的目标是以最优的方式把软件内各组成部分连接在一起，形成一个组织良好的结构，使得这个软件具有较高的运行效率，较强的可修改性，较高的可靠性，较大的灵活性、通用性和实用性。

软件设计通常由两个主要阶段组成。

（1）系统设计　从功能的角度考虑，确定方案。

（2）结构设计　确定软件的结构，它的典型过程是：

1）提出各种满足功能要求的合理方案。

2）分析比较各种合理方案的利弊，经过用户和有关技术专家审查后，确定最佳方案。

3）可从实现性入手，将复杂的结构进行分解。

4）设计软件的模块化层次结构，顶层模块调用它的下层模块以实现完整功能，每个下层模块再调用更下层的模块，从而完成一个子功能，底层模块完成最具体的功能。

5）详细设计，这里并非具体地编写程序，而是设计出程序的“蓝图”。

进行软件结构设计时，应遵循模块独立原理，模块独立的概念是模块化、抽象、信息隐藏和局部化概念的直接结果。开发具有独立功能而且和其他模块之间没有过多相互作用的模块，就可以做到模块独立。换句话说，软件应由一组完成相对独立的子功能的模块组成，这些模块彼此之间的接口关系应尽量简单，力争做到高内聚、低耦合。内聚是衡量一个模块内部各个元素彼此结合的紧密程度，耦合乃是衡量不同模块彼此间互相依赖（连接）的紧密程度。

值得一提的是，在软件设计的早期阶段要对软件结构进行优化，即要精化软件结构。在实现功能的条件下，在模块独立的前提下，使用最少的模块。在能够满足信息要求的前提下使用最简单的数据结构，结构简单通常既表示设计风格优雅，又表示运行效率高。

抽象是人类认识复杂事物时最有力的思维工具。在进行软件设计时唯一有效的方法就是由抽象到具体去分析并构造出软件的层次结构，也就是采用“自顶向下，逐步求精”的方法。这种方法简化了软件的设计和实现，提高了软件的可理解性和可测试性，并且使软件更容易维护。除此之外，还可参考软件工程师们在长期实践中得到的一些启发式规则，以得到质量更高的模块和更合理的软件结构，下面将这些规则列出。

1）模块规模应适中。

2）深度、宽度的扇入和扇出都应适当，如图7-4所示。扇出是指直接由一个模块控制的模块数目，扇入表明直接控制一个给定模块的模块数目，深度表示结构中的控制层数，宽度表示控制的总分布。观察大量的软件系统后发现，设计良好的软件结构通常顶层扇出比较多，中层扇出比较少，底层模块有较多扇入。

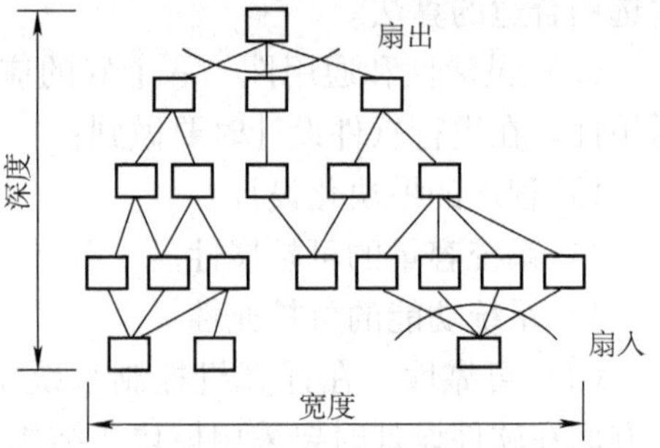

图7-4　软件结构

3）模块的作用域应在控制域之内。

模块的作用域是指受该模块中判断逻辑影响的所有模块的集合，而控制域是这个模块本身以及所有直接或间接从属于它的模块的集合。如图7-5所示，模块A的控制域是A、B、C、D、E模块的集合，若模块A做出的判定还影响模块F，则不符合这条规则，这将使模块间发生耦合。

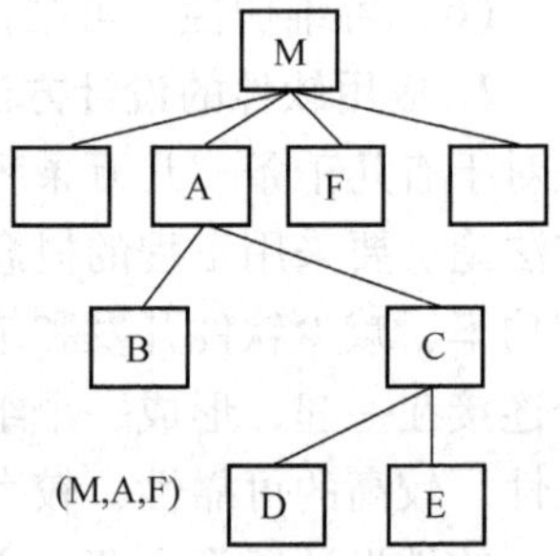

图7-5　模块作用

1）力争降低模块接口的复杂程度。

2）设计单入口单出口的模块。

3）模块功能应可以预测。

以上启发式规则多为经验规律，具有重要的参考价值，但并非普遍遵循的原理。

为了更好地实现软件设计的目标，软件环境的选择也是一个值得考虑的问题。从系统角度看，一个应用环境应包括三层，底层是操作系统；中间层为I/O设备驱动程序，为了提高处理能力，缩短响应时间，一般用低级语言编制，可采用固化或驻留内存方式；外层为用户界面，包括编辑、编译等各种软件工具，一般使用高级语言。

应用软件处在计算机系统的最外层，通常又可分为两部分：

1）一部分与计算机硬件和操作系统相连接，主要完成直接与硬件打交道的任务，如各种A/D、D/A转换程序，各种开关量控制，定时时间中断，数据采样及滤波，数据通信程序等。由于这些程序要求实时响应，并且要求响应的时间短，因此一般使用汇编语言编写，最好采用固化运行或驻留内存方式。

2）另一部分是用户界面，主要完成数据管理、网络管理、控制过程中的数据处理等任务，这些程序用高级语言编写易于实现，并且不会影响系统效率。

操作系统及系统软件是应用系统的软件环境，如图7-6所示。

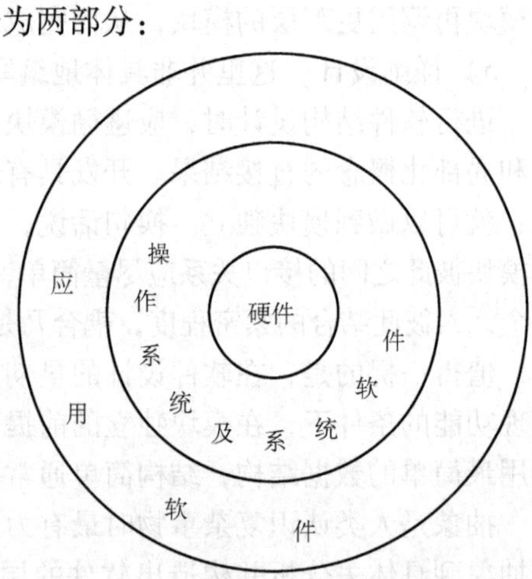

图7-6　系统软件层次结构

7.2　实例1：基于 RS-485 网络抄表系统设计

7.2.1　项目的意义

RS-485 抄表系统由主站通过传输媒体将多个用户仪表的数据集中抄读的系统。它是用现代化的通信手段去抄读这些仪表的数据，而不用到现场。智能抄表系统一般是集中抄表系统与数据远程通信的组合。网络远程集中抄表是工业和民用中新兴的一项实用技术，结合了计算机、网络、通信和工业自动化等多项技术，并随着技术的不断发展而出现许多不同的实现手段。下面以一个实际居民家用电能表远程抄表网络为例，介绍一下 RS-485 网络的构成原理以及抄表通信的实现方法。

7.2.2　项目需求分析

RS-485 总线是工业应用中非常成熟的技术，是现代通信技术的工业标准之一，采用 RS-485 总线设计网络也是基于这些原因。RS-485 总线用于多站互连十分方便，用一对双绞线即可实现，由于采用平衡发送和差分接收，即在发送端，驱动器将 TTL 电平信号转换成差分信号输出；在接收端，接收器将差分信号变成 TTL 电平，因此具有抗共模干扰的能力。根据 RS-485 标准，传送数据速率达 100kbit/s 时通信距离可达 1200m。

本文中 RS-485 总线包括数据采集器和数据集中器两个独立的子系统。在这种主从式的一点对多点的连接中，数据集中器是主机（即所谓的上位机），数据采集器为从机（即下位机）。

网络拓扑结构为总线型。网络中只能有一个主设备（Master），从设备从不进行主动通信。数据集中器作为主设备，主动开始一个通信过程，即发送指令和数据。而数据采集器作为从设备监听总线，随时准备响应总线指令，回应数据集中器。

7.2.3　系统总体方案设计

RS-485 远程电表抄表网络结构如图 7-7 所示。网络由三部分构成：PC、RS-232/RS-485 转换器和多块电能表组成。其中，PC 通过 RS-232 COM 口进行抄表通信；RS-232 端口信号通过 RS-232/485 转换器变成 RS-485 信号，该信号连接到各个电能表的 RS-485 接口上，形成一个远程 RS-485 抄表网络。网络中的电能表为新型的数字电能表，该种数字电能表通常配有 RS-485 接口，并提供数据通信协议，以方便用户组成 RS-485 远程抄表网络。

本抄表网络实例中，每个电子电能表为一个 RS-485 网络结点；网络形式为 1 对多半双工网络。网络的工作原理是：上位 PC 通过抄表软件首先发送某个被抄电子电能表的地址号（节点号）；通常网络中各节点的电子电能表的 RS-485 接口都处于接收状态，当接收到 PC 发送出的电子电能表地址号后，每个电子电能表用该地址号与自己的地址编码对照，相符的电子电能表随后将表中累计的用户用电量发送到 RS-485 网络中，最后用 PC 将该电量上抄后进行数据储存和管理。

通常，上述网络中可以连接 63 ~ 127 个数字电子电能表，如图 7-7 所示。

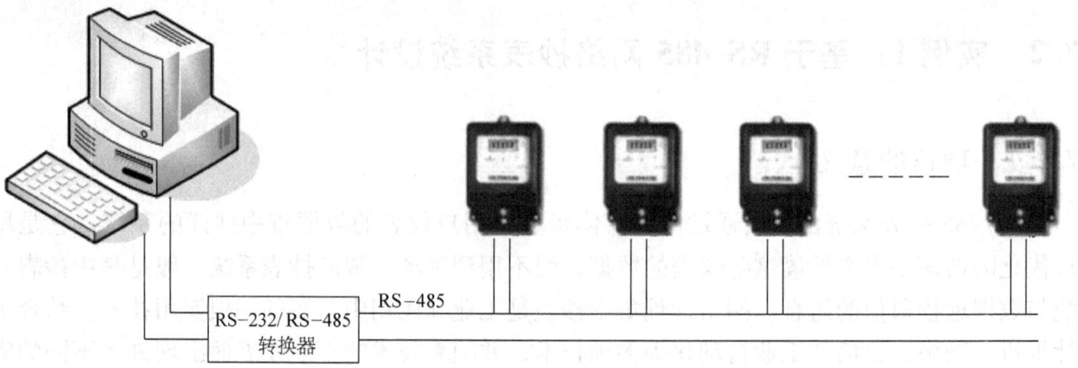

图 7-7　RS-485 远程电表抄表网络结构

7.2.4　系统硬件实现

本例的抄表网络中，节点为新型的数字电能表。目前，市面上开发销售的种类很多，有一般的数字电能表、预付费数字电能表、复费率数字电能表等。表的功能不同，电路的区别也很大。但共同点都是采用高性能的单片机和高精度的电能计量芯片构成，而且 RS-485 的接口电路设计也是基本相同。这里，我们只是选择一种数字电能表的电路，重点介绍 RS-485 接口的结构和电路原理。

图 7-8 为数字电能表电路结构框图。其中，电源模块提供 5V 直流电源；ADE7755 为美国 AD 公司生产的高精度有功电能计量数字芯片，可以输出对应有功功率的脉冲信号，供单片机计量累计用电量。通常 3200 个脉冲对应 1kW · h 电量；脉冲频率正比于有功功率的大小。数字电能表的核心部分为 PHILIPS 公司生产的 51 内核的 8 位高性能单片机，该单片机的主要工作是对 ADE7755 产生的脉冲进行累计。此外，CPU 还通过 FLASH 存储器 93C46 进行累计电量保存；通过 ZLG7289 芯片进行 LED 显示；通过 RS-485 接口电路进行远程通信。

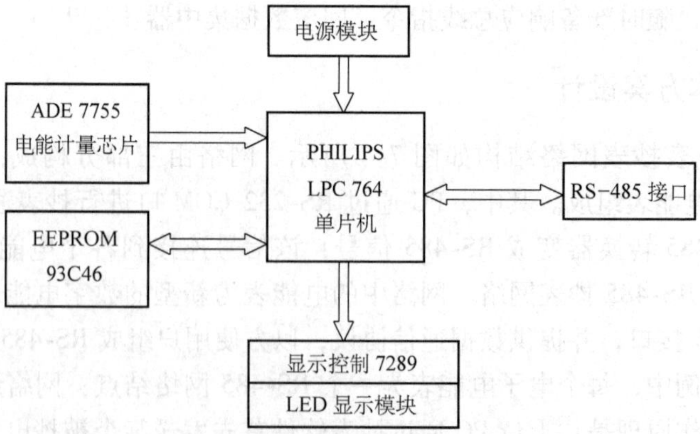

图 7-8　数字电能表电路结构框图

下面，我们重点介绍一下 RS-485 接口电路，电路图如图 7-9 所示。其中，RXD 和 TXD 为 764CPU 的异步串行通信接口的数据接收和发送引脚。

RS-485 通信接口的发送端和接收端硬件设计都采用 MAX487ESA 芯片，该器件能驱动 128 个节点；工业级工作温度；半双工方式通信，指令和数据的传送都采用应答方式，只需两根传输线。当 P0.0 = “0”；电路处于接收状态；P0.0 = “1”，电路处于发送状态。串行

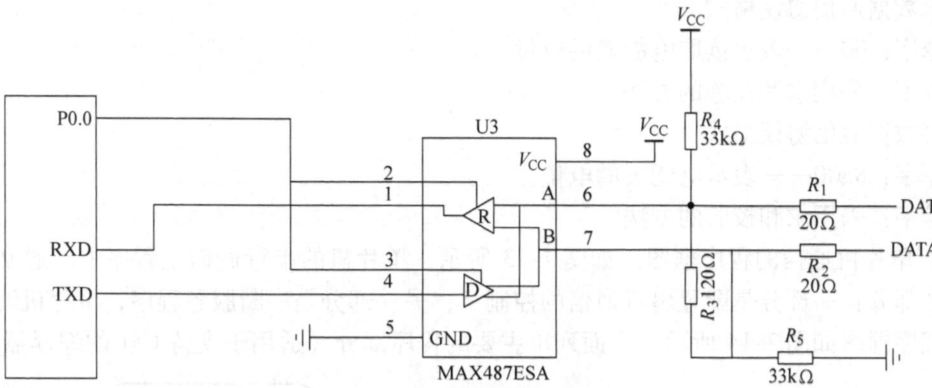

图 7-9　RS-485 接口电路图

通信的设计中主要有两个问题要注意：①在多机通信方式下，一个节点的故障（如死机），往往会使得整个系统的通信框架崩溃，而且给故障的排查带来困难；②通信数据收发的可靠性问题。本设计中采用如下办法来解决这两个问题：

1）通信载体是双绞线，它的特性阻抗为 120Ω 左右，所以线路设计时，在 RS-485 网络传输线的始端和末端各应接 1 只 120Ω 的匹配电阻（见图 7-9 中 R_3），以减少线路上传输信号的反射。

2）在 RS-485 芯片的特性中，接收器的检测灵敏度为 ±200mV，即差分输入端 $V_A - V_B \geqslant +200\text{mV}$，输出逻辑 1，$V_A - V_B \leqslant -200\text{mV}$，输出逻辑 0；而 A、B 端电位差的绝对值小于 200mV 时，输出为不确定。如果在总线上所有发送器被禁止时，接收器输出逻辑 0，这会误认为通信帧的起始引起工作不正常。解决这个问题的办法是人为地使 A 端电位高于 B 两端电位，这样 RXD 的电平在 RS-485 总线不发送期间（总线悬浮时）呈现唯一的高电平，单片机就不会被误中断而收到乱字符。通过在 RS-485 电路的 A、B 输出端加接上拉、下拉电阻 R_4、R_5，即可很好地解决这个问题。

对于输入信号误差较多的应用，可使用光耦隔离实现总线与单片机系统的隔离，同时传输线采用屏蔽双绞线，以增加通信的抗干扰能力。

7.2.5　系统软件实现

单片机通信程序：

（1）通信协议　为了演示方便，这里仅仅演示传递一个累计电量信息，RS-485 通信过程如图 7-10 所示，数据具体的通信过程中的请求格式和应答格式如图 7-11 和图 7-12 所示。

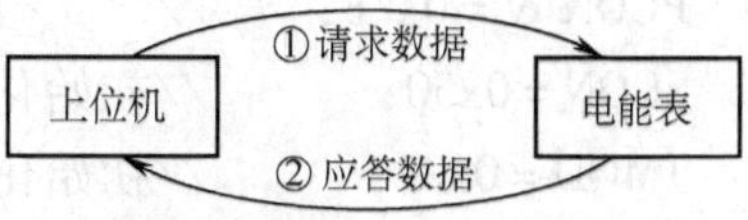

图 7-10　RS-485 通信过程

	起始字节	电能表地址	命令字	校验字节	结束字节
例如：	A0H	01H	00 H	A1 H	0DH

图 7-11　请求数据格式

	起始字节	电能表地址	数据	校验字节	结束字节
例如：	A0H	01H	8300H	24H	0DH

图 7-12　应答数据格式

请求数据通信协议格式

命令字：00——表示读取电能表的电量。

校验字：采用求和校验的方法。

应答数据通信协议格式

命令字：8300——表示电能表的电量。

校验字：采用求和校验的方法。

(2) 单片机通信的程序框图　如图 7-13 所示，单片机的串行通信主程序中，通常需要包含两个部分：一部分是配置串行通信的控制字；另一部分是中断服务程序，单片机通信中断服务程序框图如图 7-14 所示。下面列出主要的程序部分（适用于支持 C51 的编译器）。

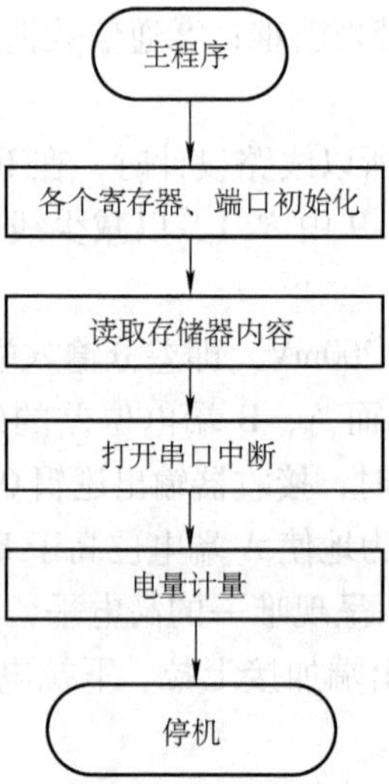

图 7-13　单片机通信程序框图

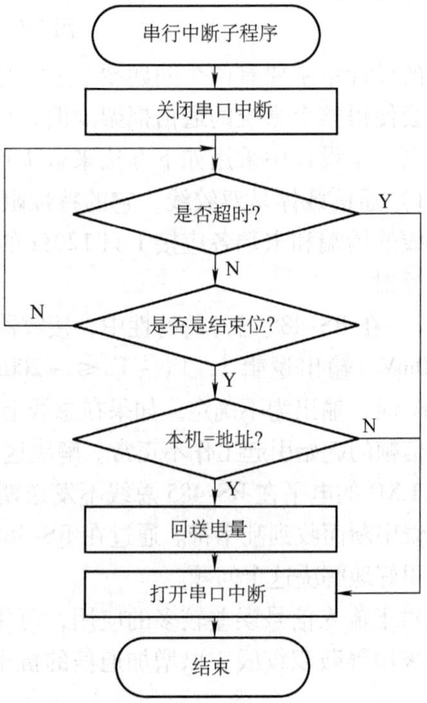

图 7-14　单片机通信中断程序框图

```
//初始化串行通信口
PCON & =0x7F;      //
SCON =0x50;        //初始化串行控制字
TMOD =0x22;        //初始化定时器
TCON =40;
TH1 =0xf8;         //定时器的初值
TL1 =0xf8;         //配合使用的时钟频率决定串行通信的速率
ES =1;             //串口中断允许
//中断服务程序
void serial( ) interrupt 4 using 2
{
```

```
ES =0;/ * 关闭串口中断 * /
if(RI)
{
    RI =0;
    if(SBUF ! =0xa0)//判断起始标志字节
        goto start;
    bcc =0xa0;
    for(i =1;i< =4;i + +)
    {
        delay _ time(1);
        for(temp =0;temp <40;temp ++)
        {
          delay _ time(2); //延时
          if(RI)//等待接收数据
          {
            RI =0;
            inf[i] =SBUF;
            goto nextchar;
          }
        }
        break;
nextchar:
        if(i< =3)
          bcc + =inf[i];
    }
    if(i ! =5)// 因为超时退出,所以长度不够
    {
          goto start;
    }
    if(bcc ! =inf[4])//校验和不正确
    {
          goto start;
    }
    if(inf[4] ==MyAddress)
    {
      //回送电量
    }
start://中断结束,打开中断允许
    ES =1;
```

```
    RI = 0;
}
```

上位机抄表程序框图如图 7-15 所示。

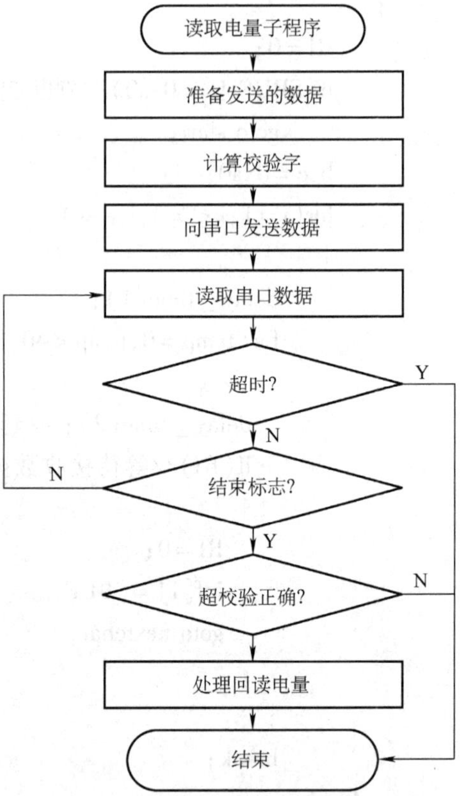

图 7-15　上位机抄表程序框图

VB 编写的抄表程序代码:

```
Begin VB. Form FrmMain'设置窗体基本信息
  BorderStyle = 1'Fixed Single
  Caption = "Form1"
  ClientHeight = 4545
  ClientLeft = 45
  ClientTop = 330
  ClientWidth = 5790
  LinkTopic = "Form1"
  MaxButton = 0'False
  MinButton = 0'False
  ScaleHeight = 4545
  ScaleWidth = 5790
  StartUpPosition = 3'Windows Default
    Begin  MSCommLib. MSComm  MSCommObj '通信控件参数
    Left = 3285
    Top = 4140
    _ ExtentX = 1005
    _ ExtentY = 1005
    _ Version = 393216
    DTREnable = -1'True
  End
  Begin VB. Timer TimeComm'定时器控件参数
    Enabled = 0'False
    Interval = 1000
    Left = 2160
    Top = 4275
  End
  Begin MSFlexGridLib. MSFlexGrid MSFlexGrid1'表格控件参数
    Height = 4095
    Left = 2205
    TabIndex = 15
    Top = 135
    Width = 3255
    _ ExtentX = 5741
```

```
  _ ExtentY = 7223
  _ Version = 393216
End
Begin VB. Frame Frame2
  Caption = "控制面板"
  Height = 1965
  Left = 0
  TabIndex = 9
  Top = 2400
  Width = 2130
  Begin VB. CommandButton ComSampleStart'控制按钮
    Caption = "开始采集"
    Height = 420
    Left = 135
    TabIndex = 14
    Top = 765
    Width = 915
  End
  Begin VB. CommandButton ComSampleEnd'控制按钮
    Caption = "停止采集"
    Height = 420
    Left = 1125
    TabIndex = 13
    Top = 765
    Width = 915
  End
  Begin VB. CommandButton ComOpenComm'控制按钮
    Caption = "打开串口"
    Height = 420
    Left = 135
    TabIndex = 12
    Top = 270
    Width = 915
  End
  Begin VB. CommandButton ComCloseComm'控制按钮
    Caption = "关闭串口"
    Height = 420
    Left = 1125
    TabIndex = 11
```

```
        Top = 270
        Width = 915
    End
    Begin VB. CommandButton ComEndProgram'控制按钮
        Caption = "结束程序"
        Height = 420
        Left = 1125
        TabIndex = 10
        Top = 1320
        Width = 915
    End
End
Begin VB. Frame Frame1
    Caption = "通信设置"
    Height = 1320
    Left = 0
    TabIndex = 4
    Top = 0
    Width = 2085
    Begin VB. ComboBox ComPort'端口按钮参数
        Height = 315
        Left = 855
        TabIndex = 6
        Text = "Combo1"
        Top = 270
        Width = 1050
    End
    Begin VB. ComboBox ComVelocity'通信速率按钮参数
        Height = 315
        Left = 855
        TabIndex = 5
        Text = "Combo1"
        Top = 810
        Width = 1050
    End
    Begin VB. Label LabInfo
        Alignment = 2'Center
    Caption = "端口:"
        Height = 240
```

```
        Index = 0
        Left = 225
        TabIndex = 8
        Top = 315
        Width = 555
    End
    Begin VB.Label LabInfo
        Alignment = 2'Center
        Caption = "速率:"
        Height = 240
        Index = 1
        Left = 225
        TabIndex = 7
        Top = 810
        Width = 555
    End
End
Begin VB.Frame Frame3
    Caption = "采集设置"
    Height = 855
    Left = 0
    TabIndex = 0
    Top = 1440
    Width = 2130
    Begin VB.TextBox TxtSampleInterval'采集定时器参数
        Height = 330
        Left = 900
        TabIndex = 1
        Text = "1000"
        Top = 270
        Width = 690
    End
    Begin VB.Label LabInfo
        Alignment = 2'Center
        Caption = "周期:"
        Height = 240
        Index = 2
        Left = 225
        TabIndex = 3
        Top = 315
```

```
      Width = 555
    End
    Begin VB. Label Label1
      Caption = "ms"
      Height = 330
      Left = 1665
      TabIndex = 2
      Top = 270
      Width = 330
    End
  End
  Begin VB. Timer TimerRead
    Enabled = 0'False
    Interval = 1000
    Left = 2745
    Top = 4320
    End
  End
  Attribute VB _ Name = "FrmMain"
  Attribute VB _ GlobalNameSpace = False
  Attribute VB _ Creatable = False
  Attribute VB _ PredeclaredId = True
  Attribute VB _ Exposed = False
  Dim bPortOpened As Boolean'标记串口是否打开
  Dim bWorkingNow As Boolean'标记当前是否采集数据
  Dim iCurMeter As Integer'标记当前的电表地址
  Dim bCommTimeOut As Boolean'通信是否超时的标志
  Dim ReciveBuffer As Variant'接收数据的缓冲
  Dim bTemp( ) As Byte'接收或发送临时缓冲
  Dim bSendData( ) As Byte'发送缓冲区
  Private Sub ComCloseComm _ Click( )'关闭通信函数
      ComOpenComm. Enabled = True
      ComCloseComm. Enabled = False
      ComSampleStart. Enabled = False
      ComSampleEnd. Enabled = False
      ComPort. Enabled = True
      ComVelocity. Enabled = True
       MSCommObj. PortOpen = False
      bPortOpened = False
  End Sub
```

```
    Private Sub ComEndProgram _ Click( )'结束程序函数
        End
    End Sub
Private Sub ComOpenComm _ Click( )'打开串口函数
        ComOpenComm. Enabled = False
        ComCloseComm. Enabled = True
        ComSampleStart. Enabled = True
        ComSampleEnd. Enabled = False
        ComPort. Enabled = False
        ComVelocity. Enabled = False
        MSCommObj. CommPort = Right( ComPort,1)'设置通信端口
        MSCommObj. Settings = ComVelocity. Text &",n,8,1"'设置通信模式
        MSCommObj. PortOpen = True'打开串口
        bPortOpened = True
    End Sub
    Private Sub ComSampleEnd _ Click( )'采样结束函数
        ComSampleStart. Enabled = True
        ComSampleEnd. Enabled = False
        TimerRead. Enabled = False
    End Sub
    Private Sub ComSampleStart _ Click( )
        TimerRead. Interval = Val( TxtSampleInterval. Text)
        TimerRead. Enabled = True
          ComSampleStart. Enabled = False
        ComSampleEnd. Enabled = True
    End Sub
    Private Sub Form _ Load( )
        '初始设置默认参数开始
        Dim iLoop As Integer
        ComPort. AddItem("COM1")
        ComPort. AddItem("COM2")
        ComPort. AddItem("COM3")
        ComPort. AddItem("COM4")
        ComPort. Text ="COM1"
        ComVelocity. AddItem("1200")
        ComVelocity. AddItem("2400")
        ComVelocity. AddItem("4800")
        ComVelocity. AddItem("9600")
        ComVelocity. AddItem("19200")
        ComVelocity. Text ="9600"
```

```
    ComOpenComm. Enabled = True
    ComCloseComm. Enabled = False
    ComSampleStart. Enabled = False
    ComSampleEnd. Enabled = False
    MSFlexGrid1. Rows = 11
    MSFlexGrid1. Cols = 2
    MSFlexGrid1. ColWidth(0) = 1100
    MSFlexGrid1. Row = 0
    MSFlexGrid1. Col = 0
    MSFlexGrid1. Text = "地址"
    MSFlexGrid1. Col = 1
    MSFlexGrid1. Text = "电量"
    MSFlexGrid1. ColWidth(1) = 2000
    iCurMeter = 1
End Sub
'****************∧∧∧∧∧∧∧∧∧∧**************
'函数名称:SendData()
'函数类型:内部函数
'函数功能:发送数据
'入口参数:
'                sAddress--读取的地址
'出口参数:TRUE--成功发送
'                FALSE--发送失败
'创建日期:2000/11/30
'版本号:1.1
'****************∧∧∧∧∧∧∧∧∧∧**************
Public Function SendData(sAddress As String) As Boolean
        Dim vSend As Variant
        Dim iBcc As Integer'校验码
        Dim bBcc As Byte
        Dim sTemp As String
        Dim iLoop As Integer
        Dim lTemp As Long
        Dim iTemp As Integer
        bStartRecv = True
        bWriteDataOK = False
        ReDim bSendData(1 To 5) As Byte
        bSendData(1) = 160'A0'通信开始标志位
        bSendData(2) = Val(sAddress)'通信的地址
        bSendData(3) = 0
```

```
        bSendData(4) = 161'A1
        bSendData(5) = 13'0D'结束标志位
        vSend = bSendData'Vb 中发送数据类型必须是 Var
        On Error GoTo HANDLERR
        MsCommPower. Output = vSend'发送数据
        SendData = True
        Exit Function
HANDLERR:'错误处理
        SendData = False
End Function
'***************∧∧∧∧∧∧∧∧∧∧**************
'函数名称:ReciveData()
'函数类型:私有函数
'函数功能:接收串口数据
'入口参数:无
'出口参数:
'           True--接收成功
'           FALSE--超时失败
'创建日期:2000/09/29
'版本号:1.1
'***************∧∧∧∧∧∧∧∧∧∧∧**************
Public Function ReciveData() As Boolean
    Dim sTemp As String
    Dim bEndMark As Boolean
    Dim iLoop As Integer
    Dim lTempLong As Long
    Dim iTemp As Long
        TimeComm. Enabled = True'通信超时定时器启动
        bCommTimeOut = False'通信超时标志位
        ReciveBuffer = ""'清空接收缓冲
        bEndMark = False
        On Error GoTo HANDLERR
        Do
          DoEvents
          ReciveBuffer = ReciveBuffer & MsCommPower. Input'读取缓冲区
          If Trim(ReciveBuffer) < > ""Then'判断有无接收到数据
            bTemp = ReciveBuffer
            lTempLong = UBound(bTemp)'获得数据长度
            For iLoop = 0 To 1TempLong
              If bTemp(iLoop) = 160 Then GoTo NextOprate
```

```
            Next iLoop
    NextOprate:
            If 1TempLong-iLoop <5 Then GoTo ExitOprate
            If(UBound(bTemp)-iLoop) >5 Then
                '处理读入的电量数据
                bEndMark = True'设置处理完成标志
            End If
          End If
          DoEvents
    ExitOprate:
        Loop Until bEndMark = True Or bCommTimeOut = True
        If bCommTimeOut = True Then GoTo ENDLOOP' 判断该过程是否超时
        TimeComm.Enabled = False
        ReciveData = True
        Exit Function
    ENDLOOP:
    HANDLERR:'超时或者出错处理
        TimeComm.Enabled = False
        ReciveData = False
        Exit Function
    End Function
    Private Sub TimeComm_Timer()
        bCommTimeOut = True'通信超时制标志位
    End Sub
    Private Sub TimerRead_Timer()
        If(iCurMeter >10)Then
            iCurMeter = 1
        End If
        MSFlexGrid1.Row = iCurMeter' 定时读取电量
        SendData(iCurMeter)
        If(ReciveData = True)Then
            MSFlexGrid1.Text = bTemp(3)'显示电量
        End If
        iCurMeter = iCurMeter + 1
    End Sub
```

上位机抄表程序的界面如图 7-16 所示。

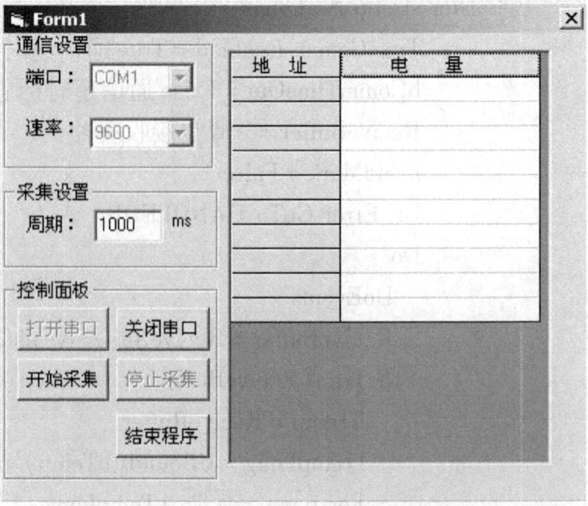

图 7-16　上位机抄表程序界面

7.2.6　结论

本小节从实际应用出发对基于 RS-485 总线的抄表系统方案进行了详细论述，并着重介绍了 RS-485 总线数据通信硬件设计，以及计算机与数据集中器的数据通信和计算机抄表管理软件设计。系统采用的是一个开放、灵活的设计方案，低成本、易于实现和实用性强是本抄表系统设计的一个主要特点。目前，以该实例为原理的抄表系统应用比较普遍，但其布线复杂，维护量较大的缺点将制约着其未来的发展，采用无线网络技术结合互联网（局域网）技术的智能抄表系统将是未来发展的方向。

7.3　实例 2：基于以太网的远程抄表系统设计

7.3.1　项目的意义

目前，我国大多数供电企业仍采用传统用电控制与管理手段，例如在抄表方面，大多数地区仍是人工抄表，尤其是在实行“一户一表制”以后，其缺点更加明显：人工抄表工作量大，耗费人工多，成本高，效率低；统计数据不准确，无法真实反映用户用电情况；操作难以规范化，造成不明损失增加；数据采集不及时，无法实时反映系统状况，不能对用户行为进行有效监控。因此给管理也带来很大困难，使电力管理部门无法进行全面准确的生产经营的统计、分析、线损计算、电量平衡、负荷率计算等。这些弊病使得传统的管理模式已经不能适应现代化供、用电需要，也直接限制了复费率、预付费、自动化操作等先进技术的实行。就是在解决这些弊端的迫切需求下，基于网络技术、自动抄表技术和现代化管理手段的用电控制与管理系统逐渐得到发展。

7.3.2　项目需求分析

网络化自动抄表技术目前有很多种，包括基于现场总线网络、RS-485 网络、GSM 短消息无线通信网络、电力线载波通信网络等。本节将介绍一种基于美国先进的嵌入式控制模块 RCM2200 的以太网接口技术和预付费电子电能表构成的以太网络远程抄表系统。随着计算机和通信技术的发展，目前在许多住宅建设时已经将宽带网通过光纤接入小区，这为基于以太网络进行远程抄表成为可能。利用小区现有的宽带网络实现远程抄表，其优点是不需要大量的架线等附加设备，节约成本，维护方便。

7.3.3　系统总体方案设计

本系统采用了 RS-485 网络作为底层网络，远传网络采用以太网技术，其系统结构如图 7-17 所示。它由 3 个主要部分组成：

第一部分是管理中心。这部分由管理计算机、管理软件等组成；管理计算机作为客户端，通过 Internet 访问各用电单位 RCM2200 控制器，读取预存其中的电表数据或者发送控制指令（如售电、检查等）。同时实现历史数据存储、查询、数据汇总、异常分析、费用计算及票据打印等功能，可为物业管理公司节省大量的人力、物力，并且提高了抄表的准确度。管理软件采用 VB 语言和 Microsoft Access 设计实现。

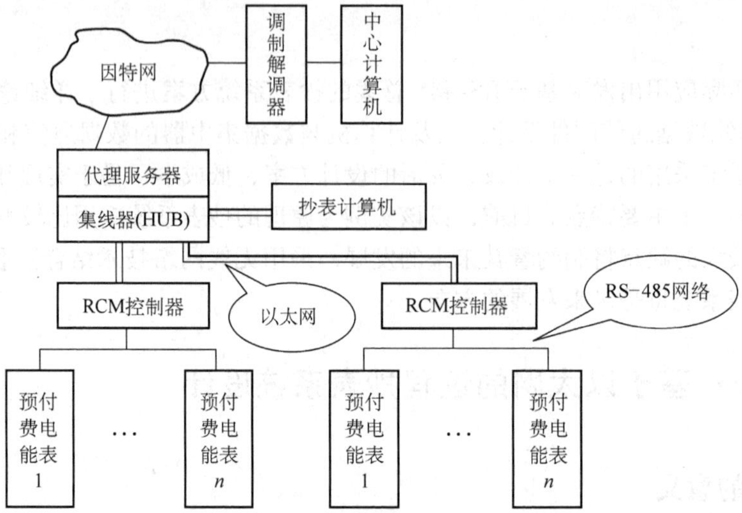

图 7-17　系统结构

第二部分是由以太网交换机、集线器（或中继器）、RCM2200 控制器等组成的以太网。

第三部分是由电子式电能表组成的 RS-485 网络。每个网络由一个 RCM2200 控制，最多可带 128 块预付费电能表。

本系统主要功能：

1）远程自动抄表，节省大量人力资源。

2）远程控制、监测电能表运行，提高用电安全性。

3）远程售电，方便用户的使用，便于推广。

4）预付费，解决了供电部门收费困难的问题。

5）自动报警、断电等控制功能。

6）丰富的管理功能，管理软件具有对用户信息、用电信息进行备份、统计、产生并打印报表、费用计算及票据打印、在线查询等功能。

由于本系统采用以太网实现远程功能，若是仅仅为这个系统配置小区局域网，则工程成本太高，不利于推广使用。所以只适用于已经装配好宽带网络的高档社区。以某装配有长城宽带网的小区为例，按每栋楼住户数 120 计，则电能表数 120 块。我们设计的一个 RCM2200 控制器所接的 RS-485 网络可带 128 块电能表，因此每栋楼安装一个 RCM2200 控制器，楼内以 RS-485 双绞线连接电能表，即每栋楼组建一个 RS-485 网络。因为可在小区建设时期完成布线，所以在实际施工上是可行的。RCM2200 控制器以双绞线连接楼宇交换机，再接至社区以太网交换机，即可接入 Internet。

7.3.4　系统硬件实现

1. RCM2200 控制器　RCM2200 是美国 ZWorld 和 Rabbit 半导体公司合作的产品，它是为了促进嵌入式系统的快速开发和实现集成的以太网连接而设计的。其主要特性如表 7-1 所示，使用 RCM2200 能够通过网络或 Internet 来控制、监测及调试嵌入式系统。

RCM2200 控制器的硬件结构图如图 7-18 所示，集成的以太网口使得用户免受串口通信和控制的限制，而且允许用户通过使用经济的网络软件进行瞬间的本地连接或全球范围的连接，这是其提供的主要功能之一，通过该接口共有 3 种联网方式，第一种：将 RCM2200 与 PC 直接相连。第二种：将 RCM2200 连接到局域网（LAN）中，此时需要为每个 RCM2200 申请一个静态 IP 地址。开发和调试主要使用这种方式。第三种：将 RCM2200 连接到广域网（WAN）或 Internet。此时需要通过代理服务器对 IP 地址进行动态解析。

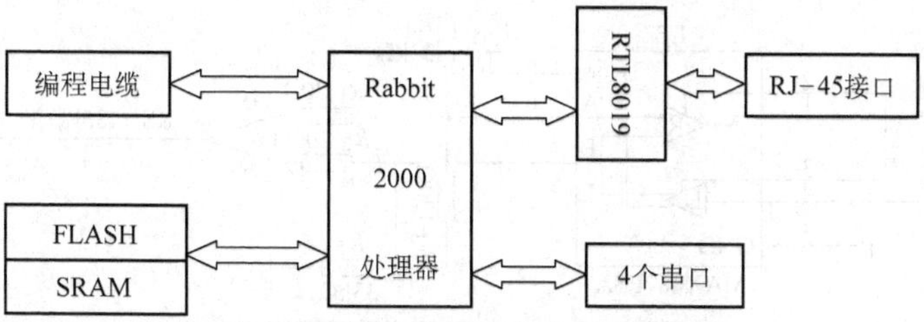

图 7-18　RCM2200 控制器的硬件结构图

表 7-1　RCM2200 控制器的特性

性能	RCM2200
微处理器	Rabbit 2000 ® 工作在 22.1MHz
SRAM	128KB
Flash Memory	256KB
以太网口	10Base-T，RJ-45，2 个 LED
通用 I/O	26 个并行 I/O 线，16 个可设置的 I/O，7 个固定输出，3 个固定输入，分组成 5 个 8 位端口，由 3 个串口分用
串口	4 个 CMOS-兼容；最大异步波特率：345 600bit/s；最大同步波特率：2.7648Mbit/s；2 个端口可设置为时钟端口（在编程端板上只有 1 条时钟线可用）
时间/日期时钟	有（天/时/分/秒）
备用电池	用户提供电池的备用电池电路和连接
提供电压	DC4.75 ~ 5.25V
提供电流	134mA 在 DC5V 以下
工作温度	-40 ~ +70℃
工作湿度	5% ~95%，无结露
定时器	5 个 8 位定时器和 1 个 10 位的带两个匹配寄存器的定时器（5 个定时器成对级联）

它还提供基于 Dynamic C 语言的开发环境，附带有大量的库函数和应用实例，简化开发过程，节省开发周期。通过外接后备电池，能保证系统掉电后 RAM 和 EEPROM 中的数据长时间不丢失。

2. 抄表硬件电路原理　抄表硬件电路原理图如图 7-19 所示。

底层采集网络采用 RS-485 网络集中方式，预付费电能表是网络节点，它作为采集终端，只是被动地接收控制命令并返回数据。网络主节点是 RCM2200 控制器（集中器），在 RS-485 网络中，它定时发送抄表命令，实时地向电能表发送远程控制命令，接收各电能表返回数据并存储在 FLASH 存储器中。抄表计算机定期通过以太网抄收 RCM2200 上的数据。每个 RCM2200 作为抄表系统中的集中器，分配一个固定的 IP 地址，成为网络中的服务器。

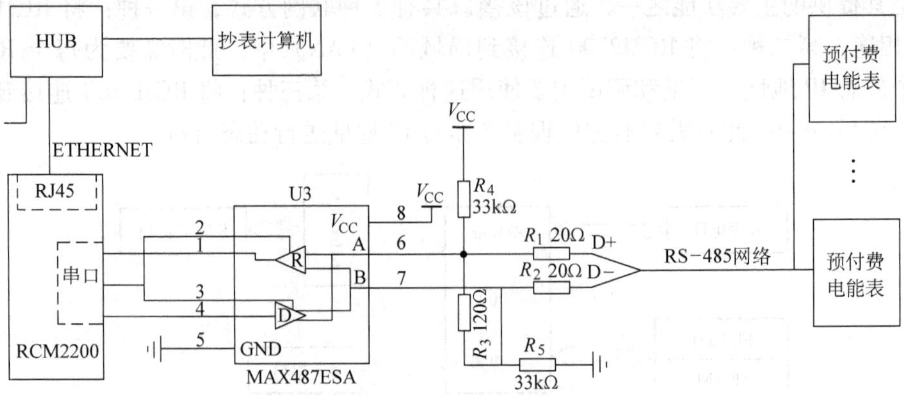

图 7-19　抄表硬件电路原理图

而抄表计算机作为客户端，可以通过网页访问 RCM 中的数据或发布控制数据。

7.3.5　系统软件实现

1. TCP/IP 在 RCM2200 控制器中的实现　在用电控制与管理系统中应用 TCP/IP 协议可有几种方式选择：

1）可选用 HTTP 协议，利用 B/S 模式传输数据。

2）可使用 FTP 协议，用 C/S 模式实现 RCM2200 控制器数据的传送。

3）直接使用传输层和网络层协议，利用 SOCKET 编程技术自行编制客户端和服务器端通信程序，采用 C/S 模式实现通信。在本系统中选择了第一种方式，客户端只需要使用通用浏览器。RCM2200 控制器端作为服务器。

要在一个主机上运行 TCP/IP 引擎，它必须要有自己的 IP 地址、子网掩码和网关。IP 地址为主机在 Internet 上定义一个独一无二的物理地址，对主机而言，它是一个 32 位的二进制数。子网掩码是用来区分 IP 地址的网段。网关将两个使用不同协议的网络段连接在一起的设备。它的作用就是对两个网络段中的使用不同传输协议的数据进行互相的翻译转换。

配置 IP 地址有静态和动态两种方式，静态即固定的 IP 地址，就是给主机一个长期使用的 IP 地址。动态 IP 地址与静态相反，当主机联接 Internet 时立即给主机分配一个 IP 地址，断开连接后立即收回该 IP。通过拨号连接 Internet 都采用这种 IP。对于我们设计的用电控制管理系统来说，RCM2200 控制器是通过以太网连接的 Internet，每个控制器都连接固定地址的电能表，所以应该分配静态 IP 地址，这种 IP 地址通过在编译时给宏定义赋值方式设置：

```
/*----------网络参数预定义----------------------------------*/
#define MY_IP_ADDRESS "10.103.1.222"//定义本机的 IP 地址
#define MY_NETMASK "255.255.0.0"//定义本机的子网掩码
#define MY_GATEWAY "10.103.0.1"//定义本机的网关
```

这种 IP 地址仅是一个字符串，要能作为主机在 Internet 中的标志还必须将其转换成对应的二进制数据，在对 RCM2200 控制器编程（使用 Dynamic C 开发环境，见后面小节）时，引用 dcrtcp 库函数，如：#use"dcrtcp.lib"即可实现这样的功能。这个库支持 Ipv4 协议，初始化使用 TCP/IP 协议的参数，例如：Tcp_MaxBufferSize、TCP_VERBOSE、DNS_

VERBOSE、IP_ VERBOSE，并包含 TCP/IP 协议簇中的网络层和传输层全部协议库函数，

```
如"net. lib"        //General networking API
"arp. lib"          //Address Resolution Protocol
"ip. lib"           //Internet Protocol
"udp. lib"          //User Datagram Protocol
"tcp. lib"          //Transmission Control Protocol
```

要使用户能通过网页访问 RCM2200 控制器，还必须选择并实现应用层协议——HTTP 协议。如果使用 HTTP 协议库则只需引用 HTTP 协议库如：#use "http. lib"，但要对如下数据结构赋值：

HttpSpec：描述服务器端所有可用 HTTP 协议传输的文件的信息，包括文件名，文件类型，文件地址指针等；

HttpType：将一个 MIME（Multipurpose Internet Mail Extension）类型文件与一个能处理 MIME 文件的函数相关联；

HttpState. state：描述 HTTP 数据包的所有信息，包括 HTTP 服务器的 SOCKET：供 CGI 函数使用或其他的 TCP 解析函数使用。Buffer [ ]：描述 HTTP 数据包的长度。Version [ ]：描述 HTTP 协议的版本号。url [ ]：描述提供 HTTP 数据客户端的 URL 等。

客户端访问服务器的时刻是不确定的，但却要求服务器端能实时的回答，解决这个矛盾通用的方法只有两种：服务器端中断方式和查询方式。RCM2200 控制器为节省中断资源，采用查询方式，即在主程序中无限循环检查 HTTP _ PORT 中给定的网络端口，随时接收客户端访问请求并响应。下面给出一个主程序框架：

```
#define MY _ IP _ ADDRESS        "10.103.1.222"
#define MY _ NETMASK             "255.255.0.0"
#define MY _ GATEWAY             "10.103.0.1"
#use"dcrtcp. lib"
#use"http. lib"
main( )
{
  sock _ init( );
  http _ init( );
  tcp _ reserveport(80);   //mark port 80 as a server port.
  /* * * http _ handler needs to be called to handle the active http servers. * * */
  while(1)
  {
    http _ handler( );
  }
}
```

主程序中 sock _ init（）；语句用于初始化 dcrtcp. lib，配置 TCP/IP 传输层和网络层的参数；http _ init（）；语句用于初始化 http. lib，配置 TCP/IP 应用层协议——HTTP 协议的参

数；tcp _ reserveport（80）；语句初始化服务器接收 HTTP 协议访问的端口。

至此，RCM2200 作为服务器端的 TCP/IP 协议各层参数都已初始化，接下来的“死循环”里，程序调用 http _ handler（）；语句监视 80 端口。当有客户端向 80 端口提交访问请求时，RCM2200 控制器即可作出响应。

2. 使用 RCM2200 设计网络服务器 目前网络通信中最常采用的有 C/S 和 B/S 两种通信模式。

客户机/服务器系统 C/S（Client/server）中客户端和服务器端将应用的处理要求分开，同时又共同实现其处理要求，对客户端程序的请求实现“分布式应用处理”。服务器为多个客户端应用程序管理数据，而客户端程序发送、请求和分析从服务器接收的数据，这是一种“胖客户机（Fat Client）”，“瘦服务器（Thin Server）”的网络计算模式。它有以下缺点：

1）部署困难，除了要安装服务器软件外，对每台客户机都要安装客户软件的一份拷贝。

2）满足不了客户端跨平台的要求。一般来说，客户端的操作系统是不同的，与此对应的客户端程序也是不同的。但是，为每一种操作系统设计一个客户端程序是不现实的。而要求客户放弃已有的操作系统来购买一新的操作系统会使客户付出很大的代价。

3）管理、维修费用高、难度大。

基于浏览器的客户端/服务器的通信方式 B/S（Browser/Server）比 C/S 结构更为高效。用户只需在客户端装有通用的浏览器，就可以向网络上的某一 Web 服务器提出请求。Web 服务器对用户身份进行验证后，接受用户的请求，执行相应的扩展应用程序与数据库服务器进行连接，数据库服务器接受 Web 服务器对数据操作请求后，实现用户对数据查询、更改、更新等功能，把运行结果提交给 Web 服务器。Web 服务器利用 HTTP 协议把运行结果通过主页形式传到客户端，客户机接收传来的主页文件，并把它显示在 Web 浏览器上。采用B/S 模式减少客户端应用程序的开发，减轻了对客户端配置的要求，降低了客户端操作难度，便于推广使用。实现了一种“瘦客户端（Thin Client），胖服务器（Fat Server）”的网络通信模式。B/S 结构同 C/S 结构相比较，具有以下优点：

1）可以非常容易地实现多用户监控。

2）开发环境与应用环境分离，便于系统的管理与升级。

3）应用环境为标准的浏览器，简化了传统系统中较为复杂的 GUI 的开发；降低了对用户的培训、安装、维护等费用。

3. B/S 模式 所设计的抄表系统中，远传网络服务器——RCM2200 控制器主要功能是完成抄表数据的远程传输和接收远程发布的控制命令；其在底层采集网络中的角色是电能表抄表集中器，其主要功能是收集所连接 RS-485 网络中所有电能表的数据、向电能表发送控制指令。由此来看，其数据量小，功能单一，而且为了安装方便，以及从工程成本来考虑，都决定了其必须是存储量小，体积小，价格低的嵌入式系统。这决定了我们不能简单地采用上述的 B/S 系统。为了简化开发的复杂程度，减少因自行开发带来的问题，也不能采用 C/S 模式，为了将繁重的 Web 数据库操作与自动抄表系统分离，减轻抄表集中器的网络负担，我们提出了将 B/S 模式功能分散的方案：

1）管理中心计算机访问 RCM2200 通信，完成抄表数据传输、发布控制命令等功能时，采用 B/S 结构，由于这时所传输数据量小，利用 RCM2200 嵌入式以太网控制器构建“瘦服务器”，即可满足要求。

2）在用户通过 Internet 查询自己用电信息、购电时，采用 B/S 模式，此时管理中心计算机作为 Web 数据库服务器，为用户提供数据查询、传送等功能。这种情况是真正的“瘦客户端，胖服务器”模式。

3）管理中心计算机在抄读到电能表数据或执行控制命令得到返回数据后，需要将数据备份到对应数据库中，为了简化管理操作，我们将管理中心计算机配置成服务器，采用 B/S 模式，利用 Web 数据库技术完成数据备份功能。

4. 电能表通信程序　电能表作为网络节点，处于被动状态，必须时刻等待 RCM2200 控制器传来的控制命令，而在自动抄表系统中，电能表作为数据采集和处理单元任务很重，在没有数据通信时，电能表主程序执行监控和计量电网数据，所以对于实时性的通信只有采用中断工作方式才能满足要求。当有串行口中断时，电能表才利用中断处理进行通信。程序先判断地址编号是否相符，如果相符则解析控制命令并执行，否则退出程序。

通信协议格式及步骤图如图 7-20 所示。我们采用主机对分机使用查询方式通信，所以需要制定一套合理的通信协议来协调总线的分时共用。协议中规定控制命令或通信数据成帧成包发送，每个数据帧由 16 个字节组成。

OXA2	控制字	地区号	卡号	报警值	断电值	脉冲常数	写入电量	回读电量	BCC

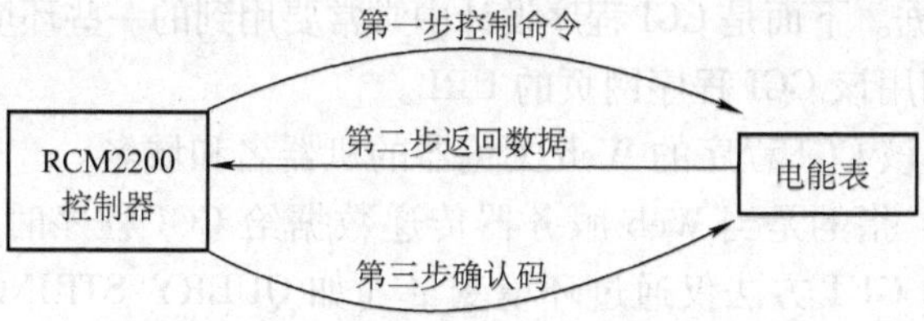

图 7-20　电能表与 RCM2200 通信协议格式及步骤图

其中：OXA2 是固定的起始字符，BCC 为 BCC 校验码字符，控制字是每次操作的关键字符，包含着售电状态、控制命令类型（售电、检查、调试、开户）等。它们和地区号各占一个字节，其他变量各占两个字节。

5. RCM2200 控制器抄表通信程序　在 RS-485 网络的通信中，尤其要注意对转换芯片控制端 DE 的控制，在用 Dynamic C 编写抄表通信程序时，要考虑如下问题：

1）由于使用 RS-485 网络时通信距离一般较长，系统在上电或复位时，各节点往往不一致，此时如果某个节点的 DE 端为“1”，则它处于发送状态，占有了总线。其他节点便无法与之实现通信。所以设计程序时要保证系统上电后 RS-485 网络中所有节点均处于接收状态，即 DE 端输出“0”。

2）在 RS-485 总线状态切换时需要做适当延时，起到等待数据传输完成或稳定总线状态的作用。再进行下次数据的收发。具体的做法是在数据发送状态下，先将控制端置“1”，延时 1ms 左右的时间，再发送有效的数据，一包数据发送结束后再延时 1ms 后，将控制端置“0”。这样的处理会使总线在状态切换时，有一个稳定的工作过程，其程序流程如图 7-21 所示。

6. RCM2200 服务器端 CGI 程序设计　CGI：Common Gateway Interface（公用网关接口）规定了 Web 服务器调用其他可执行程序（CGI 程序）的接口协议标准。CGI 程序接受

Web 浏览器发送给 Web 服务器的信息，进行处理，将响应结果再回送给 Web 服务器及 Web 浏览器。CGI 程序一般完成 Web 网页中表单（Form）数据的处理、数据库查询和实现与传统应用系统的集成等工作。

CGI 接口标准包括标准输入、环境变量、标准输出 3 部分：

（1）标准输入　CGI 程序像其他可执行程序一样，可通过标准输入（stdin）从 Web 服务器得到输入信息，如 Form 中的数据，这就是所谓的向 CGI 程序传递数据的 POST 方法。这意味着在操作系统命令行状态可执行 CGI 程序，对 CGI 程序进行调试。POST 方法是常用的方法，本文后面章节将介绍此方法，分析 CGI 程序设计的方法、过程。

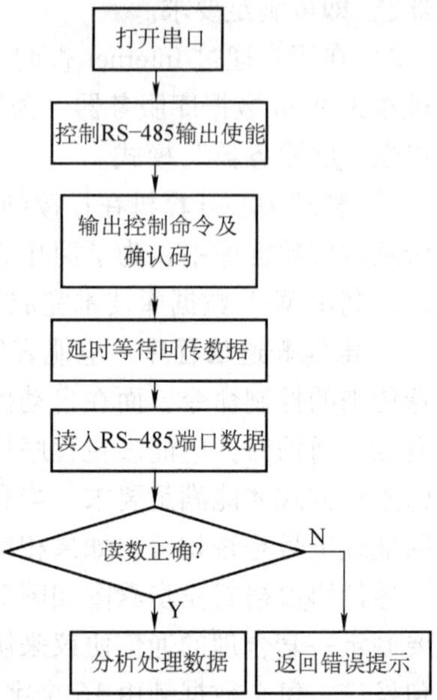

图 7-21　主机 RS-485 通信程序流程图

（2）环境变量　操作系统提供了许多环境变量，它们定义了程序的执行环境，应用程序可以存取它们。Web 服务器和 CGI 接口又另外设置了自己的一些环境变量，用来向 CGI 程序传递一些重要的参数。CGI 的 GET 方法还通过环境变量 QUERY-STRING 向 CGI 程序传递 Form 中的数据。下面是 CGI 程序设计中常常要用到的一些环境变量：

1）HTTP-REFERER：调用该 CGI 程序网页的 URL。

2）EMOTE-HOST：调用该 CGI 程序的 Web 浏览器的机器名和域名。

3）REQUEST-METHOD：指的是当 Web 服务器传递数据给 CGI 程序时所采用的方法，分为 GET 和 POST 两种方法。GET 方法仅通过环境变量（如 QUERY-STRING）传递数据给 CGI 程序，而 POST 方法通过环境变量和标准输入传递数据给 CGI 程序，因此 POST 方法可较方便地传递较多的数据给 CGI 程序。

4）SCRIPT-NAME：该 CGI 程序的名称。

5）CONTENT-LENGTH：传递给 CGI 程序的数据字符数（字节数）。

6）QUERY-STRING：当使用 POST 方法时，Form 中的数据最后放在 QUERY-STRING 中，传递给 CGI 程序。

7）CONTENT-TYPE：传递给 CGI 程序数据的 MIME 类型，通常为"application/x-www-form-url encoded"，它是从 HTML Form 中以 POST 方法传递数据给 CGI 程序的数据编码类型，称为 URL 编码类型。

（3）标准输出　CGI 程序通过标准输出（stdout）将输出信息传送给 Web 服务器。传送给 Web 服务器的信息可以用各种格式，通常是以纯文本或者 HTML 文本的形式，这样我们就可以在命令行状态调试 CGI 程序，并且得到它们的输出。关于此 CGI 程序设计还有其他相关知识，篇幅所限，这里不作介绍。CGI 程序流程图如图 7-22 所示。

7. RCM2200 控制器完整程序流程　RCM2200 控制器在自动抄表系统中起承上启下的作用，主要实现以下功能：

1）供基于 TCP/IP 协议的远程连接。

2）定时控制电能表：寻址单个电能表，建立临时数据通道，完成传送控制命令、接收

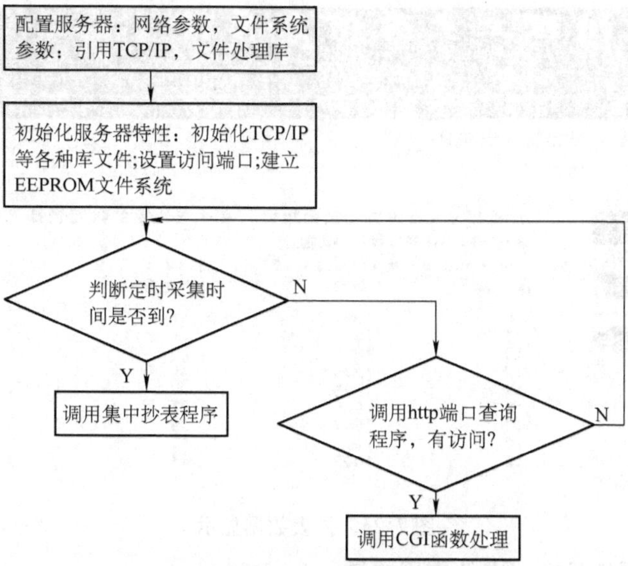

图 7-22　CGI 程序流程图

返回数据等功能。

3）定时抄表：利用其自带系统时钟定时采集联网电能表的数据；以普通文本文件形式保存在 EEPROM 中。

4）响应抄表指令将电能表数据以文本形式传送到抄表计算机。

Dynamic C 是一个工业级的专为 Z-World 产品创建的集成的 C 编译器、编辑器、链接器、装载器和调试器。它采用 Boot Room 开发技术。只需一根编程电缆即可完成调试、下载程序，而不需购买昂贵的开发工具，节省开发成本。当程序编译时程序以高达 115200bit/s 的波特率通过下载电缆从计算机串口下载到 RCM2200 控制器上。如果调试通过，下载电缆除去，RCM2200 控制器将自动脱机运行。

对于标准 C 来说，Dynamic C 的改进和差异在于使得在功能强大的嵌入式系统上进行实时编程变得非常容易。标准 C 函数库，特定板的外围驱动，芯片外围设备，以及其他的性能以源代码的形式包含在 Dynamic C 中。完全支持汇编语言，在对时间要求较高的应用中，汇编代码可以方便的与 C 代码混用。

当抄表计算机抄表时，可以通过 IP 地址访问 RCM2200，通过调用 RCM2200 中的网页程序，得到 RCM2200 内部已经抄到的电能表数据。图 7-23 所示为抄表数据显示。

7.3.6　结论

基于以太网技术开发的远程抄表系统，是实际科研课题的一部分。课题的开发涉及到的知识包括：计算机硬件开发、C 语言设计、VB 程序设计、计算机网络知识、网页开发知识等。由于篇幅有限以上实例并没有给出全部程序，读者如有需要可与编者联系。在实际应用中，抄表计算机要将 RCM2200 中的数据下载到数据库中管理，这方面涉及到数据库与 Web 的知识，这里不再介绍。

基于以太网技术的远程抄表系统具有可以利用共享资源（如小区宽带网、Internet 网络）和操作方便等优点，但也有实时性差、安全措施复杂等缺点。随着计算机和宽带网络技术的

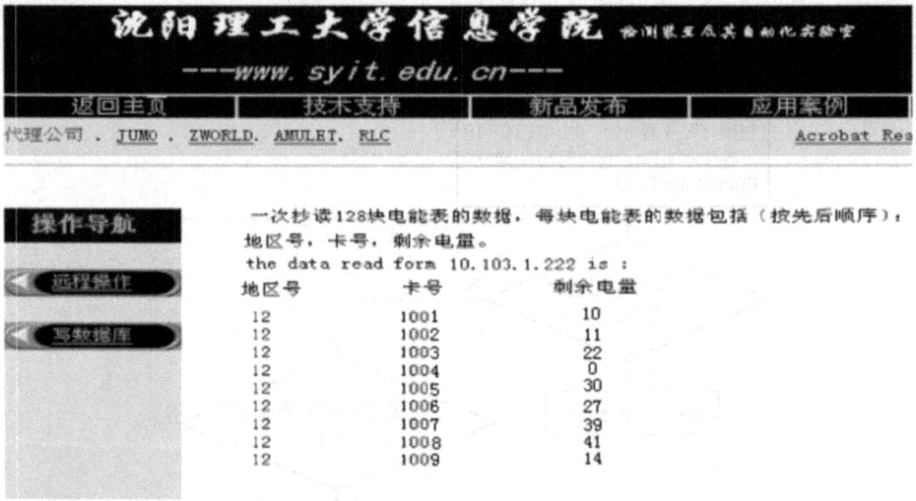

图 7-23　抄表数据显示

发展，以太网抄表系统具有一定的应用前景。

7.4　实例 3：基于无线数传的箱式变电站数据远程监测系统设计

7.4.1　项目的意义

箱式变电站（简称箱变）是目前城市主要的变电站设备，是一种把高压电器设备、变压器、低压电器设备以不同排列方式组成一个完整的供配电系统，主要用于高压为 12kV 的现代化环网系统和现代化城网改造中，能满足 2000kV · A 及以下不同用户的需求。其特点是结构紧凑，占地面积小，综合造价低。

目前，国内生产箱变的厂家很多，生产的箱变类型也较多，有些自动化监控程度较高的产品可以对箱变进行负荷、电压和功率因数等进行在线监测，但一般都只局限在对本地箱变的监测。

对于一个城市或区域，一般有几十甚至几百个箱式变电站，掌握每一个箱变的运行情况和故障情况对城市用电至关重要。目前，一般地区的做法都是定时定期地靠人和交通工具去每个箱变进行巡回监测，最后将巡回监测的数据形成报表以便管理。但这样靠人工进行定时巡回监测的方法不但耗时耗力，而且成本巨大。更重要的是由于获得箱变数据的实时性不强，不能及时准确地获得箱变运行数据，尤其当某个箱变发生故障脱扣时，如不能实时获得跳闸报警信息，势必延误设备的检修时间，可能给用户带来巨大的损失。为此，开发设计一套用于现有箱变的大范围内的箱式变电站数据远程监测系统极为重要。

本项目的目的是开发设计一套箱式变电站数据远程监测系统，该系统由一个中心站和多个箱变数据监测点构成，每个箱变作为一个数据监测点。中心站可以通过计算机实时监测每个箱变的低压侧数据（电压、电流等），并可以进行数据备份管理。

7.4.2　项目需求分析

本箱式变电站数据远程监测系统完成后，应具有如下功能：

1）可以实时监测每个箱变的动态数据，数据包含低压侧电流、电压、功率因数等数据。

2）某个箱变发生故障跳闸时，及时通过中心站报警，箱变故障数据具有上传功能。

3）中心站微机监测系统软件具有操作方便、可视化强等特点，并能根据用户需求进行数据管理，打印数据报表。

4）系统能够在 5km 范围内进行组网通信。

7.4.3　系统总体方案设计

为保证本系统功能的实现，考虑到 5km 内的通信距离，首选的网络通信方式应该是无线通信方式。系统无线网络的结构示意图如图 7-24 所示。

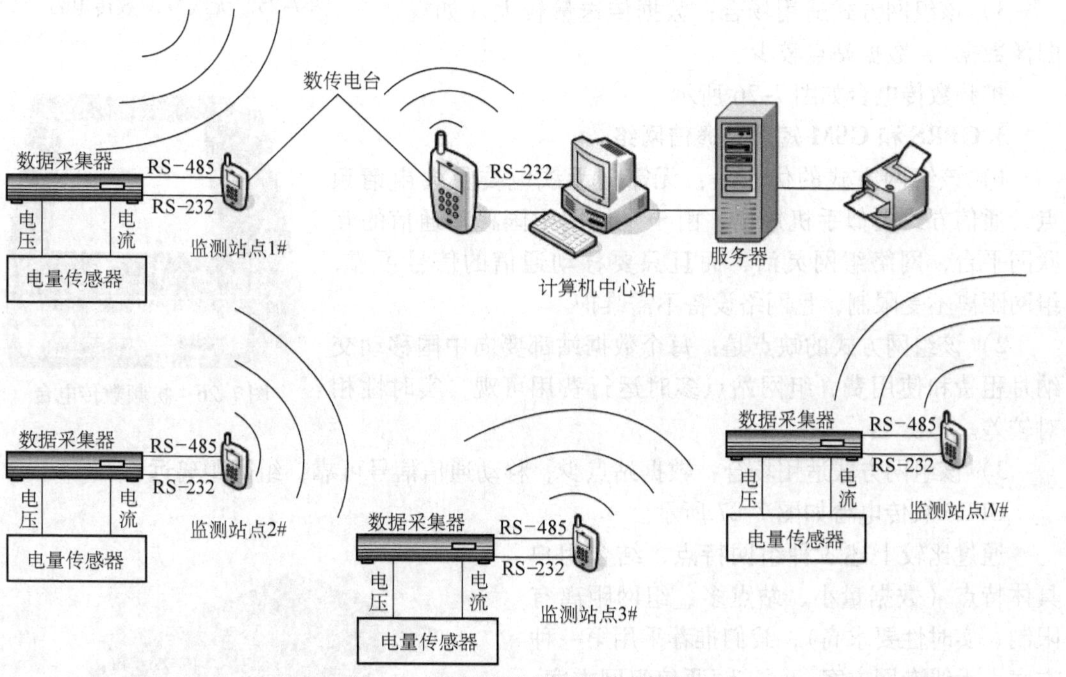

图 7-24　系统无线网络结构示意图

图 7-24 中，每个箱变设置一个监测站点，计算机中心站是整个监测系统的核心。为实现系统功能，每个箱变监测站点应增加 3 个设备：①电量传感器；②数据采集器；③无线数传电台。其中设备①和②的选择范围很广，有国产的，也有进口的，关键要根据用户的具体数据种类和数量来选择性价比高的设备。

至于设备③，虽然可供选择的余地也很大，但必须首先选择无线组网的种类。目前，能实现图 7-24 功能的无线通信组网方式主要有 3 种，分别是无线专网、扩频无线网络、GPRS 和 GSM 短消息网络，下面首先谈谈 3 种无线网络的特点和区别，然后给出一种推荐的组网方式。

1. 无线专网　该组网方式的优点是：无线电台价格低，通信实时性好，组网灵活，可根据各站点距离中心站点的远近合理选择不同发射频率的电台，以便降低整个系统的工程造价。

该组网方式的缺点是：需要向国家无线电委员会申请频点（一般工作在非 ISM 频段），并且每年要缴纳一定的使用费用。

该组网方式适用场合：数据传送量不大；数据站点多；组网范围不大。

无线专网数传电台如图 7-25 所示。

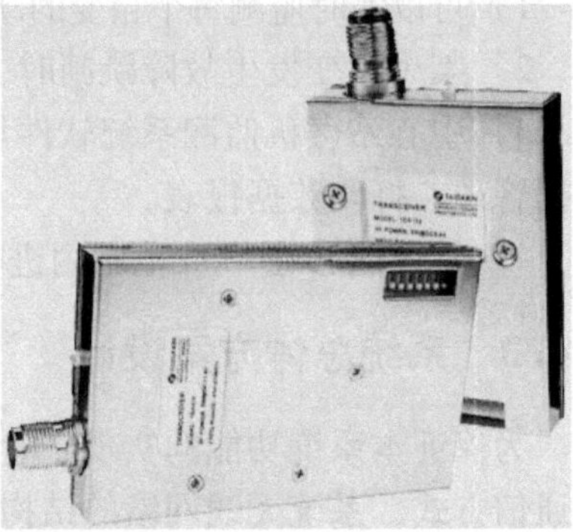

图 7-25　无线专网数传电台

2. 扩频无线网络

1）该组网方式的优点是：无需向无线电委员会申请频点（工作在 2.4GHz ISM 频段），通信实时性好，通信速度高，组网灵活，可根据各站点距离中心站点的远近合理选择不同发射频率的电台，以便降低整个系统的工程造价。

2）该组网方式的缺点是：扩频通信数传电台的造价较高，大范围组网时投资庞大。

3）该组网方式适用场合：数据传送量较大（如视图像数据），数据站点较少。

扩频数传电台如图 7-26 所示。

图 7-26　扩频数传电台

3. GPRS 和 GSM 短消息通信网络

1）该组网方式的优点是：无需向无线电委员会申请频点，通信方式类似手机短信，由于是使用中国移动通信的互联网平台，网络组网灵活，而且只要移动通信的信号可靠，组网距离不受限制，且网络设备不需维护。

2）该组网方式的缺点是：每个数据站都要向中国移动交纳月租费和使用费，组网站点多时运行费用可观，实时性相对较差。

3）该组网方式适用场合：数据站点少，移动通信信号可靠，组网距离远。

GPRS 数传电台如图 7-27 所示。

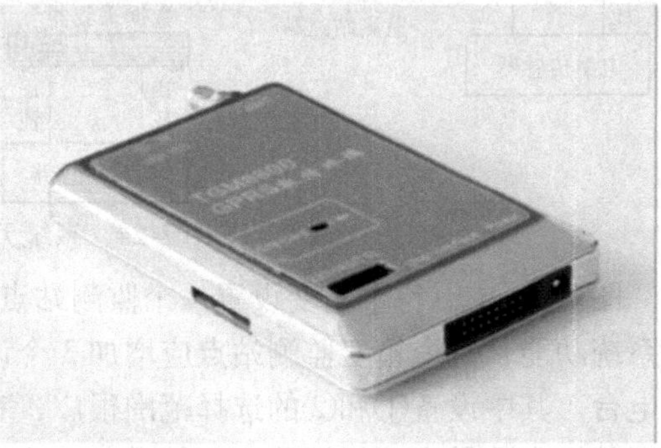

图 7-27　GPRS 数传电台

通过比较上述 3 种组网特点，结合用户具体特点（数据量小、站点多、组网距离有限制、实时性要求高），我们推荐采用第一种方案：无线专网方案，而扩频通信组网方案，站点较多，一次性投资巨大；而 GPRS 通信网络由于实时性差，且运行费用相对较高（每个站点至少每月 20 元）。

此外，虽然我们推荐的无线专网方案需要每年向无线电委员会交纳费用，但由于数额相对较少，故整个系统的网络运行费用仍较低。

7.4.4　系统硬件实现

监测系统中的每个站点包含一个数传电台、一个电力仪表（检测三相电流、电压和功率因数）、一个开关量采集模块（检测开关状态）。三者通过 RS-485 接口的连接，如图 7-28 所示。

为了区分不同的站点，每个站有两个地址，分别为电力仪表网络地址和开关量采集模块网络地址。

监测中心站主要由一个数传电台和一个中心计算机构成，二者通过 RS-232 连接，如图

7-29 所示。

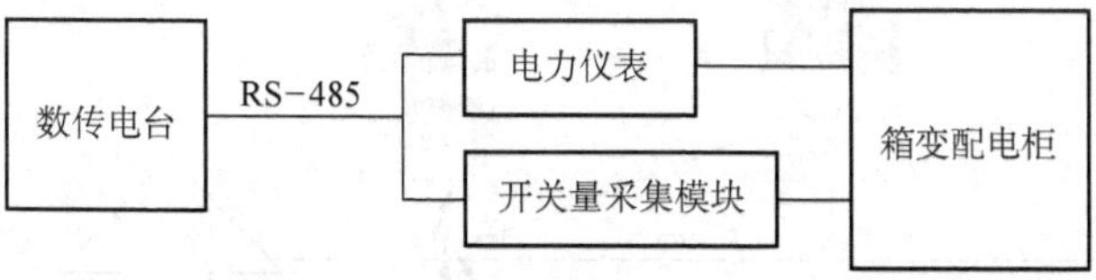

图 7-28　箱变监测站点电路连接

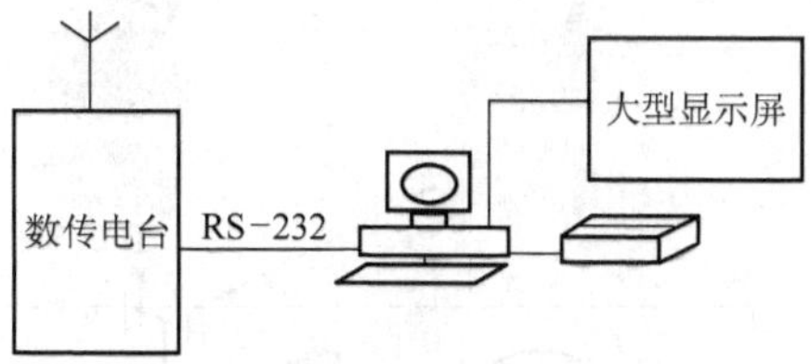

图 7-29　监测中心站结构

7.4.5　系统软件实现

当监测系统运行时，中心站采用巡检方式，分时发送每个站点的地址，此时，系统中的无线数传电台相当于透明状态，每个站点用自己的地址与中心站发送的地址比对，相一致的站点就会将电力仪表和开关量采集模块中的数据传送到中心站。系统软件采用 VB 设计，主要采集站点数据的程序流程图如图 7-30 所示。

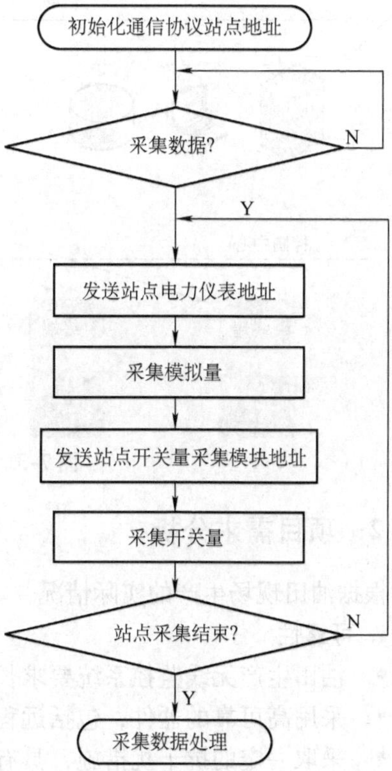

图 7-30　主要采集站点数据的程序流程图

7.4.6　结论

随着计算机和自动控制技术的发展，电力系统的自动化程度要求越来越高。目前，电力系统各部门对计算机监控系统应用前景都十分看好，典型的系统有：发电厂计算机测控系统；输变电站远程监督控制和数据采集（Supervisory Control And Data Acquisition，SCADA）系统、小区用电智能抄表系统等。本项目同样会对城镇箱变设备的管理提供一套智能的、先进的远程监测手段，这无疑会给电力管理部门节约大量的人力、物力开支，同时可有效地杜绝由于没能及时获得箱变设备跳闸故障信息而给用户带来巨大损失的情况发生。综上所述，该项目的推广前景良好。

7.5　实例 4：基于 GPRS 的油井远程在线监控系统设计

7.5.1　项目的意义

抽油井无线远程测控系统是将安装在井场的各种传感器采集的油井工作参数（温度、压力、电压、负荷、电流等）利用 GSM 的 SMS（手机短消息系统）、GPRS，CDMA、微波等无线通信平台传输至控制中心。控制中心的管理人员利用计算机汇总、分析，把相应的控制指令发回井场，自动调节油井的工作状况，完成抽油的自动远程控制。同时对油井的故障及时报警，提示维修，整个监控系统的组成示意图如图 7-31 所示。

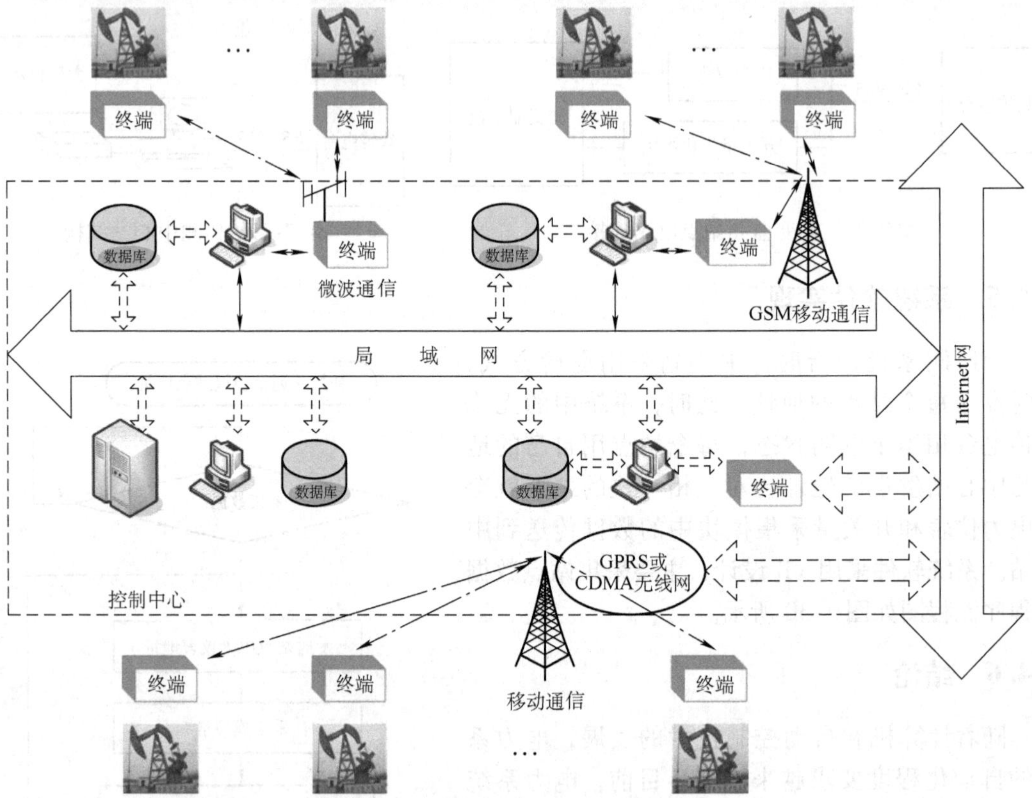

图 7-31　无线监控系统组成示意图

7.5.2　项目需求分析

根据油田现场生产的实际情况，本项目按下列原则进行了总体设计。

1. 可靠性

- 油田生产无线监控系统要求长期运行情况下的稳定性、可靠性；
- 采用高可靠的器件，包括远程终端 RTU、现场仪表等；
- 采取一定的抗干扰措施，具有良好的接地、电磁屏蔽措施；
- 采取可靠的施工工艺，确保人为故障率降到最低；
- 采取设备点检措施，将设备故障风险降到最低；
- 由于油井无线远程测控系统完成的是数据采集、分析、控制的任务，所以数据的安全性是十分重要的。考虑到这一点，这套系统采取了数据实时热备份的设计。即有两台计算机同时备份数据，保证系统不会因为一台机器出问题而导致数据丢失。

2. 可扩充性　为方便以后系统的扩展，如抽油井、注水井、计量站以及监测量的增加，系统留有扩展余地。

3. 开放性　系统开放，可与不同厂家的通用设备互联数据库接口开放，符合微软 SQL 结构标准监控局域网与油田信息广域网互联随着网络标准和软件版本的更新，现有技术及设备向上兼容。

4. 易管理性和易操作性　后台软件采用提示、查看、口令等人机对话方式，以及操作权限分级方式。

5. 调试和维护简便　可实现远程调试、远程修改现场RTU模块、可热插拔更换、故障诊断预警及维护措施提示。

6. 模块化结构设计　模块化结构的硬件产品使系统配置灵活、紧凑简便，易于升级、维护。

7.5.3　系统总体方案设计

1. 数据传输方案　数据的传输可以有多种方式，有线的、无线的等。在无线的方式中还包括微波、GSM、GPRS、CDMA等多种方式，下面对几种主要的方法的优缺点做一下简要对比。

1）无线移动通信（GPRS和手机GMS短信）资源。无线移动通信网络具有稳定可靠、覆盖面较广、网络能力强、通信费用低、不受地域限制的优点，其最大的好处是设备体积小；方便移动，没有引雷部件，不需要作防雷处理。具体包括：

• 先进性，随着移动通信技术的发展，如今已经实现基于分组的GPRS通信；并且继续向3G方向发展。

• 可靠性，作为商用的电信运营网络，其可靠性相当高，信息发送和接收安全可靠，不会丢失。

• 实用性，GSM作为一个成熟实用的网络，已经能满足用户需求，实现资源共享，信息交流。

• 经济性，首先，采用移动通信方式在网络建设上不需要投入，也不用租用通信线路；其次，通信费用低，GPRS只有产生通信流量时才计费；GMS短消息发送一条信息的费用为0.1元，接收者不收费。缺点是实时性不强。

2）超短波资源、UHF/VHF频段超短波是一种地面可视通信，它主要适用于平原丘陵地带、且中继站数目和中继级数较少的通信系统。该通信方式具有通信质量较好、设备简单、建设周期短、易于实现的优点。但是若在长距离、多高山阻挡情况下使用此种通信方式传输数据，所需中继站数目及中转次数将明显增加，从而导致设备费、土建费的增加，系统可靠性下降，中继站址交通条件差还会给建设、安装、维护带来一定的困难。

3）卫星通信资源。卫星通信具有传输距离远，通信频带宽，传输容量大；组网机动灵活，不受地理条件的限制，建站成本及通信费用与通信距离无关等特点。缺点是：建站成本及通信使用费较高。

通过上文的比较分析，结合本课题的实际要求，选择的是GPRS无线远程数传方式。图7-32是单井监控系统示意图。

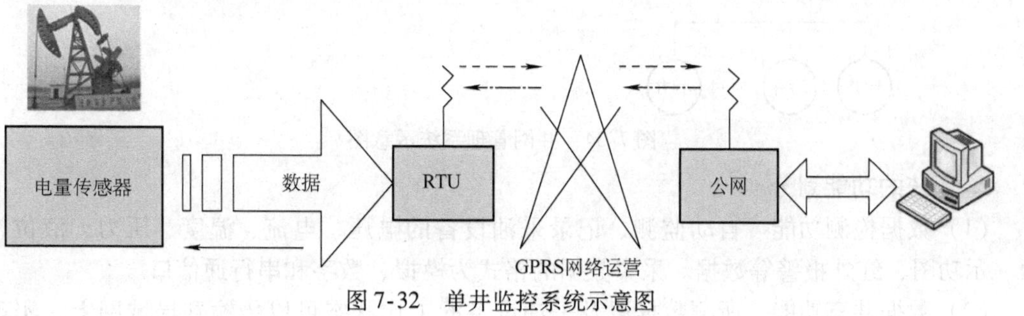

图7-32　单井监控系统示意图

另外，抽油井无线远程测控系统是一个可无限扩展的分布式处理系统，系统网络上的每一台智能终端是一个节点，每个节点独立执行分配给它的任务，这种结构的优点不会因为一个节点的离线影响整个网络的运行。在重大事件发生时，各智能终端能够在迅速报警的同时，及时自动采取措施以减少损失。图 7-33 为多井的监控系统示意图。

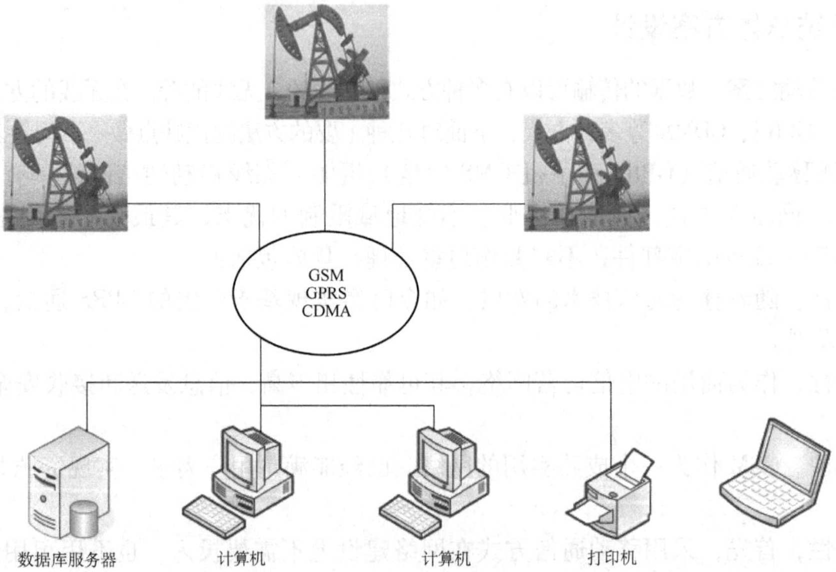

图 7-33　多井的监控系统示意图

实际工作中，本课题所研究的监控系统可以同时测控的抽油井数量在 80 口左右。而这些井网测控系统又可以相互联结为更大的、包含成百上千口井的远程无线测控管理系统。图 7-34 为井网管理系统示意图。

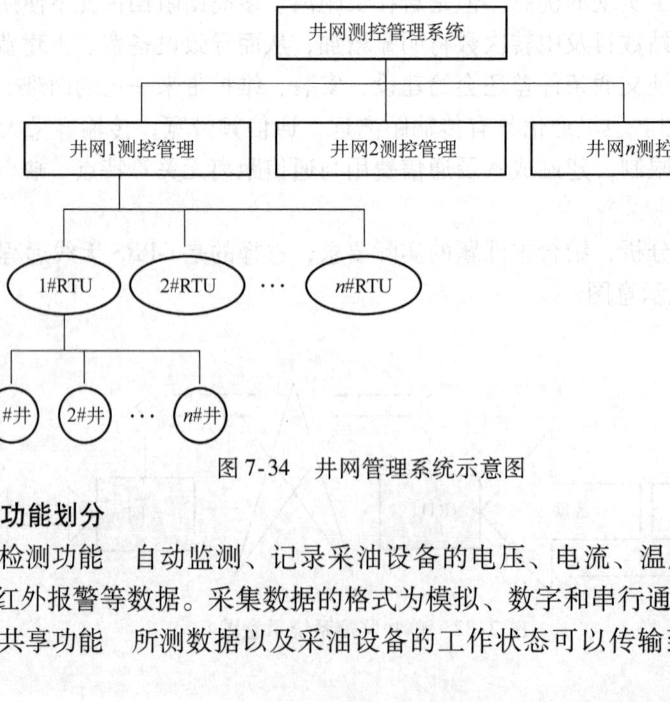

图 7-34　井网管理系统示意图

2. 系统的功能划分

（1）数据检测功能　自动监测、记录采油设备的电压、电流、温度、压力、液位、界面、示功图、红外报警等数据。采集数据的格式为模拟、数字和串行通信口。

（2）数据共享功能　所测数据以及采油设备的工作状态可以传输到局域网上，实现多方远程数据共享。

（3）显示功能　总流程显示、分组流程显示、全部数据列表、分组数据列表、单个仪表历史数据列表，故障列表显示。

（4）辅助分析功能　及时发现停电、缺相、油管堵塞、盗油、液面过低、配重不平衡等异常情况。

（5）报警功能　如果检测值超过设定范围，即声光报警，并能在屏幕上显示出现问题的仪表名称以及参数超出的范围；若有多个数据报警，将按顺序显示超值列表。

（6）权限设置功能　权限设置分一般操作员、管理员、超级系统管理员 3 种。利用输入用户名和密码加以限制。

3. 系统的工作过程

（1）信号采集处理　三相电流由 3 个电流互感器把大电流变成千分之一的小电流信号经过采样处理，在经电桥整流分压进行放大处理，然后送 p87c552 单片机进行 A/D 转换。光杆负荷、回油温度、回油压力等一系列油井工作参数经各自的高精度传感器把物理量转换成数字量，经放大滤波等一系列处理后送 p87c552 进行 A/D 转换和信号采集处理。信号采集处理单元以 p87c552 单片机为核心，在采集程序的控制下，依次采集电源电压，a、b、c 三相电流，光杆负荷、回油温度、回油压力等一系列油井工作参数。采集后的数据与主站控制中心设定的参数进行比较，经智能程序进行模糊处理，如判定某数据超出设定的正常工作范围，即抽油机工作发生异常，立即启动报警程序将该情况报回主站控制中心。同时对致命警报立即进行紧急控制处理，防止故障扩大化，最大限度的降低损失。

（2）远程测量示功图　当井场子站接到主站控制中心发送的示功图请求指令信息后，进入示功图采集程序，由位置传感器自动判定抽油机工作的下死点，并从下死点开始以光杆位移 1% 的精度采集三相电流、光杆负荷、三相电压等参数，当抽油机光杆再次运行到下死点时，停止采集。至此完成了抽油机一个工作冲程的参数采集，即完成了示功图的现场测量。现场采集的示功图数据，经现场程序的初步处理、编码，发回主站控制中心。主站控制中心收到信息后进行解码处理还原数据，还原成反映抽油机工作状况的示功图数据，然后由控制中心智能软件进行分析。

（3）无线传输技术原理　本系统的数据传输采用公共的无线网络 GPRS 网络传输数据。采用通用的工业级 GPRS 通信模块，实现主站控制中心与井场子站的快速稳定的无线数据传输。井场主控单片机和通信模块采用标准 RS-232 通信接口协议。

（4）远程油井诊断　对油井的远程诊断是利用数据远程采集系统、数据传输系统等把抽油机的运行参数（一个冲程的三相电流图、电压图、示功图等）传回主站的控制中心，经控制中心的专家系统对这些数据的分析，判断出抽油机运行的平衡状况，并提出整改建议。通过抽油机光杆的负荷变化，判断抽油机工况、动液面等井下情况，并及时提出调整建议。

（5）远程油井控制　油井远程控制技术是利用通信模块接收主站控制中心的控制指令，经解码后产生控制动作，接通或断开电动机控制器的交流接触器的控制线包，通过控制电动机的运行和停止来控制抽油机的起抽和停抽。

（6）透明网络　GPRS 是一种二层的承载网络，它所承载的对象正是 IP 这种三层协议的数据包。任何 IP 之上的应用功能都不需要知道 GPRS 网络的存在，应用程序与 IP 打交道就可以了。

7.5.4　系统软件实现

1. 数据采集终端无线通信的实现方法　终端无线通信采用的方案为 MC35 模块 + 协议芯片 C0110PC。利用 AT 命令对模块进行操作，协议芯片内嵌 TCP/IP 协议，实现对 GPRS 业务数据的打包和解包。

MC35 模块是西门子公司生产的 GSM 双频 GSM900/GSM1800 无线模块。它支持两种操作模式：一种是电路交换数据模式 CSD，支持语音、数据、SMS 和 FAX 业务；一种是分组交换模式 GPRS，采用多时隙，支持 CSI- CS4 编码。两者最大的区别是，GPRS 传输数据时不需要再拨号。两种模式的选择通过 AT 指令来实现。MC35 模块提供 40 线的 ZIF 接口方式。

采集终端的 CPU 通过 AT 命令实现对模块的驱动。AT 命令集是 Hayes 公司建立的最普遍且广为支持的命令集，大部分厂家生产的 Modem 都能执行此 Hayes 命令集，包括普通 Modem 和无线 Modem。AT 命令集是由一个特定的"命令前缀"开始，由一个"命令结束标志"结束。命令前缀通常由 AT，两个字符组合，它是 Attention 的缩写，意思是"引起注意"，因此我们称该 Modem 命令为 AT 命令。命令结束标志是一个单字符，其值存储在寄存器 S3 中，通常为回车符 <CR>。

为了达到数据通信的目的，我们必须掌握如何建立和拆除通信链路，如何自动应答数据来电等。下面介绍常用的 AT 命令。

（1）ATD××××　该命令使 Modem 立即进入摘机状态，并拨出随后的号码（拨号串）以建立连接。拨号串由拨号修饰符和电话号码组成。拨号修饰符用于指示 Modem 何时拨号以及如何拨号的操作。例如拨号修饰符 T、P 分别表示 Modem 以音频方式和脉冲方式拨号。值得一提的是，拨号修饰符",,,"起延迟处理下一字符的作用。该修饰符在要拨外线的场合特别有用。如机关、企业要拨市话或者长途电话时，首先要拨" 9"（或者"0"等），则采用如下 AT 指令：ATD9，8888888 <CR>（8888888 为待拨电话号码）。

（2）ATSO = R　该命令控制应答方式：自动或手动。R = 0，手工应答；群 0，表示在响铃 R 次之后 Modem 自动摘机：并试图连接，R 值范围为 1 ~ 255。手工应答下，每次电话铃响时，Modem 返回 RING 结果码，但不应答呼叫（除非此时执行 AT 指令）。

（3）+ + +　该指令让 Modem 从在线数据状态切换到在线命令状态。它其实是一个换码序列（转义序列），不是普通 AT 指令，因而前面不加 AT，后面也不用跟回车符。在发出 + + + 命令之前和之后，停顿由 S12 寄存器定制的时间（称为保证时间，默认为 1s），以保证 Modem 接收到该命令；否则，+ + + 将被当作普通数据处理。该命令不挂断线路而是让 Modem 进入命令状态，即在线命令状态。

. ATHn 该命令执行挂机操作。在在线命令状态时，使用该命令迫使 Modem 挂机，拆除通信链路。$n = 0$，挂机，并将 Modem 置于命令状态；$n = 1$，摘机。

需要特别指出的是，GPRS Modem 只是兼容了 Hayes 制式的 AT 指令集，但是在 GPRS 应用中，GPRS Modem 对 AT 指令集做了扩充。

2. 控制中心获取数据的方法　监控中心采用 ADSL 等 Internet 公网连接，采用公网固定Ⅲ或者公网动态 IP + DNS 解析服务。此种方案先向 Internet 运营商申请 ADSL 等宽带业务。

（1）中心公网固定IP　监控点直接向中心发起连接。运行可靠稳定，推荐此种方案。

（2）中心公网动态IP+DNS解析服务　客户先与DNS服务商联系开通动态域名，监控点先采用域名寻址方式连接DNS服务器，再由DNS服务器找到中心公网动态IP，建立连接。此种方式可以大大节约公网固定IP的费用，但稳定性受制于DNS服务器的稳定，所以要寻找可靠的DNS服务商。此种方案适合小规模应用，另外此种方法也适合开发时期，避免申请固定IP，节约开发成本采用。

控制中心用户软件通过Socket接口就可以读取采集端通过GPRS模块传送至公网的数据。现今由于越来越多的计算机厂商，特别是工作站制造商如Sun等公司采用了Berkeley UNIX Socket接口被广泛采用，以至于现在，Socket接口被广泛认可，并成为了事实上的工业标准。目前的SYSV、BSD、OSF都将Socket接口作为系统的一部分。当时设计如何支持TCP/IP协议时，有两种加入函数的方法：一种是直接加入支持TCP/IP协议的调用；另一种是加入支持一般网络协议的函数，而用参数来指定支持TCP/IP协议。Berkeley采用了后者，这样可以支持多协议族，TCP/IP是协议族之一（PF INET）。

从概念上理解socket的使用，网络编程中最常见的是客户/服务器模式。以该模式编程时，服务端有一个进程（或多个进程）在指定的端口等待客户来连接，服务程序等待客户的连接信息，一旦连接上之后，就可以按设计的数据交换方法和格式进行数据传输。客户端在需要的时刻发出向服务端的连接请求。使用socket调用后，仅产生了一个可以使用的socket描述符，这时还不能进行通信，还要使用其他的调用，以使得socket所指的结构中使用的信息被填写完。在使用TCP协议时，一般服务端进程先使用socket调用得到一个描述符，然后使用bind调用将一个名字与socket描述符连接起来，对于Internet域就是将Internet地址联编到socket。之后，服务端使用listen调用指出等待服务请求队列的长度。然后就可以使用accept调用等待客户端发起连接（一般是阻塞等待连接），一旦有客户端发出连接，accept返回客户的地址信息，并返回一个新的socket描述符，该描述符与原先的socket有相同的特性，这时服务端就可以使用这个新的socket进行读写操作了。一般服务端可能在accept返回后创建一个新的进程进行与客户的通信，父进程则再到accept调用处等待另一个连接。客户端进程一般先使用socket调用得到一个socket描述符，然后使用connect向指定的服务器上的指定端口发起连接，一旦连接成功返回，就说明已经建立了与服务器的连接，这时就可以通过socket描述符进行读写操作了。

使用无连接的UDP协议时，服务端进程创建一个socket，之后调用recvfrom接收客户端的数据报，然后调用sendto将要返回客户端的消息发送给客户进程。客户端也要先创建一个socket，再使用sendto向服务端进程发出请求，使用recvfrom得到返回的消息。

3. 系统通信协议

（1）发送接收模式　均采用text模式。

（2）发送数据格式　数据编码排列为：55AA 000000000 03A7 0256…0等共46个字符，其中55AA为合法数据识别码，前9个0为模数道状态编码："0表示工作正常，1表示超上限，2表示超下限"，第九个0为三相电状况："0表示工作正常，1为缺a相，2为缺b相，3为缺a、b相，4为缺c相，5为缺a、c相，6为缺a、b相，7为缺a、b、c三相停机。"03A7为第一道数据编码。以后每4个字符表示一道数据编码，依此类推，共8道数据。第一道为电动机工作电压，第二道为a相电流，第三道为b相电流，第四道为c相电流，第5，

6，7，8 道暂保留。最后一个字符为数据状态：“0 为报警数据，1 为数据请求返回，2 为定时发送，3 为设置定时参数成功，4 为设置报警参数成功，5 为远程复位成功，6 为设置允许报警成功，7 为设置禁止报警成功，8 为远程开机成功，9 为远程关机成功”。

编码协议：把十六进制数据转换为 ASCII 码，十六进制的每四位转换为一个 ASCII 码，一个字节转换为两个 ASCII 字符。

报警三次后，自动停止报警，当警报条件解除后，自动返回一个数据正确请求信息，重新启动允许报警。

（3）接收数据格式

编码数据排列为：55AA X 3456 2543……等共 69 个字符，其中 55AA 为合法数据识别码，X 为主机发送的指令编码：0 表示主机数据请求，1 表示设置定时参数，2 表示远程复位，3 表示设置报警允许，4 表示停止报警，5 表示远程开机，6 表示远程关机，7 表示设置报警参数，8 表示远程测量示功图、冲程、冲次等参数。3456 表示第一道数据上限，2543 为第一道数据下限，依此类推。

解码协议：把 ASCII 字符转换为十六进制数据，两个 ASCII 字符转换为一个十六进制数据。

（4）测量范围　电流测量范围是 0～100A，测量精度是 50mA（即 0.1%）。电压测量范围是：“对 380V 抽油机电动机是 0～450V，测量精度是 440mV”。“对 1140V 抽油机电动机是 0～1240V，测量精度是 1.21V”（即 0.1%），载荷测量范围 0～150kN，精度 0.1%，位移测量范围 0～10m，精度 0.5%。

（5）示功图协议　当主机请求示功图时，子站发送前一个工作周期的示功图。示功图数据格式为：55aa ffxx 03ff 02ef xxxx-con。55aa 为合法数据标识符，55aa ffxx，为示功图标记，03ff 以后为数据段，以“con”为本信息结束标志，并指示该示功图还有后续信息。一个完整示功图的最后一条信息以 over 为结束标志，指示一个示功图已发送完毕。一条信息发送 6 组数据。每组数据为一个电压、3 个电流、一个悬重共 5 个参数 20 个字符。一条信息为 120＋11（55aaffxx＋con）共 131 个字符。最后一条信息可能少于 131 个字符，或为 132 个字符。

4. VB 的网络通信软件设计　Visual Basic 提供了基于 Windows Sockets 网络编程接口的 Winsock 控件，利用该控件可以更方便、快捷的开发基于 TCP/IP 的应用程序。Winsock 即 Windows Sockets（Windows 套接字），是 Microsoft Windows 提供的网络编程接口控件，它提供了基于 TCP/IP 协议的程序接口实现方法。Winsock 控件是一个在运行中不可见的控件，它以部件的形式将 Winsock API 形象地呈现给程序员。以 Visual Basic、Visual C＋＋、Microsoft Access 或 Visual FoxPro 为开发工具的程序人员都可使用它，其使用方法也大同小异。要编写简单的客户端应用或服务器应用程序，不必详细了解 TCP/IP 协议的细节和调用底层的 Winsock API。只需简单的设置好相应 Winsock 控件的属性，调用其特定的方法，就可编写出方便连接到一台远程机器、并进行双向通信和数据交换的程序。

（1）Winsock 控件的方法、事件和属性

1）方法 Method Listen：服务器用来创建 socks 并设置其为侦听模式，等待客户呼叫。

Connect：客户用来向服务器发出连接请求。

Accept：服务器察觉到客户的呼叫连接请求，用此法来表示同意连接。

SendData：将数据发送给另一方。

GetData：接收来自对方的数据，并将这些数据保存起来。

Close：将现在正使用的连接关闭。

2）事件 Event ConnectionRequest：服务器“听”到客户发来连接请求后，这个事件就发生了。此时服务器就要表示接受 Accept 或不接受连接。

DataArrival：如果对方使用 SendData 发来数据，这个事件就发生了。此时应该处理这些发来的数据，比如将它存到数据库中或显示出来等。

3）属性 Property Protocol：程序使用的传输层协议，可以选择 TCP 或者 UDP。

LocalPort：对服务器来说，是设置一个本地端口，方法 Listen 将侦听来自它的消息。

RemotePort：用来设置要访问的远端端口，即服务器端的 LocalPort。

RemoteHost：客户用来指定要连接的计算机，既可以使用 IP 地址，如“192.168.0.1”，也可以使用计算机名。

State：Winsock 控件所处的状态，也就是两台机器连接的状态。

（2）利用 Winsock 控件编程　VB 在利用 winsock 控件进行编程时方法比较简单，程序在运行时通常是按下列步骤：

1）网络初始化属性设置，下面结合实例来说明属性的设置：（winsock 控件命名为 UDPpeer）

```
With udppeer
. Protocol = sckUDPProtocol'设置传输层协议,选用 UDP
. RemoteHost = "202. 118. 235. 210"通信对方的 IP 地址
. RemotePort = 1002'连接的端口号
. Bind 1001'绑定到本地的端口
End With
```

对于计算机通信双方，RemoteHost 属性也可以采用对方的网络标识。

2）数据的发送与接收利用 winsock 控件提供的 SendData 和 GetDat 方法及 DataArrival 事件就可以实现数据的发送与接收。

```
‘数据发送:
Private Sub Command1 _ Click( )
udppeerA. SendData Text1. Text"发送 text1 文本框中的内容
End Sub
‘数据接收:
Private Sub udppeerA _DataArrival( ByVal bytesTotal As Long)
Dim strData As String
On Error Resume Next'由于 winsock6. 0 存在一个 bug,此处要加上此句,表示即使报错也向
下运行
UdppeerA. GetData strData
Text1. Text = strData'保存数据到某一文本框中
End Sub
```

5. VB 的数据库操作　VB 具有强大的数据库操作功能，通过 DATA 控件可以方便的连接数据库，其支持的数据库类型包括 ACCESS、FOXPRO 等，使用微软的 JET 数据库引擎实现对数据的访问。使用 DATA 控件访问数据库，用户无需任何代码就可以轻松的创建数据库

应用程序。

(1) DATA 控件的方法和属性

1) 方法 Method Updaterecord：用来将绑定的数据感知控件当前内容写入到数据库中。

Refresh：用来重新建立或显示与 DATA 控件相连的数据库记录集。如果在代码中改变了 DATA 控件的某些属性，就必须用此方法来刷新记录集。

2) 属性 Property Connect：用于定义控件所要连接的数据库类型。

Databasename：用于返回或设置 DATA 控件的数据源，决定 Data 控件连接到哪一个数据库上，它通常是一个完整的数据库文件名。

RecordSource：用来返回或设置 DATA 控件打开的数据库表或满足某个 SQL 查询语句的记录集，它可以是表的名称或者 SQL 语句。

(2) 记录集对象　在 VB 中，数据库中的表是不允许直接访问的，只能通过记录集对象对其进行操作。记录集对象表示一个和多个数据表中字段对象的集合，是来自基本表或执行一次查询所得结果的记录全集。一个记录集由行和列构成，和数据库中的表类似，但它可以包含多个表中的数据。在数据库编程中。

Recordset 对象是一种用来浏览数据库的工具。

1) 记录集对象的属性 Recordcount：用于只是记录集对象记录的数目。

Fields：Fields 属性是一个包含在记录集对象中的各个字段对象的集合，可以把 Field（“字段名”）作为指定字段的一个实例来使用。

2) 记录集对象的方法 AddNew：更新记录集对象创建一个新记录。

AddNew 方法将添加一条新的空记录，并且定位在该记录上，用户可以在被绑定的数据感知控件中输入修改数据。新增加的记录的值为指定的默认值。

Delete：用来将当前记录从记录集中删除。

Move：可以使用各种 Move 方法移动记录，其中包括 MoveFirst，MoveLast，MoveNext，MovePreious

Update：保存对记录集对象的当前记录所作的更改。

7.5.5　结论

远程监控技术在工业控制领域中的应用非常广泛，在电力系统、燃气管网、石油勘测、水利、交通运输等领域有着非常重要的作用，采用 GPRS 技术使得无线监控系统的实时性、可靠性有了很大的提高，进一步促进了工业监控系统的智能化和信息化，目前这一方案在远程测控系统中的应用越来越广泛。

7.6　实例 5：基于 PROFIBUS 的自来水厂分布式监控系统设计

7.6.1　项目的意义

目前，应用于各种领域和场合的计算机分布式监控系统种类繁多，设计方法和构成方式各不相同，但共同的目标都是朝着高效，可靠和通用方向发展。此外，所设计的监控系统应具有较高的性价比也是业内人士的共识。下面介绍一种性价比较高的适用于中小型规模水厂的自来水厂分布式自动监控系统。

由于供水管网的水源井地理位置分散，采集、控制功能要求稳定，安全性要求较高。目前一般采用无线方式，这样避免布线困难，但系统的实时性在要求高的情况下不很理想。因此，如果分散距离不太远，在 1km 之内，也可以采用有线的方式，这样相比无线通信可以大大降低成本。本系统采用 PROFIBUS 现场总线方式进行组网通信，实时性很好。供水管网 SCADA 自动化监控系统，主要用来监测和控制分散的水源井测量站点以及各水厂的扬水泵。SCADA 监控中心和水源井管网测量点采用现场总线方式传输。

7.6.2　项目需求分析

该系统采用两级控制，一级为 SCADA 系统中心控制室，二级为水源井管网测量站点和各水厂的 RTU。中心监控室负责监视、管理和控制等工作。站点 RTU 负责数据采集，以及扬水泵的控制。在整个无线 SCADA 自动化控制系统中，中心监控室是整个系统控制与信息处理的中心。

监控中心的计算机发送各种控制命令，来控制外站 RTU 和扬水泵的运行，以及对采集完后的数据做进一步的处理和分析，来监测整个供水管网的运行情况，如果出现某个测量站点参数异常的情况，监控中心将发送控制命令以控制扬水泵的运行，避免出现空抽、管道压力过大等可能发生的问题。

RTU 的作用主要分为两点：首先，完成供水管网测量站点各种参数信息的采集，比如水位，压力，流量等；其次，完成控制工作，如控制扬水泵的起动停止。

7.6.3　系统总体方案设计

某自来水厂按功能分为两部分：一部分是水源地；另一部分是水厂区，二者距离 900m。水源地的任务是通过 3 台深井泵对水厂区的蓄水池进行供水，而水厂区的任务是对水池的水进行消毒处理后，通过加压泵向市区管路进行恒压供水。

整个监控系统由位于水厂区的上位 PC，主站 PLC 和水源地的 3 个从站 PLC 构成，如图 7-35 所示。上位 PC 通过 CP5611MPI 卡与主站 PLC 完成整个系统的现场数据检测，数据处理及计量等工作。主站 PLC 完成两方面任务，一是水厂区现场数据的采集及市政恒压供水的控制；二是与水源地的 3 个从站进行通信，完成水源地现场数据的采集与深井泵的控制。

监控系统主站和从站的 PLC 都选用西门子 S7 系列产品。该产品在工程领域应用广泛，尤其是有较强的组网能力。通常 S7 系列 PLC 有 4 种组网方式：点对点、MPI 多点网络、PROFIBUS 和工业以太网。其中 PROFIBUS 现场总线的应用目前较为普遍，它有较好的通用性，速度最高达 12Mbit/s，距离大于 1km；RS-485 物理接口。我们选用 PROFIBUS 组网方式设计本监控系统。

主站 CPU 为 S7-300 系列的 CPU313C（8 点 DI，8 点 DO）和 SM334（4 路 8 位模拟量输入和 2 路 8 位模拟量输出），自带 PROFIBUS-DP 端口；从站包含为 S7-200 系列的 CPU222（8 点 DI，6 点 DO）、EM231（4 路 A/D）和 EM277（PROFIBUS-DP 端口扩展模块）。远距离有线通信必须考虑防雷措施，我们选用一种带防雷器的通信端口适配器，为系统的安全运行提供保障。

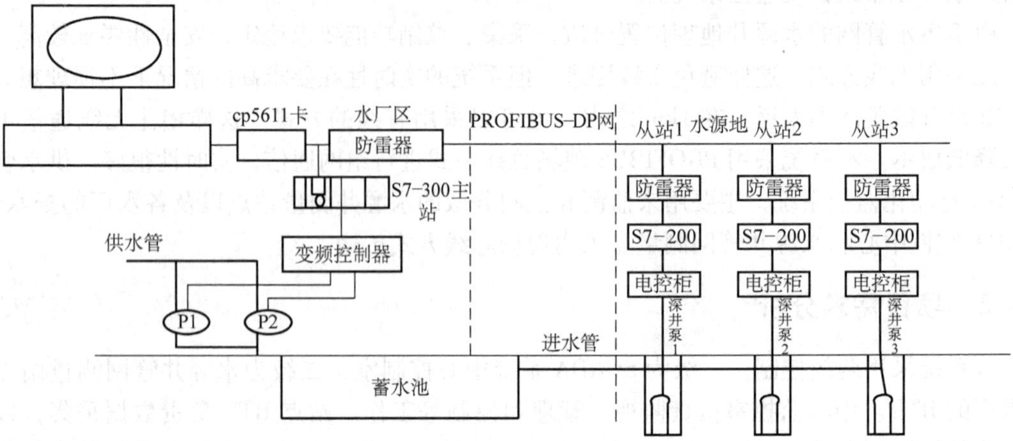

图 7-35　水厂监控系统结构图

实际 PROFIBUS-DP 网络各个节点的地址为：监控计算机 5611 卡为 0；主站 PLC 为 2；3 个从站的地址分别为 4、6、8。

7.6.4　系统硬件实现

主站 PLC 有 3 个任务：

1）水厂现场数据采集。

2）供水管恒压力控制。

3）水源地数据采集及深井泵远动控制。

以 CPU313C 为核心的主站 PLC 控制原理图如图 7-36 所示。图中，SM334 为 AI/AO 扩展模块，包含 4 路 8 位模拟量输入，2 路 8 位模拟量输出。由于系统空余一个模拟量输出 AO2，为了降低成本，用 AO2 和多路模拟开关芯片 4066 去扩展 8 路模拟量输入，详见 7.6.5 节系统软件实现。

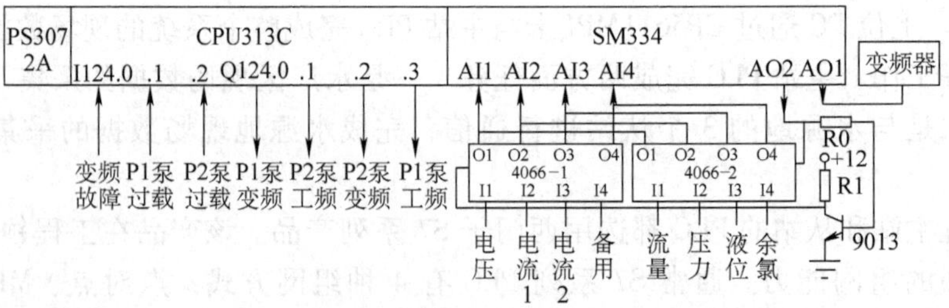

图 7-36　主站 PLC 控制原理图

3 个从站 PLC 都以 CPU222 为核心，控制电路及结构相同，分别控制 3 个取水深水泵的运行及现场数据采集，如图 7-37 所示。其中 Q0.0 控制深井泵的运行；I0.0 为深井泵过载信号输入端；Q0.1 为故障报警输出端；现场取水管压力、深井泵电压和电流 3 路模拟信号的采集，通过 4 路 12 位模拟量输入模块 EM231 实现。

7.6.5　系统软件实现

首先，水厂现场数据有 7 路模拟量，我们选择 AI/AO 扩展模块为 SM334，它包括 4 路 8

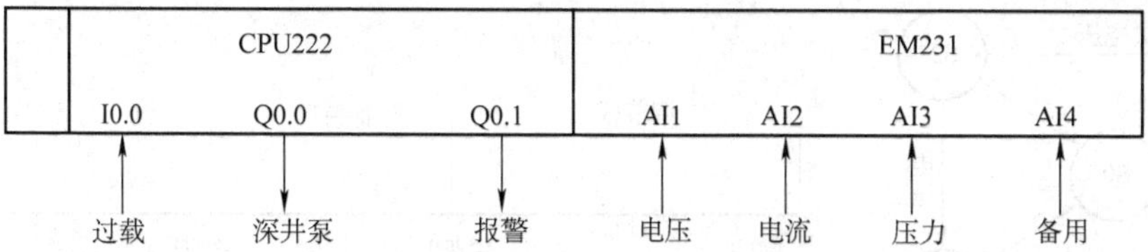

图 7-37　从站 PLC 控制电路

位模拟量输入和 2 路 8 位模拟量输出。为降低成本，我们用两片 CD4066 模拟开关扩展构成 8 路 AI 输入；当 AO2 输出 0V 时，选通 4066-1 的 4 路模拟量输入；而当 AO2 输出 10V 时选通 4066-2 的 4 路模拟量。这种分时采集的方法利用 PLC 编程较易实现。实际应用中，分时操作时间间隔为 10ms。水厂区模拟量数据采集表如表 7-2 所示。

表 7-2　水厂区模拟量数据采集表

名　称	AI 地址	内　存	AO2 输出/V	含　义
电压	PIW256	MW0	0	变频控制柜电源电压
电流 1	PIW258	MW2	0	1#水泵工作电流
电流 2	PIW260	MW4	0	2#水泵工作电流
备用	PIW262	MW6	0	备用
流量	PIW256	MW10	1	供水流量
压力	PIW258	MW12	1	供水电压
液位	PIW260	MW14	1	蓄水池液位
余氯	PIW262	MW16	1	蓄水池水中余氯含量

其次，对水厂加压泵的控制，采取变频调速技术，以供母管压力的被控量，实现恒压力控制，水厂加压泵有两台 P1 和 P2，在恒压力控制过程中，根据市政区用水流量的大小变化，PLC 要通过控制两台泵的数字输出端口 Q124.0～3 工作状态。两台加压泵共有 5 种工作状态，如表 7-3 所示。

表 7-3　P1 和 P2 水泵的工作状态

状　态	Q124.0	.1	.2	.3	说　明
S1	1	0	0	0	P1 变频　P2 停机
S2	0	1	1	0	P1 工频　P2 变频
S3	0	0	1	0	P1 停机　P2 变频
S4	1	0	0	1	P1 变频　P2 工频
S0	0	0	0	0	系统停机

5 种工作状态的相互转换如图 7-38 所示。当然，实际 PLC 编程时，要根据水泵的工作特点，应利用定时器加入适当延时，在我们设计的系统中，欠电压加泵延时为 90s；超电压减泵延时为 60s。

供水压力闭环控制算法，我们采用一种适用于 PLC 控制的智能 PID 算法。其原理是，按压力偏差 $e(k)$ 划分 3 个区，如图 7-39 所示。该偏差变化率为 $e_c = e(k) - e(k-1)$，PID 算法输出为 $U(k)$，相应的控制规则如下：

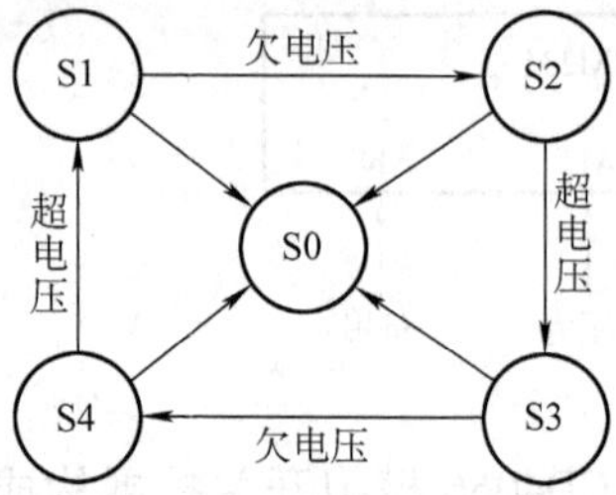

图 7-38　加压泵状态转换示意图

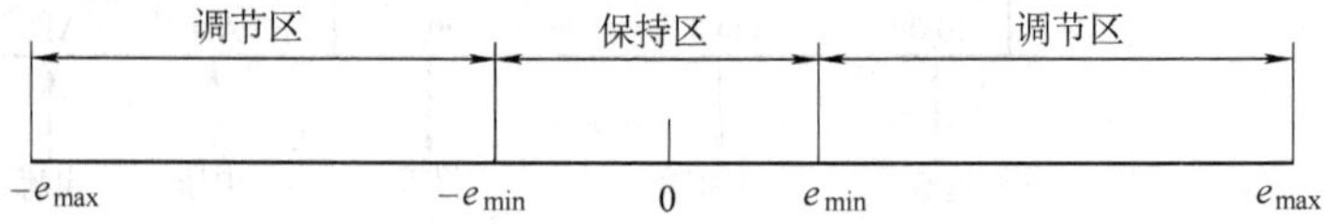

图 7-39　智能 PID 示意图

规则 1：$e(k) > e_{max}$，则 $U(k) = U_{max}$；最大量输出

规则 2：$e(k) < -e_{max}$，则 $U(k) = 0$；最小值输出

规则 3：$|e(k)| < e_{min}$，则 $U(k) = U(k-1)$；保持区

规则 4：$e_{min} \leqslant //e(k)// \leqslant e_{max}$，

则 $U(k) = U(k-1) + k1 * e(k) + k2 * e_c(k)/e(k)$

PID 运算的结果 $U(k)$ 通过 AO1 输出（0~10V），送给变频调速器，通过调速加压泵 P1 或 P2 达到供水恒压控制的目的。经实验验证，该 PID 算法效果较理想。主站 PLC 和从站 PLC 的控制程序结构框图如图 7-40a、b 所示。

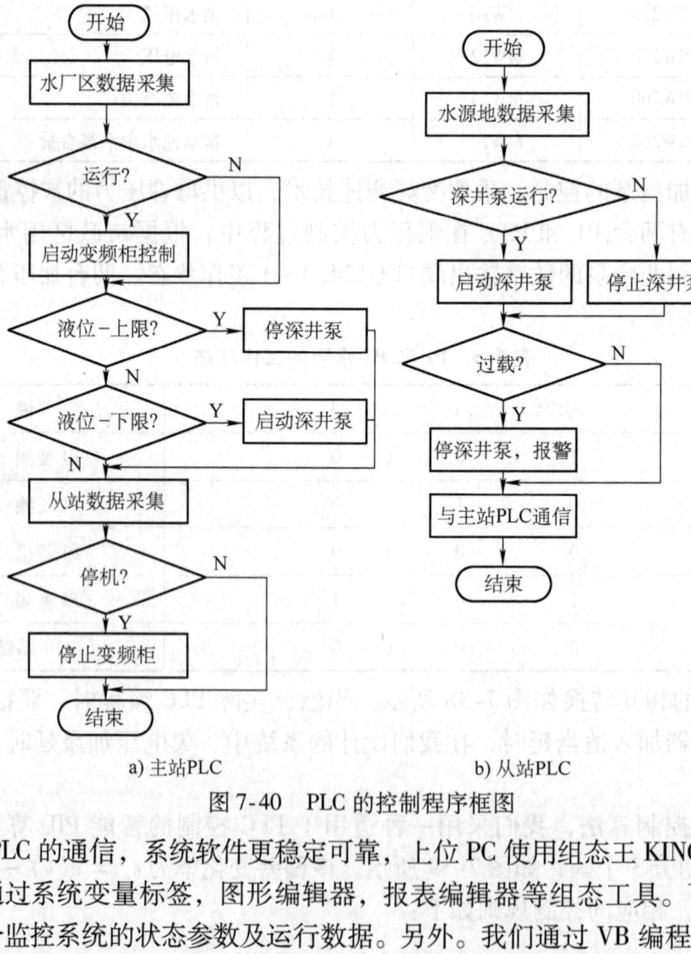

图 7-40　PLC 的控制程序框图

为使监控 PLC 的通信，系统软件更稳定可靠，上位 PC 使用组态王 KINGVIEW 软件进行组态软件设计。通过系统变量标签，图形编辑器，报表编辑器等组态工具。可以方便的从主站 PLC 中获取整个监控系统的状态参数及运行数据。另外。我们通过 VB 编程，实现对系统数据

的计算和管理；利用 DDE 技术，实现 VB、EXCEL 与 WINCC 的数据交换。我们设计的上位机软件可以实时监测水厂及水源地的各个现场数据、报警状态、显示与打印电流、压力及流量等各种曲线及报表，并将数据存入数据库中。此外，在界面设计上，我们利用动画技术，使界面更友好、生动、操作方便。通过人机交互，可以方便地控制整个监控系统的运行。

监控系统主界面如图 7-41 所示。

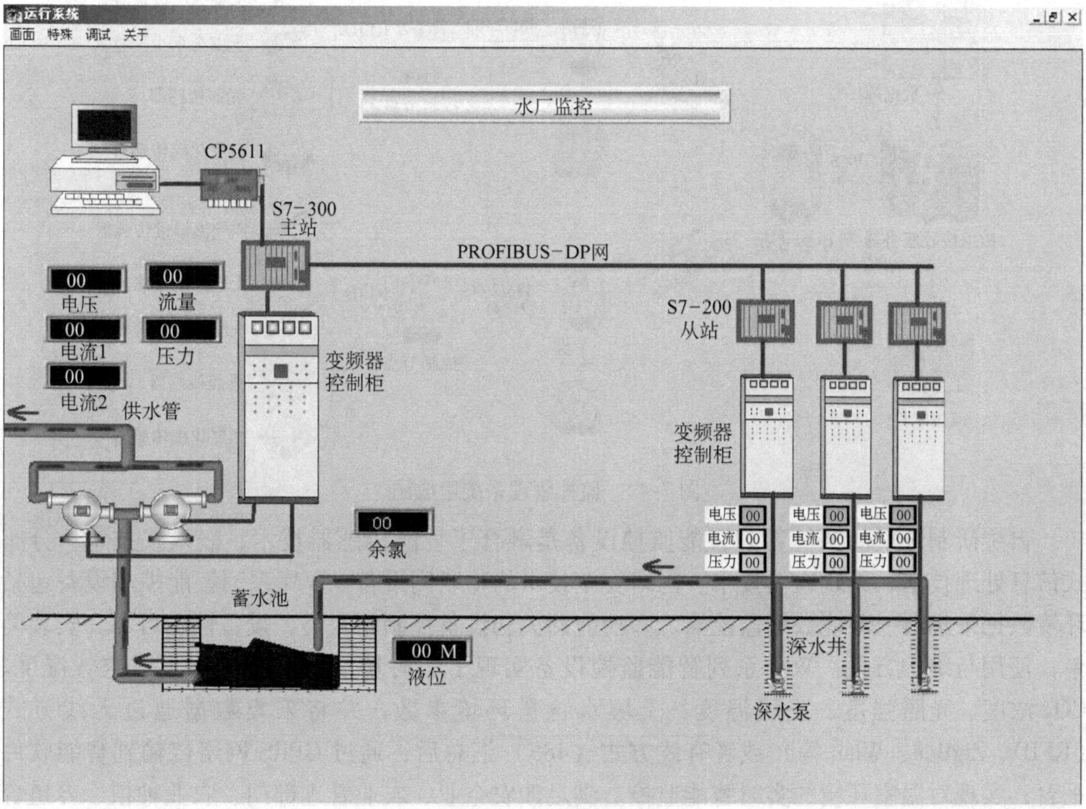

图 7-41　监控系统主界面

7.6.6　结论

本文所述自来水厂分布式监控系统，由于采用 PROFIBUS 网络通信，KINVIEW 组态软件，使系统在整体上具有较高性价比。在上位计算机关机时，监控系统在主站 PLC 控制下仍可正常工作。对于中小规模的监控场合，该系统具有较好的推广价值。

7.7　实例 6：基于物联网技术的农业环境监控管理系统设计

7.7.1　项目简介

基于物联网技术的农业环境监控管理系统是以农作物生长环境信息为手段，以传感器为基础、计算机智能化决策为核心、以移动通信为载体，以农民的实际应用为终端，利用物联网技术、无线通信技术、嵌入式技术、分布式信息处理技术，建设集农业环境数据的实时采集、远程无线传输、环境监测、控制、环境数据分析、信息发布与展示、专家系统等功能于一体的新一代农业环境智能监控管理系统。该系统由智能设备和软件平台两部分组成，满足用户对不同农业种植环境的精确监控和管理的需求。监控管理系统组成图如图 7-42 所示。

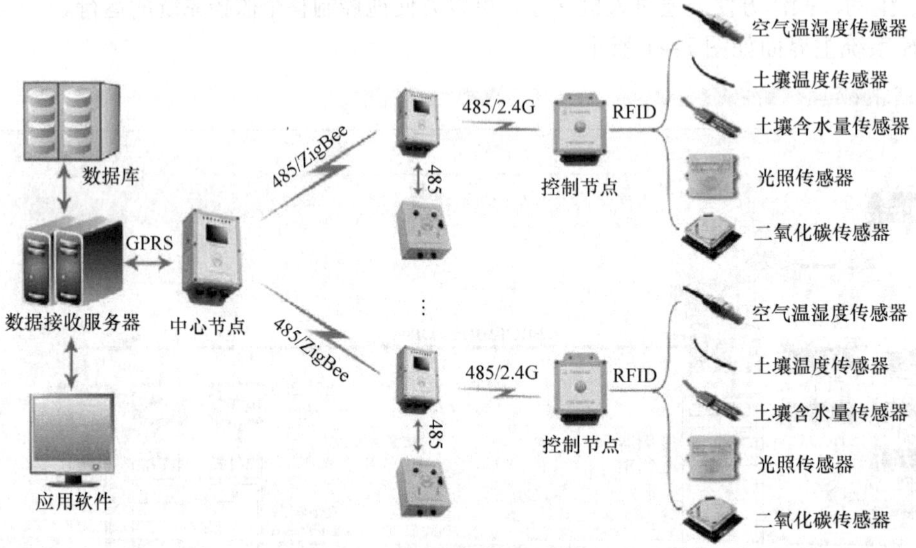

图 7-42　监控管理系统组成图

自主研制开发的 WM 系列智能监控设备是融合了智能传感器技术、嵌入式技术、分布式信息处理技术、无线通信技术、网络安全技术的物联网设备。WM 系列智能控制设备包括环境数据采集器、环境数据监控器、多功能网关和设备控制箱 4 类，设备性能可靠，安装简单，使用与维护方便。WM 系列智能监控设备实现了实时精准感知空气温度、空气湿度、CO_2 浓度、光照强度、土壤温度、土壤水含量环境参数，并将采集数据通过无线方式（RFID、ZigBee、Wlan 等）或者有线方式（485）汇总后，通过 GPRS 网络传输到智能软件平台；实现对温室环境的实时智能监控。满足涉农企业、农业管理部门、农业种植、养殖合作社及农户等对环境监测信息化管理的需求，极大地提高了农业生产管理的高效性和科学性，降低了生产成本，促进农业增产增收。基于 Web 的软件平台实现对采集数据的接收、过滤、存储、处理、统计分析并提供实时数据查询、监测、报警、控制等功能，而且能够将专家的种植品类和品种选择建议、现有生产环境的不足、改进建议、生产的注意事项等建议实时下发，指导用户。为农业生产者提供生产指导、为农产品经营者提供农产品市场信息、为农业科研工作者提供精准的科研数据和远程诊断、为农业管理者提供决策支持。整个系统可达到：安全性、可靠性、准确性、实时性、全面性、快速性、高效性。

系统通过实际使用，工作状态良好，提高了生产效率，降低了生产成本，提高了农作物的产量和质量，目前累计推广 16000 亩，新增利润 31808 万元，达到了预期的效果和目标。

7.7.2　项目需求分析

本系统的目的就是实时、准确地获取相关的参数，实现远程数据采集、无线传输、智能监测控制农业生产环境。依据系统的目的及农业生产的实际情况，本项目按以下原则进行总体设计：

1. 可靠性

1）智能设备可在 -25 ~ +65℃、相对湿度 95%（无凝结）环境下正常工作，并且对水、空气腐蚀、电、磁、热、冷均有良好的防护作用。

2）智能设备具有一定的软硬件抗干扰性，采用了光电隔离、极性电容稳压、交叉走线、数字滤波、指令冗余、看门狗、软件陷阱等措施。

3）农业生产基地地处偏远，因此采用覆盖广泛的 GPRS 网络高信号捕捉，必要时采用高增益天线，可确保网络的正常运行。

4）为确保数据传送时安全可靠，数据传送时除了要加密外，还要进行 CRC 校验。

5）采取标准可靠的硬件安装方案，确保人为故障率降到最低。

6）采用本地、远程数据同步方案，本地智能设备内置大容量存储芯片，即使出现网络故障，也可保证数据永不丢失。

7）用户浏览器通过软件平台中间层实现对远程数据库的访问，保证了数据访问的安全性。

2. 可扩充性　软硬件采用可扩充结构，为系统的升级留有接口，便于系统需求和功能的扩充、升级与维护。采用 GPRS 组网可灵活解决监控点不断增加的需求，可随时新增监控点且对现有系统不产生任何影响。

3. 开放性　软硬件采用标准化、模块化设计。硬件智能设备采用的组网模式不仅可以与自主研发的传感器连接，还能与国外的传感器集成；软件系统采用通用的接口，能够实现系统对接和向上兼容。

4. 易用性　硬件设备安装维护方便，支持标准接口，可实现远程调试及现场传感器热插拔更换，智能设备远程监控管理；软件平台采用模块化、图形化设计，全过程中文帮助，操作简单方便。

5. 适用性　成本低廉：价格是国外同类产品的 1/3，适合中国农业生产的实际需求；功耗低：智能设备采用低功耗和休眠设计。

7.7.3　系统总体方案设计

1. 系统硬件设计

（1）硬件智能设备　自主研发的 WM 系列智能控制设备如图 7-43 所示，包括：

1）WM 数据采集器　采集不同传感器数据，数据采集器与数据监控器的点对点可视通信距离 60m。

2）WM 数据监控器　实现监测所属范围内的农业环境数据；接收数据采集器采集的数据；实现采集数据的传输、显示；根据用户设置的传感器阈值发送告警信息，并实现对所需控制设备的控制；任何时间、地点都可以用彩信、短信的方式，以主动或被动的形式获取温室监控数据。主动获取数据是向设备发送一条请求指令，设备获取指令后，以彩信或短信的形式向用户发送农业环境数据；被动的形式是设备定时向用户发送采集到的农业环境数据。

3）WM 数据通信网关　负责将采集到的数据通过 GPRS 网络发送到服务器数据接收端，实现数据无缝覆盖以及灵活、可移动的无线通信。

4）控制箱　支持手动或自动的实现对设备（如：加热器、湿帘、风机、报警器等）的启动、智能控制，支持 6 路控制，可扩展，自动实现保护、报警等功能。

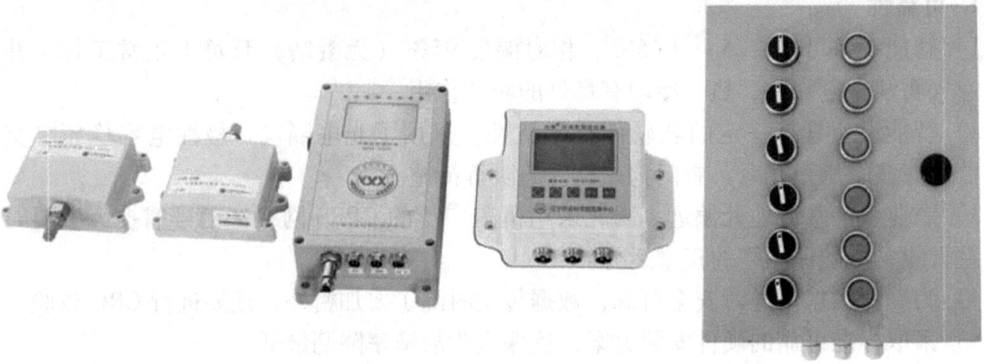

图 7-43　WM 系列智能控制设备

（2）数据传输方案

1）温室内监控数据传输方案：由数据监控器（见图 7-44）和数据采集器之间采用 2.4GHz 传输技术进行通信，通信距离 60m，无需布线。采集数据由数据监控器传输到远端数据接收服务器。

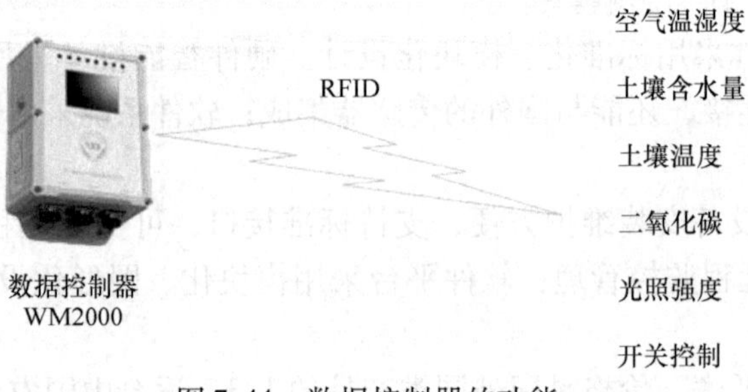

图 7-44　数据控制器的功能

以日光温室为例，按照温室内数据传输方案，其智能设备安装图如图 7-45 所示。

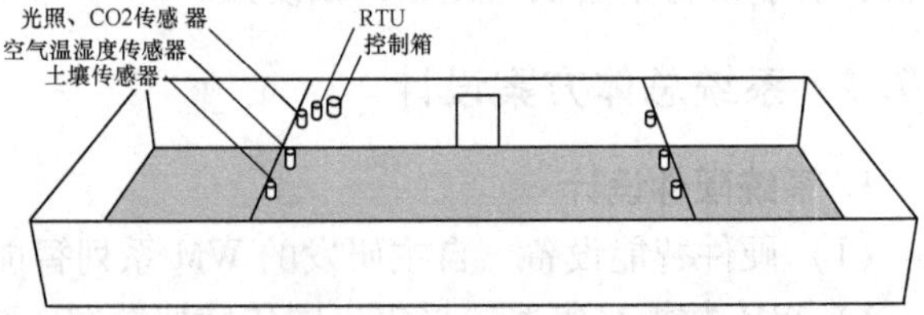

图 7-45　联动温室内数据传输方案中智能设备安装图

2）温室群监控数据传输方案：由数据监控器通过 ZigBee 与数据通信网关（见图 7-46）组网，将采集的数据传输给数据通信网关，由该网关将数据传输到远端数据接收服务器。

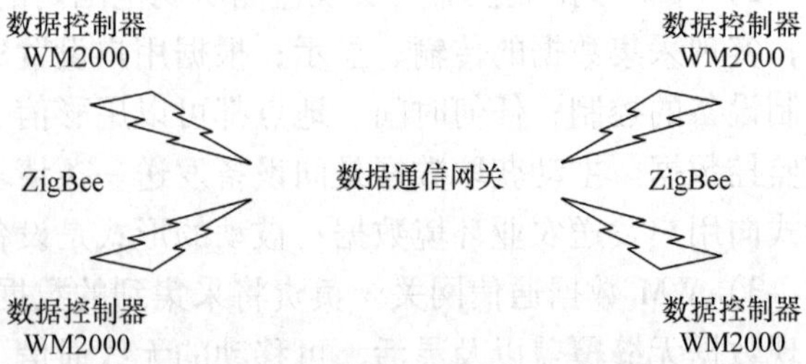

图 7-46　温室群监控数据传输方案

3）扩展室外监控数据传输方案：由具有太阳能供电的数据通信网关实现采集数据的传输。满足偏远地区、种植面积较大、直接处于自然中的生产环境的参数采集，比如农田参数采集，如图 7-47 所示。

2. 系统数据通信模式　系统数据通

信模式如图 7-48 所示，共包含 5 个组成部分：数据库、应用软件、数据接收服务器、控制节点、智能终端。

3. 系统软件平台设计　系统软件平台功能设计如下：

1）采用高精度传感器，实时、精确地采集和记录监测点的空气温度、空气湿度、光照强度、CO_2 浓度、土壤温度、土壤含水量、以及供电电压等各项参数情况，以数字、图形等方式进行实时显示监测点信息。

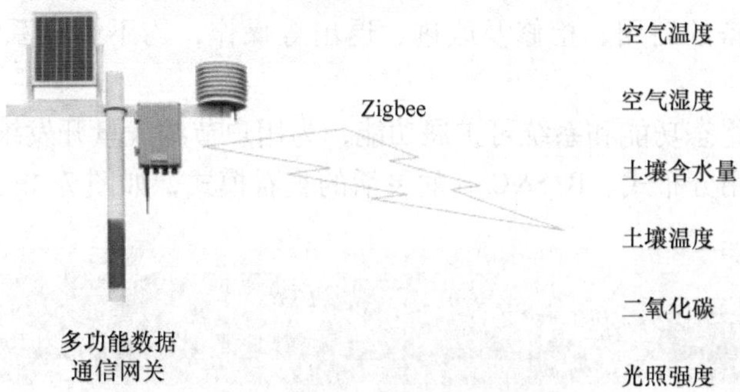

图 7-47　多功能数据通信网关

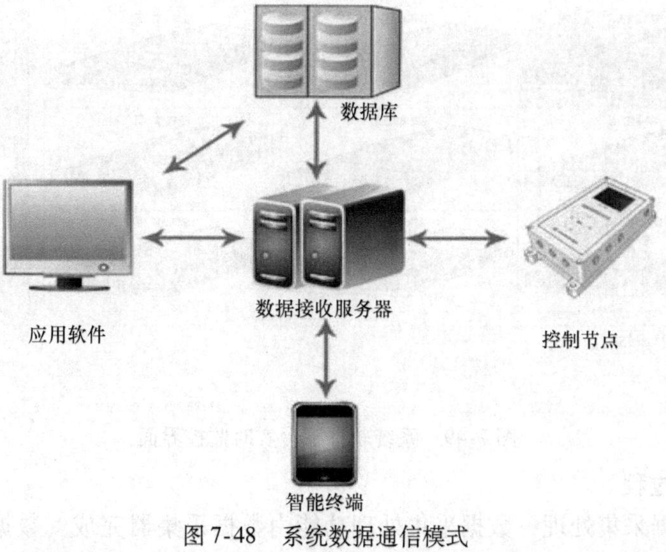

图 7-48　系统数据通信模式

2）实现用户、权限管理，每个用户登录系统软件平台后只能对其权限内的温室、设备、监测点进行管理和使用。

3）实现对温室的管理，留有与农业三维 GIS 系统对接的接口；对温室内种植的作物及其信息进行登记，便于进一步实现农产品追溯。

4）实现对环境监控器及传感器的管理，监测硬件设备的运行状态，当硬件设备出现异常，进行报警，保证系统的正常运行。

5）提供了分析预警功能，设定各监控点的报警限值，确保当数据超过阀值时发出报警信息，使得警情及时得到自动或人为处理，避免损失，增加了系统的鲁棒性。报警方式包括：手机短信报警、现场声光报警、网络客户端报警。

6）系统平台整合专家系统，实现基于农业生产区域、品种和生长期所需环境指标等具体农业生产的专家建议，并可实现专家建议的下发。

7）实现数据的 24h 曲线分析、6h 环境分析、历史数据曲线分析功能

8）支持每时刻环境参数数据及运行报告的报表打印功能，报表模板可按需设计。

9）采用智能控制程序，自动进行农业生产环境的判断控制。

10）强大的数据处理与通信能力，用户只要通过浏览器或者智能手机就可以访问系统软件平台，实现远程查看、监测、控制。

11）系统硬件设备的启用、检修及改进、退出等操作，均不影响系统软件平台的正常使用。

12）强大的软件组态功能和系统可扩展功能，为用户节约大量开发维护成本。

系统软件平台采用分布式、B/S&C/S 的灵活的查看模式，如图 7-49、图 7-50 所示。

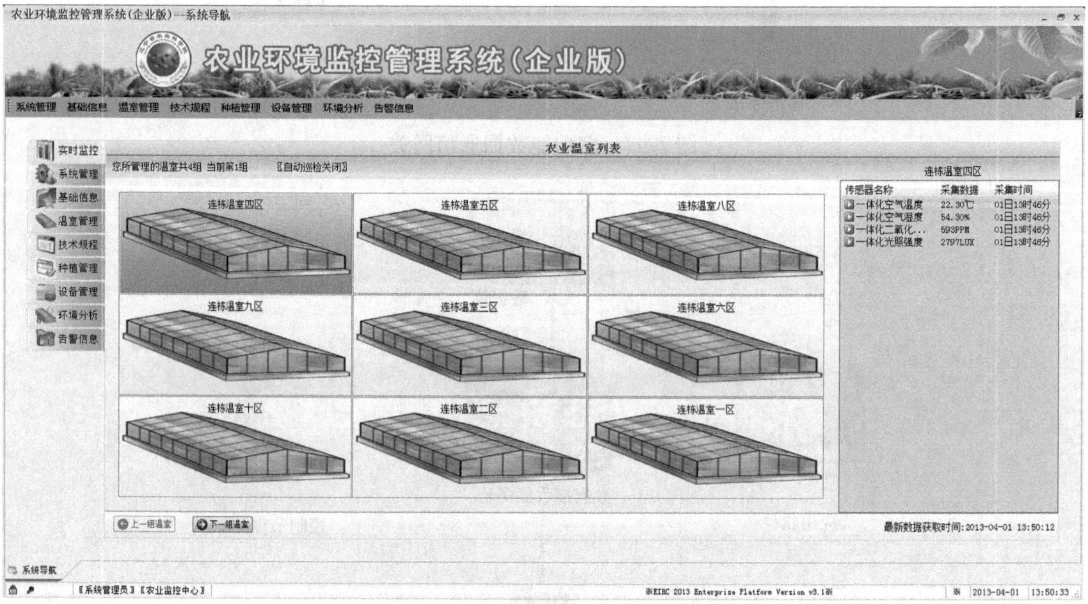

图 7-49　系统软件平台实时监控界面

4. 系统工作过程

（1）环境数据采集处理　数据采集处理功能由数据采集器完成。数据采集器选用 TI 公司生产的 MSP430 单片机作为核心组成部分，它通过 I/O 连接外接传感器，经过 A/D 转换将采集到的农业环境数据经处理后送到 MSP430，最终以无线 RFID 形式发送给数据控制器，RFID 发送模式的通道选择中设有 4 路拨码键盘表示频段的选择，第一位表示工作方式（上拨表示工作模式，下拨表示测试模式），后三位以十六进制的形式表示 8 位通道（000 ~ 111，通道 0 ~ 7）。其电路框图如图 7-51 所示。

（2）环境数据传输、实时监控　环境数据传输、实时监控功能由数据监控器完成。环境监控器电路框图如图 7-52 所示。

环境数据监控器选用 ST 公司推出的 ARMCortex- M3 内核芯片作为核心组成部分，ARM Cortex- M3 是一种基于 ARM7 架构的最新 ARM 嵌入式内核，集成了中断控制器，数据采集接收模块，调试功能模块等一些外围设备，而且具有睡眠模式和可选的完整的 8 区域存储保

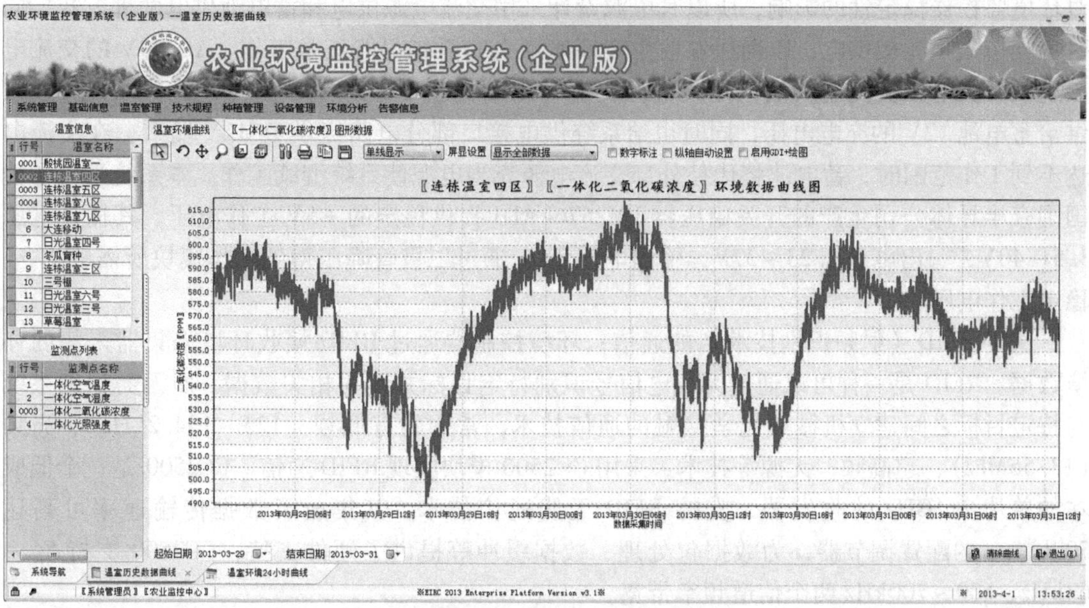

图 7-50　系统软件平台分析界面

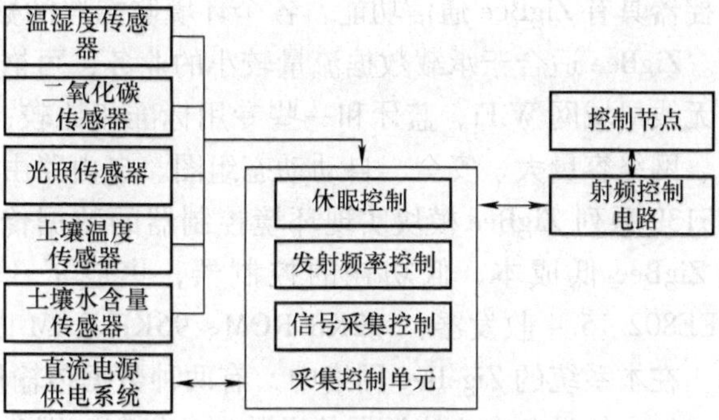

图 7-51　数据采集器电路框图

护单元，可以使用 ARM 和 Thumb 两种编程语言。选用 STM32F103ZET6 作为主控芯片，其灵活的静态存储器控制器使得他很方便和许多存储器及外设连接，同时 STM32F103ZET6 片上外设丰富，可以简化系统外围电路的设计。

环境控制器电源设计充分考虑了农业用电的电压不稳定性，一般在 180 ~ 240V，并且在启动 GPRS 期间，其峰值电流可达到 2A；同时考虑到外部电压

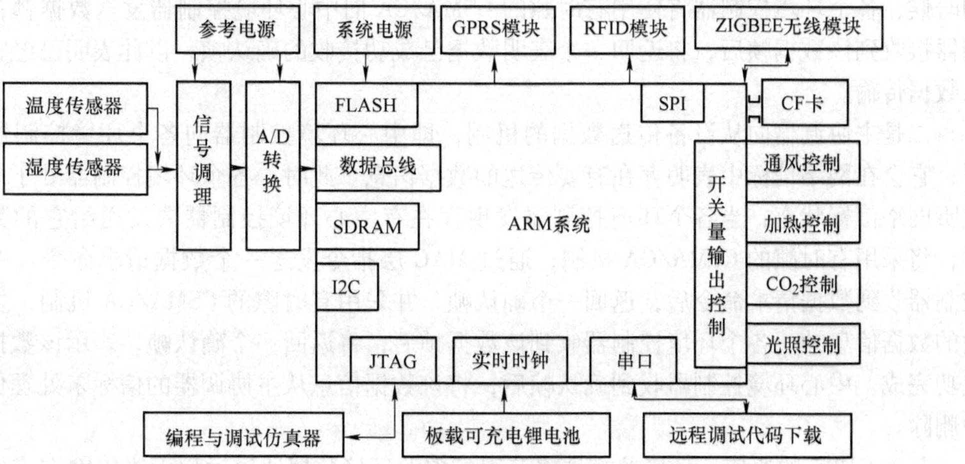

图 7-52　环境监控器电路框图

对环境监控器稳定性的影响，所以其电源设计采用交流电源供电和蓄电池供电两种方式，同时也支持太阳能板供电，以确保农业生产环境断电时系统仍能正常工作。AC220V 的交流电压进入开关电源交流输入端，开关电源交流输出端输出 DC12V 作为电源控制器的输入端，供给蓄电池 12V 的充电电压，同时也给系统供电接口部分电路提供 DC12V 输入，在交流电达不到工作范围时，蓄电池将代替外部交流电源充当电源使系统继续工作。本系统采用了美国国家半导体公司生产的开关稳压器 LM2576-ADJ 提供稳定的 +5V 工作电压，其输入电压 3.5～40V，输出电压 1.23～37V，输出电流 3A；通过二极管降压得到工作模块所需的 4.3V 稳定工作电压。

基于 RFID（射频识别技术）的通信：环境控制器通过 RFID 接收环境采集器采集的环境数据。RFID 是一种可以通过无线电信号识别特定目标并读写相关数据，而无需识别系统与特定目标之间建立机械或光学接触的通信技术，常用的有低频（125～134.2kHz）、高频（13.56Mhz）、超高频、无源等技术，采用 CC2500 模块实现 RFID 通信。CC2500 是一个低成本的单片 2.4GHz 的收发器，支持 RFID 无线通信技术，其集成了数据传输速率可高达 500kbit/s 的配置调节器，为数据包处理、数据缓冲等提供了硬件支持，CC2500 支持 54～63kHz、600～700kHz 两个信道频率带宽。

基于 ZigBee 的通信：由于成本、环境条件等综合因素，为了提高设备的适应性，环境监控器具有 ZigBee 通信功能，各个环境监控器的数据通过 ZigBee 统一传送给中心环境监控器。ZigBee 适合于承载数据流量较小的业务，可嵌入各种设备中，同时支持地理定位功能。与无线局域网 WiFi、蓝牙和一些专用标准相比较，ZigBee 技术具有数据传输速率低、功耗低、网络容量大、安全、自动动态组图、自由路由等特点。设计选用英国 Jennic 公司生产的 JN5139 系列 ZigBee 模块实现环境控制器的数据传输和处理功能。JN5139 是 IEEE802.15.4 和 ZigBee 低成本、低功耗的控制器，集成了 32 位 RISC 处理器，完全兼容的 2.4GHz IEEE802.15.4 收发器、192KB ROM、96KB RAM 以及丰富的模拟和数字外设。

在本系统的 ZigeBee 网络中，有两种数据传输机制：

一是从设备向主协调器传送数据的机制，即各个环境控制器向中心环境控制器传输，首先，环境控制器首先监听网络信号，然后各个环境控制器需要与超帧结构进行同步，在适当的时候，各个环境控制器将使用有时隙的 CSMA/CA 向中心环境控制器发送数据帧，当主协调器接收到该数据帧后，将返回一个表明数据已成功接收的确认帧，以此表明已经执行完成该数据传输。

二是主协调器向从设备传送数据的机制，即中心环境控制器向各个环境控制器发送数据，它会在网络信标中表明存在有要传送的数据信息。此时，各个环境控制器处于周期性地监听网络信标状态，当各个环境控制器发现存在有中心环境控制器要发送给它的数据信息时，将采用有时隙的 CSMA/CA 机制，通过 MAC 层指令发送一个数据请求命令。中心环境控制器收到数据请求命令后，返回一个确认帧，并采用有时隙的 CSMA/CA 机制，发送要传输的数据信息帧。各个环境控制器收到该数据帧后，将返回一个确认帧，表示该数据传输已成功完成。中心环境控制器收到确认帧后，将该数据信息从主协调器的信标未处理信息列表中删除。

基于 GPRS 的通信：环境监控器将获得的农业环境数据通过远程无线传输方式传送给数据接收服务器，经数据接收服务器处理后，在软件平台端进行显示分析。环境监控器选用

GPRS 技术实现数据远程无线传输，选用内嵌 TCP/IP 的 GPRS 无线通信模块 SIM300C。SIM300C 是 SIMCOM 公司的无线通信模块。该模块尺寸小、功耗低，内嵌强大的 TCP/IP，提供通用的 AT 控制命令。SIM300C 内部集成了完整的射频电路和 GSM 基带处理器，提供两个串口、1 个 SIM 卡接口、通用 I/O 接口等。启动 SIM300C 发送数据时，其耗电电流较大，峰值电流可达到 2A，因此在电源引脚放入两个电容，首先设置 RTC 中断启动 SIM300C，初始化 SIM300C，将 CTS 和 RTS 引脚相连接，否则无法发送接收数据，本文中是将其接到 STM32F103ZET6 的 TXD 与 RXD 上，设置短信中心、串口波特率等，选用 CMNET 作为 GPRS 的接入点，创建 TCP 连接，然后启动 GPRS 传输数据。

环境控制器的实时控制功能是通过 STM32F103ZET6 控制继电器端口实现对被控设备的控制，达到以弱控强的电路，利用电磁效应实现电路的开关控制作用。

（3）数据接收服务　数据接收服务器接收 GPRS 远程传送来的数据，并将数据存储到远程数据库。用户浏览器通过中间层实现对远程数据库的访问，保证了数据访问的安全性。数据接收服务器程序是针对本系统面向 TCP/IP 的网络服务程序，采用 Delphi9 工具和 Delphi 语言，使用 winsock 网络编程设计开发。当现场环境监控器连接到 GPRS 网络后，创建套接字后，按照服务器的 IP 地址和数据接收端口号连接服务器，就可以进行数据传输，使用流套接字实现网络中不同主机间的通信属于典型的服务器/客户机模型（S/C），即客户端向服务器发送服务请求，服务器根据该请求提供相应的服务。数据接收服务器程序运行在 IBM System X3500 监控数据库服务器上，数据库软件选用 Microsoft SQL Server 2005。SQL Server 提供了用于建立用户连接、提供数据安全性和查询请求服务的全部功能。

数据接收服务器程序负责接收各个环境监控器的数据，主要功能如下：

1）负责侦听指定端口，过滤掉非法连接。当有 IP 进行连接请求时，程序首先判断是否是合法 IP，如果是不合法 IP 就过滤掉并写入日志文件，如果是合法 IP，就对数据包进行解析。

2）数据转发。把数据转发到不同的服务器数据库中。

3）进行数据串校验，丢弃非法格式数据包。

4）数据存储。从数据包中解析出环境监控器名，如果是新的环境监控器连接，则先在服务器中注册环境监控器名，然后创建新的数据库和数据表，并存入已解析数据；否则，直接将已解析数据存入相应数据库表。

5）服务器配置。对 IP、端口号等参数进行配置，环境监控器同样配置相应的参数后，将环境监控器获取的数据上传上来。

6）设备连接状态查看。便于对设备状态进行了解。

7）运行状态曲线。

8）系统实时日志查看。

（4）系统软件平台　系统软件平台采用 Microsoft Visual Studio.NET 2008 开发工具和专门用于 Web 程序设计的 C#.NET 技术规范，利用现有的类完成 Web 应用程序的设计开发，平台基于 Web 的软件平台采用 B/S 三层体系结构。

7.7.4　系统软件实现

1. 环境采集器无线通信的实现方法　环境采集器中的 CC250 芯片的信道滤波宽带设置

成功后，初始化芯片，CSn＝0复位，CSn＝1芯片初始化，配置数据包接收发送函数，程序如下：

```
uint8 CC2500_RxPacket(void)
{
    if((1 + CC2500_DATA_LEN) = = CC2500_ReadReg(CCxxx0_RXBYTES | READ_
BURST))
    { CC2500_ReadBurstReg(CCxxx0_RXFIFO, CC2500_TxRxBuf, 1 + CC2500_DATA_
LEN); //读出所有接收到的数据
}
    void CC2500_TxPacket(void)
{
    //CC2500_WriteReg(CCxxx0_TXFIFO,1 + CC2500_DATA_LEN);
    CC2500_WriteBurstReg(CCxxx0_TXFIFO, CC2500_TxRxBuf, 1 + CC2500_DATA_LEN);
//写入要发送的数据
    CC2500_Command(CCxxx0_STX);//进入发送模式发送数据
}
```

配置好接收函数后，调用温湿度转换函数，将模拟量转化为数据量，根据已建立的信道频率传送给环境监控器。

2. 通过GPRS实现远程数据传输的方法

SIM300初始化

AT＋CIPSTART＝"TCP","SERVER的IP地址","SERVER的端口号

3. 软件平台的数据库操作　C#语言提供了丰富的数据库操作类库，极大地方便了对数据库的操作。在C#中，常用的数据库访问模式为：SqlClient模式、OleDb模式和Odbc模式。其中SqlClient模式是专门为Sql Server数据库而设计的，其性能和效率最高。OleDb模式和Odbc模式可以运用在任何支持该模式的数据库产品中，如Access数据库、DB2、Sybase和Sql Server数据库等。以SqlClient模式为例，C#操作数据库的过程如下：

（1）引入相关的命名空间

在C#中要操作数据库，一般情况需要引入两个命名空间：

System. Data;

System. Data. SqlClient;

（2）定义连接字符串，并建立连接对象　在C#中，如果想连接数据库，则需要使用Connection连接对象，其基本连接字符串和连接对象如下：

连接字符串：string connString ="server=.; database=testDB; uid=sa; pwd=; ";

其中，server是指数据库所在的机器（服务器），如果使用当前机器（本地机器），可以使用"."、"（local）"、"127.0.0.1"或本地机器的名字。如果使用其他机器上的数据库，可以使用那台机器的机器名字（确保域和工作组的正确）或IP地址。database指的数据库的名字。uid和pwd分别代表连接数据库的用户名和密码。

定义连接字符串后，就可以建立SqlClient模式下的连接对象了，在SqlClient模式下，应使用SqlConnection。

```
SqlConnection sConn = new SqlConnection (connString);
```

（3）打开数据库连接　打开数据库使用 Open 方法，但在试图打开数据连接时会发生错误，因此常采用如下的异常控制方法（这里假设打开 SqlClient 模式下连接，实际上只不过连接对象的名字不同而已）：

```
try
{
        sConn. Open( );
}
catch( Exception ex)
{
        MessageBox. Show( " 发生错误：" + ex. Message);
}
```

（4）Command 命令对象的应用　Command 是用于向数据库传输数据的命令对象，其构造函数常用两个参数，一个参数是所使用的命令文本（CommandText），另一个为所使用的连接对象 Connection。SqlClient 模式的 Command 命令对象为 SqlCommand。SqlCommand 有三个方法：ExecuteReader（），ExecuteNonQuery（）和 ExecuteScalar（）。ExecuteReader 方法用于返回查询结果的全部数据。ExecuteNonQuery 方法用于返回所影响的行数，一般用于 Insert、Update 和 Delete 操作。ExecuteScalar 方法返回结果中的第一行第一列的值。例如查询 testDB 数据库中 company 表中的 time、value、greenHouseNo 三列的值的语句如下：

```
SqlCommand sCmd = new SqlCommand ("SELECT time, value, greenHouseNo FROM greenhouse", sConn);
```

（5）数据读取器 DataReader　DataReader 用于从返回来的数据区中读取数据。SqlClient 模式采用 SqlDataReader 数据读取器，与命令对象配合使用：

```
SqlDataReader sdr = null;
sdr = sCmd. ExecuteReader( );//执行命令对象,并用 sdr 指向结果集的第一条记录。
    while( sdr. Read( ) ) //每读取一条记录后,指向其下一条记录
    {
    }
    sdr. Close( ); //关闭读取器
```

（6）数据适配器 DataAdapter 和数据集 DataSet　一般数据集和数据适配器是密不可分的。Command 只有一个数据命令和一个数据库连接，而数据适配器可以容纳一组数据命令和一个数据库连接对象。SqlClient 模式下数据适配器 SqlDataAdapter 的定义方式：

```
SqlDataAdapter sda = new SqlDataAdapter ("SELECT time, value, greenHouseNo FROM greenhouse t",sConn);
```

第一个参数是用到的 SQL 语句，第二个参数是数据连接。也可以使用一个命令对象传递上面的信息。即

```
SqlDataAdapter sda = new SqlDataAdapter( sCmd);
```

DataSet 是在内存中缓存的数据集，包括数据本身，还包括定义在数据上的约束和关系等信息。数据集中可以包含 0 个这样的数据对象。

其定义方法如下：DataSet ds = new DataSet()；

调用数据适配器的 Fill 方法来填充数据集：sda. Fill(ds)；

7.7.5 结论

农业环境监测是农业环境管理的基础，大力发展农业环境监测，引入物联网技术服务现代农业，提高农业监控管理系统的实时性、可靠性，满足不同种植、养殖模式对环境的需求，建立一个功能全面的通用型远程监控管理系统，将农业设备和农业作业过程相统一，真正实现现代化的农业生产管理模式，进一步促进了农业监控管理系统的智能化和信息化。

习题与思考题

7-1 系统项目的研制分哪几个阶段？简述各阶段的主要任务。

7-2 应用软件的分类有哪些？

7-3 控制系统对应用软件的要求有哪些？

7-4 硬件设计中最重要的问题是什么？

7-5 将 7.5 节内容改成短信方式将做怎样的调整？两个方案的优缺点各是什么？

7-6 根据 7.6.5 节实例设计要求，编制组态王监控程序。

参考文献

[1] 王先培，王泉德．测控系统通信与网络教程［M］．武汉：武汉大学出版社，2004.
[2] 李凤保，等．网络化测控系统技术［M］．成都：四川大学出版社，2004.
[3] 马国华．监控组态软件及其应用［M］．北京：清华大学出版社，2001.
[4] 李昌禧，等．测量、控制与管理一体化技术［M］．北京：国防工业出版社，2004.
[5] 解相吾．移动通信技术与设备［M］．北京：人民邮电出版社，2008.
[6] 周学泳，石丹．短信息（SMS）与 WAP 的开发及应用［M］．北京：电子工业出版社，2002.
[7] 凌志浩．智能仪表原理与设计技术［M］．上海：华东理工大学出版社，2008.
[8] 张晓彤．无线传感器网络与人工生命［M］．北京：国防工业出版社，2008.
[9] 李晓维．无线传感器网络技术［M］．北京：北京理工大学出版社，2007.
[10] 张勇，郭达．无线网状网原理与技术［M］．北京：电子工业出版社，2007.
[11] 许立梓，程良伦．工业控制机及其网络控制系统［M］．北京：机械工业出版社，2005.
[12] 孟华．工业过程检测与控制［M］．北京：北京航空航天大学出版社，2002.
[13] 许勇．工业通信技术原理与应用［M］．北京：中国电力出版社，2008.
[14] 杨劲松，张涛．计算机工业控制［M］．北京：中国电力出版社，2003.
[15] 赵新民，王祁．智能仪器设计基础［M］．哈尔滨：哈尔滨工业大学出版社，2007.
[16] 杨世兴，等．测控系统原理与设计［M］．北京：人民邮电出版社，2008.